Die grenzüberschreitende Wirkung von nationalen Genehmigungen für umweltbeeinträchtigende industrielle Anlagen

Kölner Schriften zu Recht und Staat

Herausgegeben von
Prof. Dr. Hartmut Schiedermair und
Prof. Dr. Bernhard Kempen

Band 44

PETER LANG
Frankfurt am Main · Berlin · Bern · Bruxelles · New York · Oxford · Wien

SUSANNE KOCH

Die grenzüberschreitende Wirkung von nationalen Genehmigungen für umweltbeeinträchtigende industrielle Anlagen

PETER LANG
Internationaler Verlag der Wissenschaften

Bibliografische Information der Deutschen Nationalbibliothek
Die Deutsche Nationalbibliothek verzeichnet diese Publikation in der Deutschen Nationalbibliografie; detaillierte bibliografische Daten sind im Internet über http://dnb.d-nb.de abrufbar.

Zugl.: Köln, Univ., Diss., 2010

Abbildung auf dem Umschlag:
Historisches Universitätssiegel der Universität zu Köln

Gedruckt auf alterungsbeständigem,
säurefreiem Papier.

D 38
ISSN 1433-0253
ISBN 978-3-631-61238-5

Vorwort

Die vorliegende Arbeit wurde unter Betreuung von Herrn Professor Dr. Bernhard Kempen an der Rechtswissenschaftlichen Fakultät der Universität zu Köln angefertigt und im Wintersemester 2009/2010 als Dissertation angenommen. Ich danke Herrn Professor Dr. Kempen für die umfassende und gute Betreuung und die zügige Korrektur der Arbeit. Ebenso zu Dank verpflichtet bin ich Herrn Professor Dr. Burkhard Schöbener für die zügige Erstellung des Zweitgutachtens. Schließlich danke ich Herrn Dr. Andreas Funke für wertvolle Hinweise und Anregungen bei der Erstellung dieser Arbeit.

Mein besonderer Dank gilt meinen Eltern, die mich in meiner Ausbildung in jeder Hinsicht stets unterstützt und gefördert haben. Ihnen ist diese Arbeit gewidmet. Schließlich danke ich Herrn Eric Bungard für seinen Beistand während der Promotionszeit.

Köln, im Juni 2010

Susanne Koch

Inhaltsverzeichnis

Literaturverzeichnis

AXELROD, ROBERT	Die Evolution der Kooperation, Studienausgabe, 6. Auflage, München 2005.
VON BAR, CHRISTIAN; MANKOWSKI, PETER	Internationales Privatrecht, Band I: Allgemeine Lehren, 2. Auflage, München 2003.
BECKER, BERND	Das neue Umweltschadensgesetz und das Artikelgesetz zur Umsetzung der Richtlinie über die Umwelthaftung zur Vermeidung und Sanierung von Umweltschäden, NVwZ 2007, S. 1105.
BECKER, JOACHIM	Der transnationale Verwaltungsakt – Übergreifendes europäisches Rechtsinstitut oder Anstoß zur Entwicklung mitgliedstaatlicher Verwaltungskooperationsgesetze?, DVBl 2001, S. 855ff.
BEHM, FRANK	Die Rechtsstellung ausländischer juristischer Personen im Verwaltungsprozess, DVBl. 2009, S. 94ff.
BEYERLIN, ULRICH	Rechtsprobleme der lokalen grenzüberschreitenden Zusammenarbeit, Berlin 1988.
BIAGGINI, GIOVANNI	Die Entwicklung eines Internationalen Verwaltungsrechts als Aufgabe der Rechtswissenschaft, 2. Bericht, VVDStRL 67 (2008), S. 413ff.
BIRNIE, PATRICIA W.; BOYLE, ALAN E.	International Law and the Environment, 1992.
BLECKMANN, ALBERT	Staatsrecht I – Staatsorganisationsrecht, Köln/ Bonn/ München 1993. (zitiert: BLECKMANN, Staatsrecht I)

Staatsrecht II – Die Grundrechte,
4. Auflage, Köln, Berlin, Bonn, München 1997.
(zitiert: BLECKMANN, Staatsrecht II)

Die Anerkennung der Hoheitsakte eines anderen Landes im Bundesstaat,
NVwZ 1986, S. 1ff.

Zur Anerkennung ausländischer Verwaltungsakte im Europäischen Gemeinschaftsrecht,
JZ 1985, S. 1072.

Die Völkerrechtsfreundlichkeit der deutschen Rechtsordnung,
DÖV 1979, S. 309ff.

VON BOGDANDY, ARMIN (HRSG.) — Europäisches Verfassungsrecht,
Theoretische und Dogmatische Grundzüge,
Berlin, Heidelberg 2003.
(zitiert: von BOGDANDY/ *Bearbeiter*)

VON BORRIES, REIMER; PETSCHKE, MATTHIAS — Gleichwertigkeitsklauseln als Instrument zur Gewährleistung des freien Warenverkehrs in der Europäischen Gemeinschaft,
DVBl. 1996, S. 1343ff.

BOTHE, MICHAEL; PRIEUR, MICHEL; RESS, GEORG (HRSG.) — Rechtsfragen grenzüberschreitender Umweltbelastungen, Fachtagung, Saarbrücken, 13.–15. Mai 1982,
Berlin 1984.
(zitiert: BOTHE/ PRIEUR/ RESS/ *Verfasser*)

BREUER, RÜDIGER — Zunehmende Vielgestaltigkeit der Instrumente im deutschen und europäischen Umweltrecht – Probleme der Stimmigkeit und des Zusammenwirkens,
NVwZ 1997, S. 833ff.

Die Sackgasse des neuen Europaartikels (Art. 23 GG),
NVwZ 1994 S. 417ff.

BRONNEKE, TOBIAS — Umweltverfassungsrecht: Der Schutz der natürlichen Lebensgrundlagen im Grundgesetz sowie in den Landesverfassungen Brandenburgs, Niedersachsens und Sachsens,
Baden-Baden 1999.

BROWNLIE, IAN — Principles of Public International Law,
7. Auflage, New York 2008.

CALLIESS, CHRISTIAN; RUFFERT, MATTHIAS (HRSG.) — EUV/ EGV – Das Verfassungsrecht der Europäischen Union mit Europäischer Grundrechtecharta,
3. Auflage, München 2007.
(zitiert: CALLIESS/ RUFFERT/ *Bearbeiter*)

CLASSEN, CLAUS DIETER — Die Entwicklung eines Internationalen Verwaltungsrechts als Aufgabe der Rechtswissenschaft,
1. Bericht,
VVDStRL 67 (2008), S. 365ff.

DAHM, GEORG — Völkerrecht,
Band I,
Stuttgart 1958.

DAHM, GEORG; DELBRÜCK, JOST; WOLFRUM, RÜDIGER — Völkerrecht,
Band I/1,
2. Auflage, Berlin 1989.

DEGENHART, CHRISTOPH — Staatsrecht I, Staatsrecht und Staatsorganisationsrecht,
15. Auflage, Heidelberg 1999.

DIEDERICHSEN, LARS — Grundfragen zum neuen Umweltschadensgesetz,
NJW 2007, S. 3377.

DREIER, HORST (HRSG.) — Grundgesetz, Kommentar,
2. Auflage, Tübingen 2004.
(zitiert: DREIER/ *Bearbeiter*)

EHRICKE, ULRICH; BLASK, HOLGER — Dynamischer Verweis auf Gruppenfreistellungsverordnungen im neuen GWB?,
JZ 2003, S. 722ff.

EPINEY, ASTRID — Umweltrecht in der Europäischen Union,
2. Auflage, Köln 2005.

ERICHSEN, HANS-UWE; EHLERS, DIRK (HRSG.) — Allgemeines Verwaltungsrecht,
13. Auflage, Berlin 2006.

EUROPÄISCHE KOMMISSION — Mitteilung der Kommission zu Auslegungsfragen – Erleichterung des Marktzugangs für Waren in einem anderen Mitgliedstaat: praktische Anwendung des Prinzips der gegenseitigen Anerkennung vom 4. November 2003,
Abl. C 265 S. 2ff.

FELDHAUS, GERHARD (HRSG.) Bundesimmissionsschutzrecht, Band 1, Teil I: Umwelt-Verfassungsrecht, Bundesimmissionsschutzgesetz, Kommentar, Loseblattsammlung, Stand: 150. Aktualisierung, Heidelberg, April 2009. (zitiert: FELDHAUS/ *Bearbeiter*)

FISCHER-LESCANO, ANDREAS Transnationales Verwaltungsrecht, JZ 2008, S. 373ff.

FRENZ, WALTER Selbstständigenfreiheit, Berufsqualifikation und neue Richtlinien, GewArch 2007, S. 10ff.

GEIGER, RUDOLF Grundgesetz und Völkerrecht (mit Europarecht), 4. Auflage, München 2009.

VON DER GROEBEN, HANS; SCHWARZE, JÜRGEN (HRSG.) Kommentar zum Vertrag über die Europäische Union und zur Gründung der Europäischen Gemeinschaften, Band 1: Art. 1–53 EUV, Art. 1–80 EGV, 6. Auflage, Baden-Baden 2003. (zitiert: VON DER GROEBEN/ SCHWARZE/ *Bearbeiter*)

GROß, THOMAS Die administrative Föderalisierung der EG – Rechtsprobleme des grenzüberschreitenden Prüfungsrechtes der Bankaufsichtsbehörden, JZ 1994, S. 596ff.

GUCKELBERGER, ANNETTE Der Referentenentwurf für ein UGB 2009 als erster Schritt auf dem Weg zur Kodifikation des Umweltrechts, NVwZ 2008, S. 1161ff.

Zum Grundrechtsschutz ausländischer juristischer Personen, AöR 129 (2004), S. 618ff.

GUNDEL, JÖRG Die Inländerdiskriminierung zwischen Verfassungs- und Europarecht: Neue Ansätze in der deutschen Rechtsprechung, DVBl 2007, S. 269ff.

HACH, RENATE	Völkerrechtliche Pflichten zur Verminderung grenzüberschreitender Luftverschmutzung in Europa, Köln, Berlin, Bonn, München 1993.
HAPPE, CLAUS-MICHAEL	Die grenzüberschreitende Wirkung von nationalen Verwaltungsakten – Zugleich ein Beitrag zur Anerkennungsproblematik nach der Cassis de Dijon-Rechtsprechung des Europäischen Gerichtshofes, Frankfurt 1987.
HECKER, JAN	Grundgesetz und horizontale Öffnungen des Staates, AöR 127 (2002), S. 291ff.
HERDEGEN, MATTHIAS	Europarecht, 11. Auflage, München 2009. Völkerrecht, 8. Auflage, München 2009.
HESSE, KONRAD	Grundzüge des Verfassungsrechts der Bundesrepublik Deutschland, 20. Auflage, Neudruck, Heidelberg 1999.
HINDS, CAROLINE	Umweltrechtliche Einschränkungen der Souveränität – Völkerrechtliche Präventionspflichten zur Verhinderung von Umweltschäden, Frankfurt/ Main 1997.
VON HOFFMANN, BERND; THORN, KARSTEN	Internationales Privatrecht, 9. Auflage, München 2007.
HOFMANN, RAINER	Grundrechte und grenzüberschreitende Sachverhalte, Berlin, Heidelberg, New York 1994.
IMMENGA, ULRICH; MESTMÄCKER, ERNST-JOACHIM (HRSG.)	Wettbewerbsrecht, Band 2: GWB, Kommentar zum Deutschen Kartellrecht, 4. Auflage, München 2007.
IPSEN, KNUT	Völkerrecht, 5. Auflage, München 2004. (zitiert: IPSEN/ *Verfasser*)

ISENSEE, JOSEF; KIRCHHOF, PAUL (HRSG.) — Handbuch des Staatsrechts der Bundesrepublik Deutschland, Band VII: Normativität und Schutz der Verfassung – Internationale Beziehungen, Heidelberg 1992. (zitiert: *Verfasser*, in: HStR VII)

JARASS, HANS D.; PIEROTH, BODO — Grundgesetz für die Bundesrepublik Deutschland, Kommentar, 8. Auflage, München 2006. (zitiert: JARASS/ PIEROTH/ *Bearbeiter*)

KEMPEN, BERNHARD; HILLGRUBER, CHRISTIAN — Völkerrecht, München 2007.

KILIAN, MICHAEL — Umweltschutz durch Internationale Organisationen – Die Antwort des Völkerrechts auf die Krise der Umwelt? Berlin 1987.

KLEIN, ECKART — Der Verfassungsstaat als Glied der europäischen Gemeinschaften, 2. Bericht, VVDStRL 50 (1991), S. 56ff.

KLOEPFER, MICHAEL — Umweltrecht, 3. Auflage, München 2004.

Die europäische Herausforderung – Spannungslagen zwischen deutschem und europäischem Umweltrecht, NVwZ 2002, S. 645ff.

KLOEPFER, MICHAEL; KOHLER, CHRISTIAN — Kernkraftwerk und Staatsgrenze, Berlin 1981.

KÖNIG, KLAUS — Die Anerkennung ausländischer Verwaltungsakte, Köln, Berlin, Bonn, München 1965.

KORTE, HANS-JÖRG — Die Anerkennung einer ausländischen Enteignung, Minden 1992.

KOTULLA, MICHAEL (HRSG.) — Bundes-Immissionsschutzgesetz, Kommentar und Vorschriftensammlung, Band 1, Stand: 14. Ergänzungslieferung, Stuttgart, August 2008. (zitiert: KOTULLA/ *Bearbeiter*)

KRAMER, THORSTEN — Das sekundärrechtliche Herkunftslandprinzip als Regelungstechnik des Binnenmarktes, Berlin 2007.

LINKE, CHRISTINE E. — Europäisches Internationales Verwaltungsrecht, Frankfurt 2001.

LUMMERT, RÜDIGER — Zur Frage des anwendbaren Rechts bei zivilrechtlichen Schadensersatz- und Unterlassungsklagen wegen grenzüberschreitender Umweltbeeinträchtigungen, NuR 1982, S. 241ff.

VON MANGOLDT, HERMANN; KLEIN, FRIEDRICH; STARCK, CHRISTIAN — Kommentar zum Grundgesetz, 5. Auflage, München 2005.

MAUNZ, THEODOR; DÜRIG, GÜNTHER (HRSG.) — Grundgesetz, Kommentar, Band IV: Art. 17–27, Loseblattsammlung, Stand: 50. Ergänzungslieferung, München, Juni 2007. (zitiert: MAUNZ/ DÜRIG/ *Verfasser*)

MAURER, HARTMUT — Allgemeines Verwaltungsrecht, 12. Auflage, München 1999.
Idee und Wirklichkeit der Grundrechte, JZ 1999, S. 689ff.

MAYER, OTTO — Deutsches Verwaltungsrecht, Erster Band, 3. Auflage, Berlin 1924 (Nachdruck 1969).

MEESSEN, KARL MATTHIAS — Völkerrechtliche Grundsätze des internationalen Kartellrechts, Baden-Baden 1975.
Zu den Grundlagen des internationalen Wirtschaftsrechts, AöR 110 (1985), S. 398ff.

MENG, WERNER — Extraterritoriale Jurisdiktion im öffentlichen Wirtschaftsrecht, Berlin 1994.
Wirtschaftssanktionen und staatliche Jurisdiktion – Grauzonen im Völkerrecht, ZaöRV 1997, S. 269ff.

	Völkerrechtliche Zulässigkeit und Grenzen wirtschaftsverwaltungsrechtlicher Hoheitsakte mit Auslandswirkung, ZaöRV 1984, S. 678ff.
MICHAELS, SASCHA	Anerkennungspflichten im Wirtschaftsverwaltungsrecht der Europäischen Gemeinschaften und der Bundesrepublik Deutschland, Berlin 2004.
MICHEL, LUTZ H.	Staatszwecke, Staatsziele und Grundrechtsinterpretation unter besonderer Berücksichtigung der Positivierung des Umweltschutzes im Grundgesetz, Frankfurt/ Main 1986.
MÖLLERS, CHRISTOPH; VOßKUHLE, ANDREAS; WALTER, CHRISTIAN	Internationales Verwaltungsrecht – Eine Analyse anhand von Referenzgebieten, Tübingen 2007. (zitiert: *Verfasser*, in: MÖLLERS/ VOßKUHLE/ WALTER, Internationales Verwaltungsrecht)
VON MÜNCH, INGO (BEGR.); KUNIG, PHILIP (HRSG.)	Grundgesetz-Kommentar, 5. Auflage, München 2001. (zitiert: VON MÜNCH/ KUNIG/ *Bearbeiter*)
MURSWIEK, DIETRICH	Die Haftung der Bundesrepublik Deutschland für die Folgen ausländischer Nuklearunfälle, UPR 1986, S. 370ff.
NEßLER, VOLKER	Europäisches Richtlinienrecht wandelt deutsches Verwaltungsrecht, Berlin 1994.
	Der transnationale Verwaltungsakt – Zur Dogmatik eines neuen Rechtsinstituts, NVwZ 1995, S. 863ff.
NEUMEYER, KARL	Internatonales Verwaltungsrecht, Vierter Band: Allgemeiner Teil, Zürich 1936.
OHLER, CHRISTOPH	Die Kollisionsordnung des Allgemeinen Verwaltungsrechts – Strukturen des deutschen Internationalen Verwaltungsrechts, Tübingen 2005

Die Entwicklung eines Internationalen Verwaltungsrechts als Aufgabe der Rechtswissenschaft, DVBl 2007, S. 1083ff.

OHLY, ANSGAR — Herkunftslandprinzip und Kollisionsrecht, GRUR Int. 2001, S. 899ff.

OPPERMANN, THOMAS; CLASSEN, CLAUS DIETER; NETTESHEIM, MARTIN — Europarecht, 4. Auflage, München 2009.

PACHE, ECKHARD; RÖSCH, FRANZISKA — Europäischer Grundrechtsschutz nach Lissabon – die Rolle der EMRK und der Grundrechtecharta in der EU, EuZW 2008 S. 519ff.

PALANDT — Bürgerliches Gesetzbuch, 68. Auflage, München 2009.

PAPIER, HANS-JÜRGEN — Die überörtliche Anwaltssozietät aus der Sicht des Verfassungs- und Gemeinschaftsrechts, JZ 1990, S. 253ff.

PAPIER, HANS-JÜRGEN; OLSCHEWSKI, BERND-DIETRICH — Vollziehung ausländischer Verwaltungsakte – Unter besonderer Berücksichtigung der Abgabenbescheide –, DVBl. 1976 S. 475ff.

PIEROTH, BODO; SCHLINK, BERNHARD — Grundrechte, Staatsrecht II, 24. Auflage, Heidelberg 2008.

PRIEß, HANS-JOACHIM — Die Genehmigung zur Führung ausländischer akademischer und staatlicher Grade gemäß § 2 I GFaG, NVwZ 1991, S. 111ff.

RENGELING, HANS-WERNER (HRSG.) — EUDUR – Handbuch zum europäischen und deutschen Umweltrecht, Band 1, 2. Auflage 2003. (zitiert: RENGELING/ *Bearbeiter*)

REST, ALFRED — Internationaler Umweltschutz und Haftung, 1978.

Neue Tendenzen im internationalen Umwelthaftungsrecht, NJW 1989, S. 2153ff.

Die Chemie-Unfälle und die Rheinverseuchung – Haftungsrechtliche Aspekte auf internationaler und nationaler Ebene,
VersR 1987, S. 6ff.

SACHS, MICHAEL (HRSG.) Grundgesetz, Kommentar,
5. Auflage, München 2009.
(zitiert: SACHS/ *Bearbeiter*)

SACHS, MICHAEL Verfassungsrecht II, Grundrechte
2. Auflage, Berlin, Heidelberg 2003
(zitiert: SACHS, Grundrechte)

SCHMIDT-AßMANN, EBERHARD Deutsches und Europäisches Verwaltungsrecht – Wechselseitige Einwirkungen –,
DVBl. 1993, S. 924ff.

SCHMIDT-BLEIBTREU, BRUNO; KLEIN, FRANZ (BEGR.); HOFMANN, HANS; HOPFAUF, AXEL (HRSG.) Grundgesetz – Kommentar zum Grundgesetz,
11. Auflage, Köln, München 2008.
(zitiert: SCHMIDT-BLEIBTREU/ KLEIN/ *Bearbeiter*)

SCHUSTER, GUNNAR Die internationale Anwendung des Börsenrechts,
Heidelberg 1996.

SCHÜTZ, DIETER Der internationale ordre public – Der Ausschluss völkerrechtswidrigen fremden Rechts im Internationalen Privatrecht der Bundesrepublik Deutschland,
Frankfurt 1984.

SCHWARZE, JÜRGEN Die Jurisdiktionsabgrenzung im Völkerrecht – Neuere Entwicklungen im internationalen Wirtschaftsrecht,
Baden-Baden 1994.

SCHWEITZER, MICHAEL Staatsrecht III – Staatsrecht, Völkerrecht, Europarecht,
9. Auflage, Heidelberg 2008.

SIEHR, KURT Grenzüberschreitender Umweltschutz – Europäische Erfahrungen mit einem weltweiten Problem,
RabelsZ 45 (1981), S. 377ff.

STEINBERG, RUDOLF Verfassungsrechtlicher Umweltschutz durch Grundrechte und Staatszielbestimmungen,
NJW 1986, S. 1985ff.

STERN, KLAUS — Das Staatsrecht der Bundesrepublik Deutschland,
Band I: Grundbegriffe und Grundlagen des Staatsrechts, Strukturprinzipien der Verfassung,
2. Auflage, München 1983;
Band III: Allgemeine Lehren der Grundrechte, 1. Halbband,
München 1988.

STOCKMANN, KURT — Kartellbehördliche Ermittlungen im Ausland,
WuW 1975, S. 243ff.

SYDOW, GERNOT — Vollzug des europäischen Unionsrechts im Wege der Kooperation nationaler und europäischer Behörden,
DÖV 2006, S. 66ff.
Europäisiertes Verwaltungsverfahren,
JuS 2005, S. 97ff. und S. 202ff.

TIETJE, CHRISTIAN — Internationalisiertes Verwaltungshandeln,
Berlin 2001.

GRAF VITZTHUM (HRSG.) — Völkerrecht,
4. Auflage, Berlin 2007.
(zitiert: GRAF VITZTHUM/ *Bearbeiter*)

VOGEL, KLAUS — Der räumliche Anwendungsbereich der Verwaltungsrechtsnorm,
Frankfurt/ Main, Berlin 1965.
Die Verfassungsentscheidung des Grundgesetzes für eine internationale Zusammenarbeit,
Tübingen 1964.

WALTER, CHRISTIAN — Grundrechtsschutz gegen Hoheitsakte internationaler Organisationen – Überlegungen zur Präzisierung und Fortentwicklung der Dogmatik des Maastricht-Urteils des Bundesverfassungsgerichts,
AöR 129 (2004), S. 39ff.

WANDT, MANFRED — Deliktsstatut und Internationales Haftungsrecht,
VersR 1998, S. 529ff.

WOLFRUM, RÜDIGER
Die grenzüberschreitende Luftverschmutzung im Schnittpunkt von nationalem Recht und Völkerrecht,
DVBl. 1984, S. 493.

ZÖLLER, RICHARD (BEGR.)
Zivilprozessordnung,
Kommentar,
27. Auflage, Köln 2009.
(zitiert: ZÖLLER/ *Bearbeiter*)

Kapitel 1: Einleitung

A. Gegenstand der Untersuchung

I. Problemstellung

Große technische Anlagen, wie etwa zur Güterproduktion, zur Erzeugung von Wärme und Energie oder in der chemischen Industrie, können in der Regel nicht ohne schädliche Emissionen in die verschiedenen Umweltmedien wie Luft, Wasser oder Boden betrieben werden. Solche Umweitbeeinträchtigungen können sich aber auch über die Grenzen des Staates hinaus, in dem die Anlage betrieben wird, auswirken. Dies gilt je nach Art der Anlage und der geographischen Gegebenheiten schon für den Normalbetrieb. Bei Industrieunfällen werden unter Umständen noch erheblich stärkere grenzüberschreitende Umwelteinwirkungen hervorgerufen, die dementsprechend auch über die Grenzen hinweg Aufsehen erregen.[1] Daher muss ein Unternehmen in den meisten Staaten mit einer entwickelten Rechtsordnung für den Betrieb einer industriellen Anlage mit einem solchen Gefährdungspotential vorher eine unter den Voraussetzungen des nationalen Rechts zu erteilende Genehmigung einholen.

Anderenfalls stehen dem Betrieb einer ungenehmigten Anlage in der Regel Unterlassungsansprüche betroffener Dritter oder des Staates entgegen, die zum Teil durch Schadensersatzansprüche bei rechtswidriger Beschädigung von geschützten Rechtsgütern ergänzt werden. Dementsprechend hat eine wirksam erteilte Genehmigung oft auch privatrechtsgestaltende Wirkung, indem sie in vielen Rechtsordnungen Unterlassungsansprüche gegen den Anlagenbetrieb ausschließt, wenn die potentiell Betroffenen vorher ihre Einwendungen im Genehmigungsverfahren vorbringen konnten.[2] Auch der Staat darf zumindest in der deutschen Rechtsordnung gegen eine genehmigte Anlage bei unveränderten tatsächlichen Voraussetzungen normalerweise nicht mehr vorgehen. Hinzu kommt zum Beispiel im deutschen

---

1 Vgl. mit Beispielen und einer Darstellung des sich entwickelnden internationalen Umwelthaftungsrechts, den Kodifikationsbemühungen auf völkerrechtlicher und europarechtlicher Ebene und zivilrechtlichen Möglichkeiten des Individualrechtsschutzes REST, NJW 1989, S. 2153ff.

2 Vgl. exemplarisch § 14 Bundes-Immissionsschutzgesetz (BImSchG) in der Fassung der Bekanntmachung vom 26. September 2002, zuletzt geändert am 11. August 2009, siehe auch die Zusammenstellung in BT-Drs. 12/7425, S. 86 anlässlich einer Änderung des § 906 BGB, wonach nunmehr Immissionen, die sich im Rahmen der in öffentlich-rechtlichen Vorschriften festgelegten Grenzwerte halten, in der Regel als unwesentliche Beeinträchtigung kein zivilrechtlich begründetes Abwehrrecht für den Eigentümer des betroffenen Grundstücks begründen.

Umwelthaftungsrecht, dass der bestimmungsgemäße, also in Übereinstimmung mit einer Genehmigung erfolgende Betrieb einer Anlage die Kausalitätsvermutung des § 6 Abs. 1 UmweltHG[3] für einen Schaden durch Umwelteinwirkungen beim Betrieb einer dafür geeigneten Anlage nach Abs. 2 der Vorschrift ausschließt. Unklar ist derzeit allerdings, ob dies auch für den Betrieb einer Anlage gemäß den Bestimmungen einer ausländischen Genehmigung gelten muss.[4] Eine öffentlich-rechtliche Genehmigung für den Betrieb einer potentiell umweltgefährdenden Anlage dient also im Grundsatz einerseits dazu, die Einhaltung bestimmter Sicherheits- und Umweltschutzstandards präventiv zu überprüfen, anderseits aber auch dem Rechtsfrieden und der Rechtssicherheit des Anlagenbetreibers, der damit Planungssicherheit für die mit der Anlage getätigten Investitionen erlangen will.

Grundsätzlich kommt einer nach nationalen Vorschriften erteilten Genehmigung umweltbeeinträchtigender Tätigkeiten aber nur Rechtswirkung auf dem Gebiet des Erlassstaates zu. Oft sind die umweltbeeinträchtigenden Auswirkungen des Anlagenbetriebes aber auch im angrenzenden Ausland zu spüren. Dies gilt insbesondere für Verunreinigungen der „flüchtigen" Umweltmedien Wasser und Luft. Im Falle dieser grenzüberschreitenden Umweltbeeinträchtigungen ergibt sich dann das Problem, dass die örtliche Regelungskompetenz des *Ursprungsstaates*, in dem die Anlage genehmigt und betrieben wird, und die Reichweite der tatsächlichen Auswirkungen im *Wirkungsstaat* nicht identisch sind. Denn eine nach dem Recht des Ursprungsstaates genehmigte Anlage muss nicht zwingend auch im Wirkungsstaat genehmigungsfähig sein.

Als „Paradebeispiel"[5] für grenzüberschreitende Umweltbeeinträchtigungen, die von einer im Ursprungsstaat genehmigten Anlage ausgehen und die Umwelt in angrenzenden Staaten schädigen, mag die Rheinverschmutzung durch verschiedene Betriebsunfälle in nahe des Rheins betriebenen Anlagen der chemischen Industrie in den neunziger Jahren des letzten Jahrhunderts dienen. In Erinnerung geblieben ist vor allem der Brand einer im schweizerischen Schweizerhall gelegenen Lagerhalle des Chemiekonzerns Sandoz im Jahr 1986, bei dem mit dem Löschwasser ca. 20t giftiger Agrochemikalien und mindestens 200kg Quecksilber in den Rhein gelangten. Durch diese akute Vergiftung des Gewässers kam es, zusammen mit den Auswirkungen anderer vergleichbarer Störfalle, zu einem Fischsterben großen Ausmaßes im Rhein, die Trinkwasserentnahme musste bis in die Niederlande eingestellt werden.[6] Von den Schäden waren also Menschen und Umwelt in mehreren Anliegerstaaten des Rheines betroffen. In der Folgezeit bemühten sich die Anliegerstaa-

3 Umwelthaftungsgesetz (UmweltHG) vom 10. Dezember 1990, zuletzt geändert am 23. November 2007; dazu HOFMANN, S. 221f.

4 Siehe zum Streitstand WANDT, VersR 1998, S. 529 (536), der dies dann bejaht, wenn die ausländischen Genehmigungsbestimmungen ein dem deutschen Recht vergleichbares Schutzniveau gewährleisten.

5 WANDT, VersR 1998, S. 529.

6 REST, VersR 1987, S. 6.

ten weitgehend erfolgreich, die Flora und Fauna des Rheines wiederzubeleben, so dass allgemein davon ausgegangen wird, dass sich das Gewässer heute in einem besseren ökologischen Zustand befindet als vor Beginn der Störfallserie.

Neben einer nur sehr zögerlichen Informationspolitik wurden der Betreibergesellschaft damals vor allem unzureichende Sicherheitsvorkehrungen gegen einen Eintrag giftiger Chemikalien in angrenzende Gewässer vorgeworfen, den Behörden eine zu laxe Genehmigungspraxis und mangelnde Kontrollen der Betriebe. Dementsprechend kam es zu zahlreichen verwaltungs- und zivilrechtlichen Verfahren, in denen sowohl die Schweiz als Genehmigungsstaat als auch die Betreibergesellschaft auf Schadensersatz verklagt wurden.[7] Vorbehaltlich des Erfüllens der tatbestandlichen Voraussetzungen kamen in diesem Fall sowohl völkervertrags- und völkergewohnheitsrechtliche Schadensersatzansprüche gegen den Ursprungsstaat als auch zivilrechtliche Schadensersatzansprüche gegen die Betreibergesellschaft in Betracht, wobei zwischen den beteiligten Staaten von Anfang an eine einvernehmliche Lösung angestrebt wurde.[8] In der vorliegenden Untersuchung sollen aber nicht diese haftungsrechtlichen Fragen im Vordergrund stehen, sondern die Wirkungen der zuvor erteilten Genehmigungen für die emittierende Anlage in angrenzenden, durch die genehmigte Tätigkeit ebenfalls betroffenen Staaten.

Einmal angenommen, der Betreiber hat sich bei dem Betrieb der Anlage im Rahmen der erteilten Genehmigungen gehalten: Konnte er darauf vertrauen, dass dann auch die angrenzenden Staaten den Betrieb als genehmigt und rechtmäßig anerkennen würden, und ob und inwieweit sind diese sogar zu einer solchen Anerkennung ausländischer Genehmigungen verpflichtet?[9] Wenn andere Staaten die ausländische Anlagengenehmigung nicht als rechtmäßig anerkennen, erschiene es aufgrund unterschiedlich hoher Sicherheitsstandards[10] möglich, dass die Immissionen die dort mit Hinblick auf den Gesundheits- und Umweltschutz festgelegten Grenzwerte überschreiten und gegen den Betrieb der Anlage im Wirkungsstaat Unterlassungsansprüche geltend gemacht werden können.[11]

---

7 Zum Deliktsstatut im internationalen Umwelthaftungsrecht WANDT, VersR 1998, S. 529ff. mit Darstellung einer möglichen Präklusionswirkung öffentlich-rechtlicher Genehmigungen für privatrechtliche Schadenersatzansprüche; zur möglichen Haftung des Ursprungsstaates für schädigende Auswirkungen einer dort genehmigten Anlage (hier: Atomkraftwerk) ausführlich KLOEPFER/ KOHLER, S. 176ff.

8 Ausführlich REST, VersR 1987, S. 6ff.

9 An einer Schadensersatzpflicht aus einer verschuldensunabhängigen Gefährdungshaftung, wie sie im deutschen Recht namentlich § 22 WHG (Wasserhaushaltsgesetz (WHG) in der Fassung der Bekanntmachung vom 19. August 2002, zuletzt geändert am 22. Dezember 2008) bestimmt, würde dies natürlich nichts ändern.

10 So hat zum Beispiel das deutsche Umwelthaftungsrecht auch im europäischen Vergleich bereits vor Erlass der Umwelthaftungsrichtlinie (RL 2004/35/EG über Umwelthaftung zur Vermeidung und Sanierung von Umweltschäden vom 21. April 2004) ein relativ hohes Niveau erreicht, vgl. BECKER, NVwZ 2007, S. 1105.

11 Ein strukturell vergleichbares Beispiel bringt mit Hinblick auf die europäische Dienstleistungsfreiheit LINKE: Ein französisches Sicherheits- und Überwachungsunternehmen, das für

Dieses Beispiel zeigt, dass viele Umweltbeeinträchtigungen grenzüberschreitenden Charakter haben und entsprechend kooperative, internationale Lösungsansätze erfordern.[12] Da im internationalen Recht zwischen den Staaten keine Über- und Unterordnungsverhältnisse existieren, die eine einseitige Durchsetzung nationaler Umweltschutzstandards ermöglichen würden, sind die Staaten zur Lösung grenzüberschreitend auftretender Umweltprobleme auf eine Kooperation angewiesen.[13] Hinzu kommt, dass die Nutzung und der Schutz von Umweltmedien meist mit mehreren anderen Politikbereichen verbunden sind.[14] Insbesondere im hier interessierenden Bereich umweltbeeinträchtigender industrieller Anlagen wird der Umweltschutz zwangsläufig auch von wirtschaftlichen Erwägungen zur industriellen Nutzung der natürlichen Ressourcen eines Landes beeinflusst. Diese oft gegenläufigen und nicht auf das Hoheitsgebiet bestimmter Staaten beschränkten Interessen müssen in Einklang gebracht werden.

In praktischer Hinsicht bedeutet es für global agierende Unternehmen und Konzerne ein nicht zu unterschätzendes Risiko, wenn sie aufgrund einer ausländischen Genehmigung zwar nicht im Ursprungsstaat, wohl aber im Wirkungsstaat wegen der Umweltbeeinträchtigungen durch eine genehmigte Anlage verklagt werden können. Wenn sich im Wirkungsstaat ebenfalls Vermögensgüter wie Unternehmensteile oder Tochterunternehmen befinden, können diese Urteile eventuell sogar mit Erfolg dort vollstreckt werden, obwohl die emittierende Anlage nach dem Recht des Ursprungsstaates eigentlich rechtmäßig betrieben wurde und der Betreiber alle dort geforderten Sicherheitsauflagen eingehalten hat.[15] Im europäischen Rechtsraum kommt hinzu, dass ein ausländisches Urteil des Wirkungsstaates über zivilrechtliche Forderungen bei Vorliegen der entsprechenden Voraussetzungen aufgrund von sekundärrechtlichen Vorgaben[16] im Ursprungsstaat selbst vollstreckt

---

seine Tätigkeit eine von französischen Behörden nach französischem Recht erteilte Genehmigung innehat, wird in Deutschland tätig und erweist sich dort als unzuverlässig im Sinne der deutschen Gewerbeaufsicht. Gilt die französische Genehmigung nun auch in Deutschland, und wenn ja, können deutsche Behörden diese wegen der erkannten Unzuverlässigkeit widerrufen oder zurücknehmen? Vgl. LINKE, S. 19.

12 GRAF VITZTHUM/ ders., 5. Abschnitt Rn. 89.

13 Ausführlich zu den Themen und Inhalten dieser so genannten „Umwelt-Außenpolitik" KILIAN, S. 39.

14 KILIAN, S. 37.

15 MEESSEN, AöR 110 (1985), S. 398 (417).

16 Siehe für zivilrechtliche Forderungen allgemein VO (EG) 44/2001 über die gerichtliche Zuständigkeit und die Anerkennung und Vollstreckung von Entscheidungen in Zivil- und Handelssachen vom 22. Dezember 2000; für unbestrittene Forderungen neuerdings auch VO (EG) 805/2004 zur Einführung eines europäischen Vollstreckungstitels für unbestrittene Forderungen in Zivil- und Handelssachen vom 21. April 2005: Nach Art. 5 der VO bedarf es in diesem Verfahren nicht einmal mehr einer förmlichen Vollstreckbarerklärung, um einen Vollstreckungstitel in anderen Mitgliedstaaten anerkennen und vollstrecken zu lassen. Unter den Voraussetzungen des Art. 6 der VO ist lediglich eine „Bestätigung" des Vollstreckungstitels erforderlich. Die Vorschriften betreffen allerdings nur zivilrechtliche (Schadensersatz-) Ansprüche,

werden könnte. Dies gilt zumindest für deliktsrechtliche Ansprüche Privater gegen einen Anlagenbetreiber, die zum Beispiel Schadensersatzansprüche wegen Gesundheitsschädigungen durch eine im Ausland betriebene Anlage geltend machen. Für behördliche Verfügungen fehlt es dagegen weitgehend an vergleichbaren Regelungen, die diese im Ausland vollstreckbar machen würden.[17] Es liegt auf der Hand, dass dieses Ergebnis nicht der Rechtssicherheit, die die Genehmigung für den Betrieb einer Anlage gerade auch gewährleisten soll, dienlich ist.

Zudem würden die Staaten in ihrer Wirtschaftspolitik eingeschränkt, wenn sie damit zum Beispiel eine Ansiedelung von Industrieunternehmen gerade in wenig besiedelten Grenzregionen verfolgen und von anderen Staaten wegen grenzüberschreitender Emissionen in Anspruch genommen werden könnten beziehungsweise die Betreiber emittierender Anlagen mit negativen Konsequenzen ihrer Tätigkeit im Nachbarstaat rechnen müssten. Daher haben auch die Staaten ein erhebliches Eigeninteresse an einer gemeinsamen Lösung grenzüberschreitender Umweltbeeinträchtigungen, um die zwischenstaatlichen Beziehungen zu fördern und zu sichern.

Ordnungspolitisch kommen für eine solche Kooperation wirtschaftliche Aspekte hinzu, da die übermäßige Beanspruchung begrenzter natürlicher Ressourcen, über die mehrere Staaten verfügen können, gleichzeitig die Nutzungsmöglichkeiten der anderen Staaten mindert und diese zu teureren Ersatznutzungen zwingt. Ein Staat, der zum Beispiel im Immissionsrecht niedrigere umweltrechtliche Schutzstandards einhält als der von den Auswirkungen betroffene Wirkungsstaat, beansprucht letztlich durch die stärkere Verschmutzung mehr von der nur begrenzt verfügbaren natürlichen Ressource „Luft“, so dass die anderen Staaten zur verstärkten Vermeidung schädlicher Immissionen gezwungen werden. Ein solches Gefälle im Umweltschutz führt letztlich dazu, dass der Ursprungsstaat Herstellungskosten auf den Wirkungsstaat abwälzt, der bei seiner eigenen umweltrelevanten Tätigkeit nicht über den gleichen Anteil an Ressourcen verfügen kann und dementsprechend durch seine Umweltgesetzgebung aufwendigere Verfahren in der Industrie etablieren muss.[18] Eine Verzerrung des Wettbewerbs auch in wirtschaftlicher Hinsicht ist damit vorprogrammiert. Diese Wettbewerbsunterschiede würden bei entsprechend großen Unterschieden in den umweltrechtlichen Standards bei einer Anerkennung umweltrechtlicher Genehmigungen aus dem Ausland sogar noch verfestigt werden.

---

d.h. sie wären im konkreten Fall nicht auf Unterlassungsverfügungen der Aufsichtsbehörden anwendbar. Das zum 12. Dezember 2008 in Kraft getretene Europäische Mahnverfahren (EG-Verordnung Nr. 1896/2006), das es einem Gläubiger bei grenzüberschreitenden Sachverhalten erlaubt, ähnlich dem deutschen Mahnverfahren in einem kurzen Verfahren einen auch in anderen Mitgliedstaaten vollstreckbaren Titel zu erlangen, ist dagegen nur bei vertraglichen Ansprüchen anwendbar, nicht auf behördliche Verfügungen oder deliktsrechtliche Schadensersatzansprüche gegen einen Anlagenbetreiber.

17 Die Vollstreckung einer ausländischen Unterlassungsverfügung gegen eine in seinem Hoheitsgebiet genehmigte Anlage könnte der Ursprungsstaat sogar wohl mit Hinweis auf seinen inländischen ordre public verweigern, vgl. HOFMANN, S. 225.

18 WOLFRUM, DVBl 1984, 493 (500).

Positiv sollte hervorgehoben werden, dass die Anerkennung fremder Hoheitsakte erheblich zum freundschaftlichen Umgang der Staaten miteinander beitragen kann. Durch eine verstärkte gegenseitige Kooperation lassen sich Kosten und Hindernisse für grenzüberschreitendes Handeln abbauen und die Gewinne zum Nutzen beider Seiten maximieren. Transaktionskostenreiche Konflikte zwischen einzelnen regelungsbefugten Staaten mit entsprechenden politischen Meinungsverschiedenheiten können durch eine freiwillige Koordinierung und Abgrenzung der jeweiligen Regelungskompetenzen vermieden werden.

Zudem zeigen spieltheoretische Untersuchungen, dass eine enge, am Prinzip der Gegenseitigkeit orientierte Zusammenarbeit langfristig von allen Teilnehmern einer Vergleichsgruppe am gewinnbringendsten empfunden wird. Dieses von AXELROD als „tit-for-tat-Strategie" bezeichnete Verhalten wird unabhängig von der jeweiligen Motivation von den Teilnehmern als langfristig nützlichste Strategie bewertet. Diese Aussage trifft selbst dann zu, wenn einzelne Teilnehmer kurzfristig von einer auf Gegenseitigkeit angelegten Strategie abweichen und ihren eigenen Vorteil zu maximieren suchen, da der Druck der anderen Teilnehmer und die negativen Folgen einer Verweigerungshaltung mit der Zeit zu groß werden, um sich der Kooperation zu entziehen.[19] Dementsprechend spielt im Völkerrecht neben der Vermeidung von Doppelprüfungen (Effektivität) und dem Bestreben nach Rechtssicherheit für die betroffenen Personen oder Unternehmen das durchaus eigennützig zu verstehende Motiv der Gegenseitigkeit eine große Rolle für die Anerkennung ausländischer Hoheitsakte.[20] Gerade im Verhältnis benachbarter Staaten zueinander, deren Existenz auf eine unbestimmte Dauer angelegt ist und die für lange Zeit miteinander auskommen müssen, erscheint es wichtig, ein für alle Seiten gedeihliches und konfliktfreies Zusammenleben zu ermöglichen. Auf Gegenseitigkeit basierende Anerkennungspflichten können hierbei als Ausdruck und Folge einer verstärkten Kooperation einen erheblichen Beitrag leisten.

II. Lösungsansatz

Grundsätzlich besteht in der oben beschriebenen Situation der Genehmigung einer grenzüberschreitend umweltbeeinträchtigend wirkenden Anlage ein Konflikt zwischen den territorialen Souveränitätsansprüchen der beiden betroffenen Staaten. Die territoriale Souveränität eines Staates ist dabei als völkerrechtliche Zuordnung eines bestimmten Gebietes zu einem Staat als dessen Staatsgebiet zu verstehen, auf dem er seine Staatstätigkeit entfalten kann (Gebietshoheit) und über das er die Verfügungsgewalt hat.[21] In diesem Sinne will der Ursprungsstaat über die Nutzung seines Territoriums und dessen natürlicher Ressourcen durch Bestimmung der von ihm für

19 Zum Ganzen AXELROD, insbesondere S.156f.

20 MENG, S. 93; VERDROSS/ SIMMA, S. 48f.

21 GEIGER, S. 231.

erforderlich und ausreichend erachteten Sicherheitsstandards selbst bestimmen, während der Einwirkungsstaat schädliche Einwirkungen auf sein Territorium, die nach seinem Sicherheitsverständnis vielleicht schon gar nicht zulässig wären, verhindern will.[22] Beide Regelungsansprüche ergeben sich aus der Territorialhoheit der Staaten als Teil ihrer Souveränität, die jeweils ein Ordnungsmonopol auf dem Staatsgebiet begründet.[23] Völkerrechtlich steht das Staatsgebiet jedem Staat zur „freien Verfügung" in dem Sinne, dass er dort unter Beachtung zwingender Normen des Völkerrechts eine autonome Rechtsordnung aufstellen und gestalten kann.[24] Er hat also zunächst auf seinem Territorium als Ausfluss der staatlichen Souveränität eine umfassende Verfassungs- und Gesetzgebungskompetenz und damit die ausschließliche Kompetenz, Hoheitsakte vorzunehmen.[25] Die Territorialhoheit wird völkerrechtlich durch das Verbot der Einmischung in die Angelegenheiten anderer Staaten abgesichert, wie es in Art. 2 Abs. 4 der UN-Charta[26] niedergelegt ist.[27] Hoheitsakte auf dem Gebiet eines anderen Staates sind dementsprechend ohne dessen Zustimmung grundsätzlich unzulässig.[28]

Die dadurch verliehene Rechtsetzungsmacht geht in der Regel mit der tatsächlichen Gebietshoheit eines Staates über ein Gebiet, in dem er effektiv seine Herrschaftsgewalt durchsetzen kann, einher und bestimmt damit zugleich den Geltungsbereich seiner Hoheitsakte. Diese Regelungshoheit beinhaltet auch, Grenzwerte für umweltbeeinträchtigende Tätigkeiten aufzustellen, die der jeweilige Staat für notwendig, aber auch ausreichend erachtet, um seine Bewohner und die natürlichen Lebensgrundlagen in seinem Hoheitsgebiet zu schützen. Durch die wechselseitigen Anknüpfungspunkte von Ursprungs- und Wirkungsstaat für eine solche Regelung grenzüberschreitender Umweltbeeinträchtigungen entsteht aber eine Überschneidung der Territorialhoheiten, die besondere Konfliktlösungsregeln erfordert.

Ein Regelungskonflikt zwischen Ursprungs- und Wirkungsstaat setzt aber immer eine „gemeinsame Angelegenheit" der beteiligten Staaten voraus. Dies ist vor allem bei einem teilbaren Sachverhalt wie einer grenzüberschreitenden Umweltbeeinträchtigung der Fall, oder wenn ein Regelungsadressat nur entweder der einen oder der anderen Regelung folgen kann, weil ihm nur eine Reaktion auf gegensätzliche Normbefehle mehrerer Staaten möglich ist.[29] Dementsprechend befindet sich der Adressat der Hoheitsakte in einem Befolgungskonflikt, wenn beide Staaten in

---

22 KLOEPFER/ KOHLER, S. 20ff.

23 Zum Begriff der Territorialhoheit und zur historischen Entwicklung MENG, S. 31ff.

24 SCHWEITZER, Staatsrecht III, Rn. 558.

25 Vergleiche grundlegend das Urteil des Ständigen Internationalen Gerichtshofs im Lotus-Fall, Urteil vom 7. September 1927, PCIJ Série A No. 10 (1927).

26 Charta der Vereinten Nationen vom 26. Juni 1945.

27 MENG, S. 59.

28 Teilweise ist umstritten, ob dies auch für Maßnahmen ohne Zwangscharakter wie eine einfache Informationsbeschaffung ohne Beugemittel gilt, die auch von Privaten vorgenommen werden könnten, vgl. zum Beispiel STOCKMANN, WuW 1975, S. 243 (246ff.).

29 MENG, S. 552.

Bezug auf sein Handeln eine Regelungskompetenz beanspruchen und er sich entscheiden muss, mit dem Risiko nachteiliger Folgen in dem anderen Staat eine der Regelungen zu befolgen.

Zunächst stehen die Souveränitätsansprüche aller beteiligten beziehungsweise regelungsbefugten Staaten aber gleichberechtigt nebeneinander.[30] Etwas anderes könnte sich ergeben, wenn ein Staat die Regelung des anderen als auch für seine Rechtsordnung rechtmäßig anerkennen muss, etwa weil die Regelungsbefugnisse durch internationale Verträge abgegrenzt wurden oder sich Anerkennungspflichten anderweitig begründen lassen.

Dabei muss bei der Beurteilung nationaler Regelungen zwischen dem Anwendungs- und dem Geltungsbereich einer Norm unterschieden werden: Der Anwendungsbereich bestimmt, auf welche Sachverhalte eine Norm anwendbar ist. Unter bestimmten Voraussetzungen können dies auch Sachverhalte in einem anderen Land sein.[31] Der Geltungsbereich bestimmt dagegen, in welchem territorialen Gebiet eine Norm Geltung beansprucht, also der Bereich, in dem sie anzuwenden ist und Gerichte und Behörden bei ihren Entscheidungen bindet. In der Regel ist dies das Staatsgebiet des Hoheitsträgers, der die Norm erlassen hat.[32] Der Geltungsbereich ist also völkerrechtlich grundsätzlich durch das Territorialitätsprinzip beschränkt, das aber unabhängig von den faktischen Durchsetzungsmöglichkeiten einer extraterritorialen Regelung nicht zwingend auch eine Begrenzung des Anwendungsbereichs bewirkt.[33] Anwendungs- und Geltungsbereich können nach dem Völkerrecht durchaus auseinanderfallen, insbesondere ist der sachliche Anwendungsbereich nicht notwendig auf das Staatsgebiet beschränkt, sondern kann über den räumlichen Geltungsbereich einer Norm hinausgehen.[34] So ist zum Beispiel im Kartellrecht anerkannt, dass sich der Anwendungsbereich des deutschen Kartellrechts nach § 130 Abs. 2 GWB[35] auch auf im Ausland veranlasste Wettbewerbsbe-

---

30 LINKE, S. 100.

31 Das internationale Privatrecht enthält mit seinen Kollisionsnormen umfangreiche Regelungen, wann auf einen zivilrechtlichen Sachverhalt fremdes Recht anzuwenden ist. Einseitige Kollisionsnormen besagen dabei lediglich, dass das nationale Recht auf einen bestimmten Sachverhalt nicht anzuwenden ist, während zweiseitige Kollisionsnormen zusätzlich auf eine bestimmte fremde Rechtsordnung verweisen, die für die Beurteilung des Sachverhaltes jeweils herangezogen werden soll, vergleiche VON BAR/ MANKOWSKI, § 1 Rn. 17, § 4 Rn. 67; und ausführlich LINKE, S. 38, 235ff. Zum anwendbaren Recht für zivilrechtliche Schadenersatz- und Unterlassungsansprüche und zur Frage, inwieweit öffentlich-rechtliche Genehmigungen zivilrechtliche Ansprüche ausschließen können, BOTHE/ PRIEUR/ RESS/ LUMMERT, S. 183ff.

32 LINKE, S. 28f.; OHLER, DVBl 2007, 1083 (1088). HOFMANN, S. 200, weist aber zu Recht darauf hin, dass eine Beschränkung der Geltung staatlicher Normen auf das Hoheitsgebiet des Erlassstaates völkerrechtlich nicht zwingend ist.

33 MEESSEN, S. 18.

34 So betreffen sogenannte „extra-territoriale" Hoheitsakte Personen, die sich im Ausland aufhalten, oder Sachen, die im Ausland belegen sind.

35 Gesetz gegen Wettbewerbsbeschränkungen (GWB) in der Fassung der Bekanntmachung vom 15. Juli

schränkungen erstreckt, die sich im Inland auswirken. Der Geltungsbereich der Norm ist dagegen auf das deutsche Hoheitsgebiet beschränkt. Insofern kann man von einem „extraterritorialen" Anwendungsbereich des deutschen Kartellrechts sprechen, mit dem der deutsche Staat versucht, Wettbewerbsbeschränkungen auf seinem Hoheitsgebiet zu verhindern oder zu sanktionieren.[36]

Dementsprechend hat der Internationale Gerichtshof schon im *Lotus*-Urteil klargestellt, dass der Anwendungsbereich einer nationalen Norm nicht auf inländische Sachverhalte beschränkt ist, wenn der Staat einen hinreichenden Anknüpfungspunkt für eine extraterritoriale Regelung vorweisen kann.[37] Dieses sogenannte *genuine link*-Prinzip ist im Völkerrecht als allgemeines, eine Regelungskompetenz begründendes Rechtsprinzip anerkannt.[38] Dagegen ist für den Geltungsbereich eine ausdrückliche Anordnung der Geltungserstreckung auf fremdes Staatsgebiet (zum Beispiel durch eine höherrangige Rechtsnorm oder durch den fremden Staat) erforderlich.[39] Die vorliegende Untersuchung befasst sich gemäß dieser Unterscheidung insbesondere damit, wann der Geltungsbereich einer ausländischen Genehmigung für eine industrielle Anlage auf das Hoheitsgebiet eines anderen Staates erstreckt werden muss, weil der Staat diese als für sein Hoheitsgebiet rechtmäßig anerkennen muss.

Zunächst soll in einem völkerrechtlichen Teil gezeigt werden, dass es im Völkerrecht abgesehen von zwischenstaatlichen Vereinbarungen keine Pflichten zur Anerkennung ausländischer Hoheitsakte gibt. Um den Regelungskonflikt zu lösen und damit letztlich Konflikte zwischen Staaten über grenzüberschreitende Umweltbeeinträchtigungen zu vermeiden, muss daher, eine entsprechende Kooperationsbereitschaft der Staaten vorausgesetzt, ein Ausgleich zwischen den Interessen des Ursprungsstaates und des Wirkungsstaates gefunden werden. Im Anschluss daran soll in einem gemeinschaftsrechtlichen Teil dargestellt werden, dass sich auf europäischer Ebene wegen der hohen Integrationsdichte, die das Gemeinschaftsrecht inzwischen erreicht hat, über eine bloße Duldung hinausgehende Pflichten zur Anerkennung von Hoheitsakten anderer Mitgliedstaaten ergeben können. Schließlich soll in einem verfassungsrechtlichen Teil zur deutschen Rechtsordnung untersucht werden, auf welche verfassungsrechtliche Grundlage solche Anerkennungspflichten nach dem Grundgesetz gestützt werden können und welche Grenzen für eine solche Anerkennungsentscheidung durch deutsche Behörden beziehungsweise deren gesetzliche Ermächtigungsgrundlage gelten. Vorangestellt wird jedem Kapitel jeweils

---

2005, zuletzt geändert am 25. Mai 2009.

36 Immenga/ Mestmäcker, § 130 GWB Rn. 134.

37 Ständiger Internationaler Gerichtshof, Urteil vom 7. September 1927, PCIJ Série A No. 10 (1927).

38 Ipsen/ Epping/ Gloria, § 23 Rn. 88; Linke, S. 95; ohne ausreichenden Anknüpfungspunkt würde eine extraterritoriale Regelung das völkerrechtliche Verbot der Einmischung in fremde Angelegenheiten verletzen.

39 Linke, S. 29.

eine kurze Darstellung der einschlägigen umweltrechtlichen Regelungen und Prinzipien, die bei einer Anerkennung ausländischer Genehmigungen für grenzüberschreitend umweltbeeinträchtigende Anlagen ebenfalls beachtlich sind.

III. Eingrenzung des Untersuchungsgegenstandes

Die vorliegende Arbeit soll insbesondere industrielle Tätigkeiten und deren nationale Genehmigungen behandeln, die grenzüberschreitende Umweltbeeinträchtigungen hervorrufen und sich damit auf das Gebiet anderer Staaten auswirken können. Der Umweltbegriff umfasst für den Zweck dieser Untersuchung die vom Menschen beeinflussbaren, in ihrem Bestand und ihren Wirkungsweisen voneinander abhängigen Räume der Erde und des Weltraums einschließlich Geosphäre, Hydrosphäre, Biosphäre und Atmosphäre sowie deren Ökosysteme.[40] Im deutschen Recht findet sich in § 3 Abs. 1 UmweltHG eine Definition, wonach ein Umweltschaden jeder Schaden ist, der *„durch eine Umwelteinwirkung (entsteht), wenn er durch Stoffe, Erschütterungen, Geräusche, Druck, Strahlen, Gase, Dämpfe, Wärme oder sonstige Erscheinungen verursacht wird, die sich in Boden, Luft oder Wasser ausgebreitet haben*“. Als Schaden definiert zum Beispiel § 2 Nr. 2 USchadG[41] jede *„direkt oder indirekt eintretende feststellbare nachteilige Veränderung einer natürlichen Ressource (Arten und natürliche Lebensräume, Gewässer und Boden) oder Beeinträchtigung der Funktion einer natürlichen Ressource*“, wobei das Gesetz in § 2 Nr. 1 auf die in den Fachgesetzen[42] enthaltenen jeweiligen Erheblichkeitsschwellen zur Feststellung eines Umweltschadens verweist. Auffällig ist bei dieser Definition, dass sie sich nicht auf bestimmte geschützte Individualrechtsgüter wie zum Beispiel Gesundheit oder Eigentum Dritter bezieht, sondern rein ökologische Schäden für eine Haftung erfordert, aber auch ausreichen lässt.[43]

Die von der OECD ausgearbeitete völkerrechtliche Definition von Umweltverschmutzungen umfasst *„the introduction of man (...) of substances or energy into the environment resulting in deleterious effects of such a nature as to endanger human health, harm living resources and ecosystems, and impair or interfere with amenities and other legitimate uses of the enviroment*“.[44] Im Ergebnis bezieht diese Definition jede Art menschlichen Handelns mit umweltbeeinträchtigenden Folgen ein. In völkerrechtlichen Verträgen werden grenzüberschreitende Umweltbeein-

40 GRAF VITZTHUM/ ders., 5. Abschnitt Rn. 89.

41 Umweltschadensgesetz (USchadG) vom 10 Mai 2007, zuletzt geändert am 31. Juli 2009.

42 Zum Beispiel § 21a Abs. 1 BNatSchG (Bundesnaturschutzgesetz (BNatSchG) vom 25. März 2002, zuletzt geändert am 22. Dezember 2008), § 22a WHG.

43 Vgl umfassend zum USchadG BECKER, NVwZ 2007, S. 1105ff; DIEDERICHSEN, NJW 2007, S. 3377ff.

44 OECD, Recommendation C (74) 244 of the Council on Principles Concerning Transfrontier Pollution vom 14.11.1974, Teil A (Introduction), abrufbar unter http://webdomino1.oecd.org/horizontal/oecdacts.nsf/linkto/C(74)224.

trächtigungen beispielsweise definiert als Schäden mit *„physical origin wholly or in part in one state and deleterious effects in the territory of another state“*.[45] Für die grenzüberschreitende Komponente ist nach dieser Definition also das Staatsgebiet maßgeblich, von dem aus die Belastung von Privaten oder staatlichen Akteuren verursacht wird. Um diese Umweltbeeinträchtigungen einem Staat zuzurechnen, reicht es bereits aus, wenn er auf dem Gebiet, von dem die Umweltbelastung ausgeht, eigene Hoheitsrechte ausübt. Hierzu zählen auch schädigende Einwirkungen von Räumen, die von Staaten kontrolliert werden (z.B. Schiffe oder Flugzeuge), oder von hoheitsfreien Räumen (z.B. die Hohe See). Unerheblich ist dagegen, ob der Staat diese bewusst oder unbewusst zulässt, ob sie mit oder ohne staatliche Genehmigung erfolgen, oder ob sich die Umweltbelastung erst infolge der Addition der Einwirkungen mehrerer Staaten ergibt.

B. Definition der Anerkennung von fremden Hoheitsakten

Die Anerkennung eines fremden Hoheitsakts, deren Voraussetzungen und Grenzen hier im Zusammenhang mit der Genehmigung grenzüberschreitend umweltbeeinträchtigender Anlagen näher untersucht werden soll, lässt sich definieren als der Vorgang, der diesen im Bereich des anerkennenden Hoheitsträgers für rechtsverbindlich, maßgeblich oder existent erklärt beziehungsweise die Gleichstellung mit entsprechenden inländischen Hoheitsakten anordnet.[46] Ein ausländischer Hoheitsakt ist dabei jede ausländische Entscheidung eines Einzelfalls, die nach den Grundsätzen des deutschen Rechts dem öffentlichen Recht zuzuordnen wäre.[47] Die Wirkung einer im Ausland durch eine Genehmigungsentscheidung gesetzten Rechtsfolge wird damit auf das eigene Staatsgebiet, das normalerweise nicht in den Geltungsbereich der fremden Genehmigungsnorm einbezogen ist, erstreckt. Damit wird die ausländische Genehmigung für die nationalen Gerichte und Behörden wie ein von inländischen staatlichen Stellen erlassener Hoheitsakt verbindlich.[48] Maßgeblich für Inhalt und Umfang der Anerkennung, die zum Beispiel auch nur unter Beschränkungen oder mit im Vergleich zu nationalen Rechtsakten eingeschränkten Rechtswirkungen erfolgen kann, ist das nationale Recht, das die Anerkennung anordnet. Im Einzelnen liegt die Bestimmung der Rechtsfolgen einer Anerkennung aber im Ermessen des anerkennenden Staates beziehungsweise der Staaten, die untereinan-

---

45 Für die Meeresverschmutzung: ILA, 1982, UPR 3 (1983), S. 21; für die Luftverschmutzung: Art. 1 Übereinkommen über weiträumige grenzüberschreitende Luftverunreinigung, unterzeichnet am 13. November 1979 in Genf, BGBl 1982 II S. 374.

46 MICHAELS, S. 50.

47 VON BAR/ MANKOWSKI, § 4 Rn. 71.

48 HAPPE, S. 63f.; KORTE, S. 33 für die Anerkennung von ausländischen Enteignungen; eine vergleichbare Wirkung hat die Anerkennung zivilrechtlicher ausländischer Urteile durch deutsche Gerichte, vgl. zum Beispiel ZÖLLER/ GEIMER, § 328 ZPO Rn. 18; die Grenzen einer solchen Anerkennung werden im 4. Kapitel unter C.X im Überblick dargestellt.

der eine Anerkennungspflicht zugunsten ausländischer Hoheitsakte begründen.[49] Innerhalb der deutschen Rechtsordnung kann eine solche Anerkennungsentscheidung antizipiert durch ein Gesetz erfolgen, so dass die Verwaltungsbehörden im Einzelfall lediglich deklaratorisch die Rechtsverbindlichkeit des ausländischen Hoheitsakts für deutsches Hoheitsgebiet feststellen können. Sie kann aber auch auf Grundlage einer entsprechenden gesetzlichen Ermächtigungsgrundlage, die Voraussetzungen und Rechtsfolgen und gegebenenfalls einen Ermessensspielraum für die Anerkennungsentscheidung normiert, konstitutiv durch eine Einzelfallentscheidung einer Behörde herbeigeführt werden.

Eine Anerkennung ist also grundsätzlich jede Verleihung von Rechtsfolgen für einen fremden Hoheitsakt im eigenen Staatsgebiet durch Gesetz, Einzelfallentscheidung oder Urteil.[50] Dementsprechend hat eine Anerkennung ausländischer einzelfallbezogener Hoheitsakte wie einer Anlagengenehmigung, die im öffentlichen Interesse eines anderen Staates ergangen sind, vorbehaltlich bestimmter Prüfungsbefugnisse des anerkennenden Staates dieselbe Wirkung wie die Durchsetzung fremder Jurisdiktion, also der Befugnis zur Ausübung von Hoheitsgewalt durch Setzung und Durchsetzung von Recht durch einen anderen Staat auf dem Hoheitsgebiet des anerkennenden Staates.

Gleichzeitig ergibt sich aus dieser Definition der akzessorische Charakter der mit einer Anerkennung im Wirkungsstaat eintretenden Rechtsfolgen, da diese an einen bereits im Ausland erlassenen Hoheitsakt anknüpft und lediglich dessen Geltungsbereich, also den Bereich, in dem die angeordneten Rechtsfolgen eintreten, erweitert. Die Anerkennungsentscheidung selber beziehungsweise die zugrundeliegende gesetzliche Ermächtigungsgrundlage ist dabei der inländische Geltungsbefehl, der aufgrund der territorialen Souveränität des Wirkungsstaates für die Erstreckung der rechtlichen Wirkungen auf das eigene Staatsgebiet erforderlich ist. Der Geltungsbereich der ausländischen Ermächtigungsgrundlage für den anzuerkennenden Hoheitsakt wird dadurch allerdings nicht erweitert, da sich die Anerkennungsentscheidung nur auf den auf dieser Grundlage erlassenen Hoheitsakt bezieht. Gleichzeitig hat diese Konzeption zur Folge, dass die Anerkennung im Wirkungsstaat selbst keine originäre Geltung eines neu erlassenen Hoheitsaktes gleichen Inhalts begründet, sondern sich die Wirkungen lediglich derivativ von dem bereits erlassenen ausländischen Hoheitsakt ableiten.

Normalerweise ist die Anerkennung, da sie einen bereits erlassenen fremden Hoheitsakt voraussetzt und dessen Regelungswirkung lediglich auf ein anderes Staatsgebiet erstrecken soll, eine einseitige Erklärung des Wirkungsstaates. Dies gilt ungeachtet der Tatsache, dass viele solcher Anerkennungsentscheidungen im Kontext einer gegenseitigen Verpflichtung zur jeweiligen Anerkennung gleichartiger Hoheitsakte des Vertragspartners stehen. Auch durch diese Gegenseitigkeit im Sinne eines *do ut des* verliert die Anerkennung aber nicht ihren einseitigen Charakter.

---

49 OHLER, S. 53, 153.

50 LINKE, S. 30f.; VERDROSS/ SIMMA, S. 425.

Schließlich ist mit Hinblick auf den Charakter der Anerkennung eines fremden Hoheitsakts noch darauf hinzuweisen, dass sich diese nur auf Rechtsnormen oder Einzelfallentscheidungen von Gerichten oder Behörden beziehen kann, nicht jedoch auf die der Entscheidung zugrundeliegenden Tatsachen. Daneben können ausländische Hoheitsakte auch insoweit Gegenstand einer Anerkennung sein, als sie Vorfragen einer inländischen Entscheidung betreffen und dieser als Sachverhalt zugrunde gelegt werden sollen. Da der fremde Hoheitsakt dabei aber keine direkten Rechtswirkungen auf dem eigenen Staatsgebiet entfaltet, kann man in diesem Fall nicht von einer Anerkennung im Sinne einer Erstreckung des Geltungsbereiches beziehungsweise der rechtlichen Wirkungen sprechen, so dass dieser Fall hier nicht näher untersucht werden soll.

Abzugrenzen ist eine Anerkennung demgegenüber von der Anwendung fremden Rechts: Eine Anerkennung setzt nicht zwingend eine Überprüfung des anzuerkennenden Hoheitsakts anhand der ausländischen Rechtsordnung durch den anerkennenden Staat voraus. Vielmehr wird das Ergebnis der Anwendung ausländischen Rechts durch den fremden Staat für das Hoheitsgebiet des anerkennenden Staates übernommen.[51] Bei der Anerkennung wird nicht fremdes Recht bei der eigenen Entscheidungsfindung der Behörden des Wirkungsstaates angewandt. Es erfolgt also keine eigenständige Rechtsauslegung und -anwendung fremden Rechts im Wirkungsstaat und keine originäre Sachverhaltsermittlung mit Bezug auf den ausländischen Sachverhalt.[52] Vielmehr wird das Ergebnis einer fremden Rechtsanwendung in ihren Rechtsfolgen für den Wirkungsstaat übernommen, um dort einen grenzüberschreitenden Sachverhalt zu regeln. Inwieweit die Behörden des Wirkungsstaates dabei den fremden Hoheitsakt auf seine Rechtmäßigkeit überprüfen dürfen, wird im Folgenden noch näher untersucht. Damit ist die Frage einer Anerkennung ausländischer Hoheitsakte abzugrenzen von der vor allem im Internationalen Privatrecht diskutierten kollisionsrechtlichen Frage nach dem auf einen bestimmten Sachverhalt anwendbaren Recht, auch wenn die Rechtsfolgen oft vergleichbar sein dürften.[53] Gleichfalls keinen Fall der Anerkennung bilden Konstellationen, in denen die Entscheidungen fremder Hoheitsträger schon aufgrund ihrer unmittelbaren grenzüberschreitenden Wirkung Bindungswirkung auf einem anderen Staatsgebiet entfalten, ohne dass es einer besonderen Anerkennungsentscheidung bedarf.[54] Dies gilt allerdings nicht für Fälle, in denen gesetzlich eine antizipierte Anerkennungsentscheidung für bestimmte Gruppen ausländischer Hoheitsakte

51 NEUMEYER, S. 295f.; differenzierend MENG, S. 1, 90ff., nach dem in bestimmten Fällen die Anerkennung eines ausländischen Hoheitsakts einer Anwendung fremden Rechts gleichkommt, so zum Beispiel bei der Anerkennung einer direkt durch ein Gesetz bestimmten Rechtslage wie der Rechtsfähigkeit. MENG hält daher eine Unterscheidung zwischen einer Anerkennung und der Anwendung fremden Rechts nur aus systematischen Gründen für geboten, nicht aber wegen der sich zum Teil überschneidenden Rechtsfolgen.

52 VON BAR/ MANKOWSKI, § 4 Rn. 72.

53 OHLER, S. 54f.; 151.

54 LINKE, S. 31f.

durch den Wirkungsstaat getroffen wurde und daher keine ausdrückliche Anerkennung mehr in den nachfolgenden Einzelfällen, die von der antizipierten Anerkennungsentscheidung erfasst sind, getroffen werden muss.

Kapitel 2: Völkerrecht

Im folgenden Kapitel soll untersucht werden, ob und inwieweit nach dem Völkerrecht ausländische Genehmigungen für umweltbelastende Tätigkeiten in anderen Staaten Rechtswirkungen entfalten und als rechtsverbindlich anerkannt werden müssen.

Das Völkerrecht ist dadurch gekennzeichnet, dass es unter Beachtung der prinzipiellen Gleichheit der Staaten und ihrer Souveränitätsansprüche einen Ausgleich zu finden sucht für Spannungen, die aus der Koexistenz der Staaten entstehen können. Im Umweltvölkerrecht ist ein solcher friedlicher Ausgleich der Interessen besonders wichtig, da sich Umweltmedien wie Gewässer oder die Luft räumlich nicht begrenzen lassen und sich Eingriffe eines Staates hier schnell auf dem Gebiet eines fremden Staates auswirken und dessen Bewohner oder natürliche Lebensgrundlagen schädigen können. Das hierfür relevante Umweltvölkerrecht umfasst die Normen, die den Umgang der Völkerrechtssubjekte mit der Umwelt betreffen und aus Quellen des Völkerrechts herrühren. Dabei bestehen wesentliche Berührungspunkte zu ökonomischen und sozialen Fragen, wie zum Beispiel Verkehr und Handel, aber auch Armut und die Lebensbedingungen in Entwicklungsländern.

A. Überblick über das Umweltvölkerrecht

Zunächst soll ein kurzer Überblick über das Umweltvölkerrecht mit Schwerpunkt auf dem gewohnheitsrechtlichen Verbot erheblicher schädlicher Umweltbeeinträchtigungen gegeben werden. Im Anschluss daran soll in Abschnitt B dieses Kapitels untersucht werden, ob sich aus den Grundsätzen des Umweltvölkerrechts eine Anerkennungspflicht für ausländische Genehmigungen, die eine Umweltbeeinträchtigung unterhalb der völkerrechtlichen Erheblichkeitsschwelle erlauben, ergibt.

I. Entwicklung des Umweltvölkerrechts

Seit Ende der sechziger Jahre des 20. Jahrhunderts hat sich auf internationaler Ebene unter den Staaten ein wachsendes Bewusstsein dafür herausgebildet, dass Umweltschutz auch ein Anliegen der internationalen Staatengemeinschaft ist. Aus dieser Zeit datieren auch die ersten völkerrechtlichen Verträge zum Schutz der Umwelt vor diversen schädlichen Einwirkungen.[55] Mit Verabschiedung der *Stockholmer Erklärung* von 1972[56] haben die Vereinten Nationen erstmals international anerkannt, dass die Umwelt nicht nur reflexhaft, sondern um ihrer selbst willen als natürliche Lebensgrundlage des Menschen zu schützen und zu bewahren ist und zu den völkerrechtlich geschützten Rechtsgütern gehört. Die Konvention enthielt zu ihrem Entstehungszeitpunkt nicht rechtsverbindliche allgemeine Prinzipien und Impulse für die spätere umweltpolitische Rechtsentwicklung. Die *Rio-Erklärung* von 1992[57] enthält 27 weiter konkretisierte, allerdings ebenfalls rechtlich unverbindliche Prinzipien, die unter dem Leitbild einer nachhaltigen Entwicklung (*sustainable development*) stehen. Daneben werden der Vorsorgegrundsatz und der Grundsatz der gemeinsamen, aber differenzierten Verantwortlichkeit von Entwicklungs- und Industriestaaten für Umweltschädigungen festgeschrieben. Gleichzeit versuchten die Staaten in der Erklärung nach eingehenden Diskussionen auf dem *Rio*-Gipfel um den Konflikt zwischen Umweltschutz und Entwicklung einen Ausgleich zu schaffen zwischen dem Recht der Staaten auf technische und industrielle Entwicklung und dem Anspruch künftiger Generationen auf Erhaltung der natürlichen Lebensgrundlagen. Umweltschutz wird dementsprechend zum integralen Bestandteil nachhaltiger Entwicklung erklärt.[58] So hebt Grundsatz 5 der *Rio-Erklärung* die eigentlich nicht zum Umweltschutz gehörende Frage der Armutsbekämpfung als „grundlegende(n) Aufgabe" der Staaten und „unverzichtbare Voraussetzung für die nachhaltige Entwicklung" hervor. Die Staaten sind sich also durchaus der Spannung bewusst, die tatsächlich, oft aber auch nur vermeintlich zwischen den Interessen der Staaten an einer wirtschaftlichen Entwicklung und den gemeinsamen Umweltschutzbelangen besteht.

Das Umweltvölkerrecht regelt heute den Umgang der Völkerrechtssubjekte mit der Umwelt unter Berücksichtigung anderer Rechtsgebiete wie dem Wirtschaftsrecht (Industrie, Handel, Verkehr), sozialer Fragen und den Menschenrechten und umfasst sowohl völkerrechtliche Rechtssätze als auch Rechtsinstitute des *soft law*.[59] Die gegenwärtige Entwicklung des Umweltvölkerrechts zielt insbesondere auf die Formulierung allgemeiner Prinzipien, die später durch multi- oder bilaterale Übereinkommen zwischen den Staaten konkretisiert und mit verbindlichen Zielen ausgestaltet werden. In vielen Fällen wird die Durchsetzung und Überwachung solcher

---

55 Zusammenfassend zum Umweltvertragsrecht IPSEN/ HEINTSCHEL VON HEINEGG, § 57. Einen Überblick über die Entwicklung des Umweltvölkerrechts geben zum Beispiel GRAF VITZTHUM/ ders., 5. Abschnitt Rn. 93ff.; TIETJE, S. 356ff.

56 Erklärung der Konferenz der Vereinten Nationen über die Umwelt des Menschen vom 16. Juni 1972, BGBl. 1984 II S. 906ff.; Konferenztext abrufbar unter http://www.unep.org/Documents.Multilingual/Default.asp?DocumentID=97&ArticleID=1503.

57 Rio-Erklärung über Umwelt und Entwicklung der Konferenz der Vereinten Nationen über Umwelt und Entwicklung in Rio de Janeiro, 3. Juni – 14. Juni 1992, abrufbar unter http://www.un.org/Depts/german/conf/agenda21/rio.pdf.

58 Grundsatz 3 und 4 der Rio-Erklärung.

59 GRAF VITZTHUM/ ders., 5. Abschnitt Rn. 90.

völkervertragsrechtlichen Verpflichtungen auf internationale Organisationen übertragen, die daneben oft auch wissenschaftlich und beratend tätig sind.[60] Im Laufe der Zeit hat sich im Umweltbereich eine Regelungstechnik herausgebildet, nach der in multilateralen Verträgen, sogenannten „Rahmenkonventionen“, strategische Ziele und ein institutioneller Rahmen für bestimmte Umweltschutzziele festgelegt werden. Vor allem bei politisch kontroversen Angelegenheiten ermöglicht diese Vorgehensweise den Abschluss von zunächst allgemein gehaltenen Rahmenabkommen, die später bei einer entsprechenden politischen Entwicklung konkretisiert und an den technischen Fortschritt angepasst werden können.[61] Die konkretisierten Rechte und Pflichten der Staaten bis hin zu verbindlichen Reduktionszielen für Umweltbeeinträchtigungen werden dagegen nach dem Abschluss einer Rahmenkonvention in dazugehörigen, später beschlossenen Protokollen festgelegt, die offen für eine Anpassung an die fortschreitende technische Entwicklung und das wachsende Umweltbewusstsein der Staatengemeinschaft sind.

Ein prominentes Beispiel für diese Regelungstechnik ist das Rahmenübereinkommen der Vereinten Nationen über Klimaänderungen vom 15. Mai 1992,[62] das zunächst nur allgemeine Bekenntnisse zu einer Reduktion klimaschädlicher Emissionen enthielt und von einer großen Anzahl von Staaten ratifiziert wurde. Erst mit dem Kyoto-Protokoll von 1997[63] kamen quantifizierbare Emissions-Reduktionspflichten hinzu: Die unterzeichnenden Staaten haben sich verpflichtet, zwischen den Jahren 2008 bis 2012 den Ausstoß klimaschädlicher Gase gegenüber dem Referenzwert von 1990 um durchschnittlich 5,2 Prozent zu verringern. Allerdings wurde das Kyoto-Protokoll nicht von allen Vertragsparteien des Rahmenübereinkommens unterzeichnet und ist daher nicht für alle Vertragsstaaten bindend. Namentlich die USA haben das Protokoll zwar unterzeichnet, aber bislang nicht ratifiziert. Dennoch konnte das Kyoto-Protokoll am 16. Februar 2005 nach Ratifizierung durch die erforderliche Anzahl von Staaten[64] in Kraft treten und läuft nunmehr bis 2012. Neben konkreten Reduktionszielen für die Mitgliedstaaten führt das Kyoto-Protokoll auch andere Mechanismen zur Verringerung schädlicher Treibhausgase ein, die zum Teil auch die Entwicklungsländer in ihrem Streben nach wirtschaftlicher und technischer Entwicklung unterstützen sollen: So wurde ein Mechanismus zum weltweiten Han-

---

60 KILIAN gibt einen ausführlichen Überblick zur den Möglichkeiten und Perspektiven für Umweltschutzmaßnahmen durch internationale Organisationen und die Entwicklung des Umweltvölkerrechts in diesem Bereich. Ein Überblick über völkerrechtliche Abkommen zu Haftungsfragen bei grenzüberschreitenden Umweltbeeinträchtigungen und das deutsche Kollisionsrecht für die Umwelthaftung findet sich bei HOFMANN, S. 218ff.

61 Zu dieser Regelungsform ausführlich TIETJE, S. 247ff.

62 BGBl 1993 II S. 1784ff.

63 BGBl. 2002 II S. 966.

64 Erforderlich war eine Ratifizierung von mindestens 55 Staaten, die zugleich für mindestens 55 Prozent der globalen Treibhausgasemissionen verantwortlich sein mussten. Mit Stand vom 19. Juni 2009 haben 185 Staaten sowie die Europäischen Gemeinschaften das Protokoll ratifiziert.

del mit Emissionszertifikaten eingerichtet, um wirtschaftliche Anreize für die Entwicklung umweltschonender Technologien zu setzen. Zusätzlich können sich Industriestaaten untereinander oder mit einem Entwicklungsland zusammenschließen, um eine gemeinsame bzw. geteilte Anrechnung der jeweiligen Emissionen zu erreichen. Dadurch sollen insbesondere auch Investitionen in umweltschonende Technologien in den Entwicklungsländern gefördert werden.

Inzwischen wurde auf der 13. Vertragsstaatenkonferenz im Dezember 2007 auf Bali nach langwierigen Verhandlungen ein Verhandlungsmandat für ein Nachfolgeprotokoll zum Kyoto-Protokoll vereinbart, dem auch die USA zugestimmt haben. Die sogenannte „Bali-Roadmap“[65] enthält zwar entgegen der Bestrebungen insbesondere der europäischen Staaten keine konkreten Reduktionsziele zur Vermeidung von Treibhausgasen. Allerdings verweist das Dokument auf den Sachstandsbericht des IPCC[66] zur Klimaänderung von 2007, in dem eine Reduktion der Treibhausgasemissionen durch die Industriestaaten von 25 bis 40 Prozent bis zum Jahr 2020 für erforderlich gehalten wird, um schädliche Folgen des Klimawandels abzuwenden. Konkrete Reduktionsziele sollen entsprechend dem Verhandlungsmandat in einem von einer Ad-hoc-Arbeitsgruppe bis 2009 zu verhandelndem Protokoll ausgearbeitet werden. Den Interessen der Entwicklungsländer an wirtschaftlichen und technischen Hilfen durch die Industriestaaten wird unter anderem durch die Einrichtung eines Anpassungsfonds und Vereinbarungen zum Technologietransfer Rechung getragen. Jüngst konnten sich die Gruppen der Industrie- und Schwellenländer im Juli 2009 auf dem G 8-Gipfel in Italien auf das gemeinsame Ziel einigen, dass sich das Weltklima entsprechend den IPCC-Empfehlungen bis zum Jahr 2100 um nicht mehr als 2 Grad Celsius gegenüber der vorindustriellen Zeit erwärmen soll. Allerdings waren die Schwellenländer abgesehen von einer allgemein gehaltenen Reduktionsverpflichtung noch nicht bereit, sich auf konkrete Ziele zum Abbau des Kohlendioxidausstoßes festzulegen, wie das die meisten Industriestaaten getan haben.[67] Auch die Konferenz der Vertragsstaaten in Kopenhagen im Dezember 2009 hat die zuvor geäußerten Erwartungen an eine Festlegung verbindlicher Reduktionsziele enttäuscht. Insgesamt zeigen die mühsamen Verhandlungen über das Verhandlungsmandat für ein Nachfolgeprotokoll zu Kyoto, dass sich die Staaten im Umweltvölkerrecht zwar über die Ziele und die Notwendigkeit von Umweltschutzmaßnahmen einig, zum Teil aber nicht bereit sind, sich auf völkerrechtlicher Ebene zu einem konkreten Handeln verpflichten zu lassen.

---

65 Siehe Dokument Nr. 1/CP.13 „Bali Action Plan“, Addendum zum Report of the Conference of the Parties on its thirteenth session, held in Bali, abrufbar unter http://unfccc.int/documentation/decisions/items/3597.php?such=j&volltext=/CP.13#beg

66 Intergovernmental Panel on Climate Change (Zwischenstaatlicher Ausschuss für Klimaänderungen – IPCC), ein der Klimarahmenkonvention (UNFCC) beigeordneter Ausschuss, der die wissenschaftlichen Erkenntnisse zum Klimawandel zusammentragen und bewerten und Vermeidungsstrategien aufzeigen soll.

67 Zum G 8-Gipfel siehe zum Beispiel FAZ vom 9. Juli 2009, S. 1f.

Organisatorisch und in der Rechtsdurchsetzung folgt das Umweltvölkerrecht den allgemeinen völkerrechtlichen Regelungen einschließlich der dem Völkerrecht im Vergleich zum nationalen Recht immanenten relativ schwachen Durchsetzungsmechanismen. Inhaltlich haben sich in der Zwischenzeit zahlreiche umweltvölkerrechtliche Prinzipien herausgebildet, deren rechtliche Einordnung zum Teil noch umstritten ist und die man zum Großteil als „Optimierungsgebote" oder Vorstellungen eines „idealen Sollens"[68] auffassen kann, ohne dass sie konkrete Rechtspflichten der Staaten begründen würden. Dennoch werden diese Prinzipien von der Mehrheit der Staaten zumindest von der Grundidee her akzeptiert. Dazu zählen:[69]

- Das Verursacherprinzip (als *polluter-pays-principle* gleichzeitig als Kostentragungsprinzip anerkannt*),*
- das Vorsorgeprinzip,
- die gemeinsame, nach Entwicklungsstand differenzierte Verantwortung der Staaten für den Erhalt der Umwelt,
- die Pflicht zur Zusammenarbeit bei der Behandlung regional übergreifender Probleme,
- das völkergewohnheitsrechtlich anerkannte Verbot erheblicher Umweltschädigungen auf fremdem Staatsgebiet (dazu ausführlich unter A.II in diesem Kapitel),
- der Grundsatz der fairen und gerechten Aufteilung gemeinsamer natürlicher Ressourcen (*equitable use*-Prinzip): Dieses Prinzip hat zumindest im Wasserrecht gewohnheitsrechtliche Geltung erlangt. Auf andere Medien, bei denen die Staaten nicht in einer vergleichbar engen Interessengemeinschaft stehen wie Anrainerstaaten eines gemeinsamen Wasserlaufs, kann es aber wohl nicht ohne weiteres übertragen werden,[70]
- das Konzept des *common heritage of mankind* für Räume außerhalb der Staatsgebiete (Hohe See, Weltraum, Antarktis),
- bestimmte Verfahrenspflichten (Information, Konsultation usw.) zur Absicherung von Kooperationspflichten sowie
- Warnpflichten, wenn einem Staat grenzüberschreitend wirkende Umweltgefahren, zum Beispiel Störfälle in grenznahen Anlagen, bekannt werden.

Die aufgeführten Rechte und Pflichten haben sich ganz überwiegend durch Weiterentwicklung und Vertiefung ursprünglich vertraglich begründeter Rechte und Pflichten herausgebildet. Ziel der neueren Vertragspraxis ist es, in einem integrativen Ansatz Entwicklungsprobleme in Umweltschutzabkommen einzubeziehen und

---

68 GRAF VITZTHUM/ ders, 5. Abschnitt Rn. 111.

69 Siehe als Übersicht IPSEN/ HEINTSCHEL VON HEINEGG, § 58; BROWNLIE, S. 277ff.; ausführlich BIRNIE/ BOYLE, International Law and the Environment; vgl. die ähnlichen Grundsätze zur Umweltpolitik der Europäischen Gemeinschaften in Art. 174 EGV.

70 IPSEN/ HEINTSCHEL VON HEINEGG, § 58 Rn. 27.

so zu nachhaltigen, mit dem Streben nach wirtschaftlicher Entwicklung zu vereinbarenden Umweltschutzstandards zu kommen. Berechtigten Forderungen der Entwicklungsländer nach finanzieller und wirtschaftlicher Hilfe stehen allerdings oft nur vage, rechtlich unverbindliche Absichtserklärungen und Bekenntnisse zu allgemeinen Umweltschutzzielen ohne konkrete Zielvorgaben gegenüber. Zusätzlich werden vertragliche Ansätze zur Verankerung effektiver, rechtlich verbindlicher Umweltschutzmechanismen immer wieder durch die Souveränitätsinteressen und wirtschaftlichen Interessen der beteiligten Staaten behindert. Die Entwicklung global geltender Schutzstandards aus vertraglichen Festlegungen heraus gelingt daher umso eher, je mehr Staaten in gemeinsamen Schutzgütern betroffen sind und ein Interesse an deren Erhaltung haben.[71] Das Umweltvölkerrecht hat sich so von einem System grenzüberschreitender Beziehungen benachbarter Staaten zu einem global geltenden Teil des Völkerrechts mit international anerkannten Standards und Schutzpflichten *erga omnes* entwickelt. Dennoch ist es bei internationalen Konferenzen immer wieder problematisch, die unterschiedlichen Interessen einer Vielzahl von beteiligten Staaten und Nichtregierungsorganisationen zu vereinbaren, so dass regionale Ansätze zum Umweltschutz durch eine begrenzte Gruppe von Staaten oft erfolgversprechender sind.

Aktuell werden im Umweltvölkerrecht vor allem die Ursachen und Folgen der Klimaerwärmung diskutiert, was mit verstärkten Bemühungen der Staaten zur Vermeidung von Kohlendioxidemissionen einhergeht. Festzuhalten bleibt aber, dass die Staaten trotz diverser Absichtserklärungen und Proklamationen beim Abschluss rechtlich verbindlicher Verpflichtungen zu Umweltschutzmaßnahmen eher zurückhaltend sind, da sie diese in vielen Fällen im Widerspruch zu ihren wirtschaftlichen Interessen sehen. Häufig gehen die Staaten daher aus wirtschaftlichen Gründen verbindliche Vertragspflichten nur zögerlich ein, weil sie befürchten, vermeintliche ökonomische Vorteile gegenüber anderen Staaten aufzugeben. Zusätzlich ist die Überwachung der Reduktionsverpflichtungen und eine eventuell erforderliche Ahndung von Vertragsverletzungen nach wie vor nicht hinreichend geklärt, bzw. es steht kein in der Umsetzung wirklich effektives Durchsetzungsinstrumentarium zur Verfügung, um die Staaten zu einem vertragskonformen Verhalten anzuhalten.

Es bleibt abzuwarten, ob sich der angenommene Gegensatz von Ökonomie und Ökologie wird lösen lassen. Daneben befindet sich die Diskussion darüber, ob das Umweltvölkerrecht auch Individualrechte begründet, weiterhin im Fluss. Bislang werden umweltbezogene Individualrechte, vor allem ein einklagbares Recht auf eine saubere Umwelt, mehrheitlich nicht anerkannt, solange sie nicht in vertraglichen Abreden einen besonderen Rechtsgrund haben.[72] Dies entspricht der allgemeinen Konzeption des Völkerrechts als Recht der Staaten, das generell nicht individuali-

---

71 Ausführliche Darstellung zur Entwicklung des Umweltvölkerrechts aus dem Vertragsrecht bei BIRNIE/ BOYLE, S. 84ff.

72 BIRNIE/ BOYLE, S. 192 m.w.N.

sierbar ist und wegen des Mediatisierungsprinzips nur mittelbaren Einfluss auf die Rechtsstellung einzelner Individuen in den betroffenen Staaten haben kann.

II. Völkergewohnheitsrechtliches Verbot erheblicher Umweltbeeinträchtigungen

Zunächst soll aus dem Umweltvölkerrecht das Verbot erheblicher Umweltbeeinträchtigungen zu Lasten der Hoheitsgebiete anderer Staaten besonders untersucht werden, um daran anschließend diskutieren zu können, wie es eventuelle Pflichten zur Anerkennung ausländischer Anlagengenehmigungen als fremde Hoheitsakte beeinflussen kann. Diese Frage ist eng mit der Frage verknüpft, wie Staaten die natürlichen Ressourcen auf ihrem Staatsgebiet nutzen dürfen, beziehungsweise welchen völkerrechtlichen Grenzen sie in der zunächst aufgrund der Territorialhoheit zulässigen Nutzung unterliegen.

Früher wurde entsprechend der sogenannten *Harmon-Doctrine*, die jedoch inzwischen überwunden ist, vertreten, jeder Staat sei zur unbegrenzten und unbegrenzbaren Nutzung der auf seinem Staatsgebiet vorhandenen Ressourcen berechtigt.[73] Selbst bei erheblichen grenzüberschreitenden Belastungen könnte einem Staat eine solche Tätigkeit dementsprechend nicht untersagt werden, da es allein Sache des souveränen Ursprungsstaates ist, über die Nutzung der natürlichen Ressourcen auf seinem Staatsgebiet zu bestimmen.

Im Gegenzug könnte man im Sinne einer absoluten territorialen Integrität fordern, dass kein Staat ohne besondere Verpflichtung schädliche Auswirkungen fremden Staatshandelns auf seinem Hoheitsgebiet dulden muss. Beide Ansichten beruhen letztlich auf einem einseitig ohne Rücksicht auf andere Staaten oder die (wie auch immer zu definierenden) Interessen der Völkergemeinschaft definierten Souveränitätsanspruch. Ein solcher Ansatz ist aber unvereinbar mit dem völkerrechtlichen Grundsatz von der souveränen Gleichheit der Staaten und steht im Gegensatz zu dem völkerrechtlichen Ziel, das friedliche Zusammenleben der Staaten zu fördern und zu sichern.[74] Daher können staatliche Interessen und ihre völkerrechtliche Durchsetzung nicht ohne Berücksichtigung der Interessen anderer betroffener Staaten oder der Völkergemeinschaft und faktischer Abhängigkeiten, wie sie zum Beispiel durch gemeinsame, nur begrenzt zur Verfügung stehende natürliche Ressourcen begründet werden, betrachtet werden.[75] In diesem Zusammenhang muss das Völkerrecht für ein friedliches Zusammenleben der Staaten auch Souveränitätsbeschränkungen einzelner Staaten zulassen.

Zwar ist völkerrechtlich anerkannt, dass Staaten aufgrund ihrer Souveränität auch gefährliche, die Nachbarstaaten potentiell gefährdende Handlungen auf ihrem Staatsgebiet vornehmen können. Zum Staatsgebiet zählt auch der Luftraum ober-

---

73 Vgl. die Nachweise bei GRAF VITZTHUM/ ders., 5. Abschnitt Rn. 94.

74 GRAF VITZTHUM/ ders., 5. Abschnitt Rn. 94; IPSEN/ HEINTSCHEL VON HEINEGG, § 58 Rn. 5ff.

75 KLOEPFER/ KOHLER, S. 23.

halb eines Staates,[76] so dass die Staaten grundsätzlich auch diesen Luftraum als natürliche Ressource durch industrielle Verschmutzung „nutzen" bzw. verbrauchen können. Dies gilt sogar, obwohl nicht ganz unumstritten, für höchstgefährliche sogenannte „*ultra hazardous activities*" wie den Betrieb von Kernkraftwerken in Grenznähe.[77] Das Umweltvölkerrecht fordert nicht, dass grenzüberschreitende Umweltbeeinträchtigungen absolut ausgeschlossen werden und potentiell besonders gefährliche Tätigkeiten von vorneherein unterbleiben müssen. Vielmehr können die Staaten solche Tätigkeiten (bei entsprechender Gefahrenvorsorge) bewusst in kauf nehmen, um ihr Territorium nicht zuletzt auch im Sinne wirtschaftlichen Gewinnstrebens sinnvoll nutzen zu können.

Die territoriale Souveränität eines Staates begründet aber keine absolute Rechtsposition, sondern muss immer auch mit Rücksicht auf andere Staaten und deren Interessen ausgelegt werden. Da aber auch die Wirkungsstaaten bei grenzüberschreitenden Umweltbeeinträchtigungen auf ihrem Gebiet in eben dieser territorialen Souveränität betroffen sind, können diese beiden Rechtspositionen nicht mit Absolutheitsanspruch nebeneinander stehen, sondern müssen unter Beachtung des Grundsatzes von der souveränen Gleichheit der Staaten in Ausgleich gebracht werden, um eine friedliche Koexistenz der Staaten zu ermöglichen.[78] Die Souveränitätsansprüche der beteiligten Staaten relativieren sich also gegenseitig.[79] Aus diesem Gedanken heraus hat sich das völkerrechtliche Nachbarrecht, das auch das Umweltvölkerrecht beeinflusst, entwickelt.[80] Dementsprechend ist das Verbot, andere Staaten durch erhebliche grenzüberschreitende Umweltbeeinträchtigungen zu schädigen, mittlerweile völkergewohnheitsrechtlich anerkannt.[81] Nach diesem Rechtssatz darf ein Staat von seinem Territorium aus keine Handlungen unternehmen, dulden oder zulassen, die zu erheblichen Umweltbeeinträchtigungen in einem anderen Staat führen können.

Mit Hinblick auf das hier nicht näher untersuchte Umwelthaftungsrechts ist der Vollständigkeit halber anzumerken, dass eine völkergewohnheitsrechtlich verbotene erhebliche Schädigung gleichzeitig als Haftungsvoraussetzung für eine Schadensersatzpflicht wegen einer Schädigung natürlicher Ressourcen eines anderen Staates angesehen wird. Aufgrund der Unbestimmtheit dieses Rechtssatzes, insbesondere mit Hinblick auf die Erheblichkeit und den Schadensbegriff, ist die Bestimmung konkreter Schadensersatzpflichten zwar schwierig.[82] Gleichwohl kann das Verbot

---

76 HERDEGEN, Völkerrecht, § 8 Rn. 5.

77 REST, NJW 1989, S. 2153 (2156), anders RANDELZHOFER/ SIMMA, in: Festschrift für Berber, 1973, S. 389 (415ff.).

78 KLOEPFER/ KOHLER, S. 37.

79 IPSEN/ HEINTSCHEL VON HEINEGG, § 58 Rn. 8.

80 Darstellung der Entwicklung und Nachweise zur Staatenpraxis im völkerrechtlichen Nachbarrecht bei RANDELZHOFER/ SIMMA, Festschrift für Berber, 1973, S. 389 (400ff.).

81 WOLFRUM, DVBl 1984, S. 493, 495 m.w.N. aus der völkerrechtlichen Literatur; VERDROSS/ SIMMA, S. 643ff.; kritisch KLOEPFER/ KOHLER, S. 30.

82 REST, NJW 1989, S. 2153 (2155).

erheblicher grenzüberschreitender Umweltbeeinträchtigungen grundsätzlich zur Bestimmung vertraglicher Regelungen oder Verfahrenspflichten der Staaten, zum Beispiel einer Informationspflicht im Falle absehbarer erheblicher grenzüberschreitender Umweltbeeinträchtigungen, herangezogen werden, deren Verletzung zu einer völkerrechtlichen Schadensersatzpflicht führen kann.[83] Allerdings ist auf völkerrechtlicher Ebene nach wie vor umstritten, ob das Umwelthaftungsrecht vom Prinzip der Verschuldens-, Erfolgs- oder Gefährdungshaftung bestimmt wird.[84]

1. Herleitung und Entwicklung

Im Folgenden soll die völkerrechtliche Grundlage des Verbots erheblicher grenzüberschreitender Umweltbeeinträchtigungen und seine Entwicklung aus der Notwenigkeit heraus, die Souveränitätsinteressen der von grenzüberschreitenden Umweltbeeinträchtigungen betroffenen Staaten auszugleichen, dargestellt werden. Wie bereits dargelegt, kollidiert der souveräne territoriale Nutzungsanspruch in Fällen grenzüberschreitender Umweltbeeinträchtigungen mit dem souveränen Anspruch des Nachbarstaates auf territoriale Integrität, wie er sich in dem nachbarrechtlichen Schädigungsverbot widerspiegelt. Die beiden gegenläufigen Extrempositionen der absoluten territorialen Souveränität des Ursprungsstaates und des absoluten territorialen Integritätsanspruchs des Wirkungsstaates müssen in Einklang gebracht werden. Im jeweiligen Einzelfall soll daher eine Abwägung der an diese Prinzipien geknüpften staatlichen Interessen beiden Rechtsätzen zur jeweils größtmöglichen Geltung verhelfen.[85] Das völkerrechtliche Verbot erheblicher Umweltbeeinträchtigungen wird also als Ausgleich zwischen den Souveränitätsansprüchen von Ausgangs- und Wirkungsstaat aus dem Gebot der Rücksichtnahme und dem Grundsatz der guten Nachbarschaft, der auch in der Präambel der Charta der Vereinten Nationen verankert ist, hergeleitet. Letztlich liegen seine Wurzeln in dem Gebot, die territoriale Souveränität anderer Staaten zu achten.[86] Der Rechtssatz wurde erstmals in den Schiedssprüchen im Trail/ Smelter-Fall aus dem Jahr 1941 anerkannt und hat inzwischen völkergewohnheitsrechtliche Geltung.[87]

Da die beiden widerstreitenden Positionen von Ausgangs- und Wirkungsstaat letztendlich auf die Souveränität der Staaten zurückgehen, ist ein möglichst schonender Ausgleich dieser Ansprüche unter Beachtung der prinzipiellen Gleichheit der Staaten erforderlich.[88] Zwar wird die territoriale Souveränität des Ausgangs-

---

83 DURNER, Internationales Umweltverwaltungsrecht, in: MÖLLERS/ VOßKUHLE/ WALTER, Internationales Verwaltungsrecht, S. 136.

84 Vgl. zum Entwicklungsstand REST, aaO.

85 HACH, S. 39f; MEESSEN, S. 198ff.

86 GEIGER, S. 290; VERDROSS/ SIMMA, S. 644, die daneben auch auf die Sozialbindung der Staaten bei der Nutzung natürlicher Ressourcen hinweisen.

87 RIAA III (1941), 1905 (I), 1938 (II); diese Rechtsprechung hat breite Zustimmung in der Literatur gefunden, vgl. HACH, S. 41 m.w.N. in Fußnote 19.

88 KLOEPFER/ KOHLER, S. 30ff.

staats in dem Maße eingeschränkt, in dem dieser auf die Vermeidung erheblicher grenzüberschreitender Umweltbeeinträchtigungen hinwirken bzw. diese unterlassen muss. Andererseits wird dadurch der territoriale Integritätsanspruch des Wirkungsstaates nur insoweit gewahrt, als er unerhebliche Beeinträchtigungen hinnehmen muss und sich nur im Falle erheblicher Umweltbeeinträchtigungen auf seinem Territorium zur Wehr setzen kann. Dementsprechend bietet der Rechtssatz bei entsprechend ausgewogener Grenzziehung für die Erheblichkeitsschwelle eine weitgehende Gewähr dafür, dass die legitimen Interessen aller beteiligten Staaten angemessen berücksichtigt werden können.

Das völkergewohnheitsrechtlich anerkannte Verbot erheblicher grenzüberschreitender Umweltbeeinträchtigungen wird in diversen Völkerrechtsakten in Bezug genommen, so dass sich die Rechtsüberzeugung der Staaten von der verbindlichen Geltung dieses Rechtssatzes auch nach außen dokumentiert.[89] So heißt es in Grundsatz 21 der *Stockholmer Erklärung*[90], dass die Staaten zwar das Recht haben, ihre natürlichen Ressourcen entsprechend ihrer nationalen Umweltgesetzgebung zu nutzen, gleichzeitig aber auch verhindern müssen, dass andere Staaten durch Tätigkeiten auf ihrem Staatsgebiet in ihrem Einflussbereich geschädigt werden. Die für die Entstehung von Völkergewohnheitsrecht erforderliche Rechtsüberzeugung zeigt sich unter anderem darin, dass auf Grundsatz 21 der *Stockholmer Erklärung* in verschiedenen nachfolgenden völkerrechtlichen Rechtsakten rekurriert wird, zum Beispiel in der Präambel zum *Übereinkommen über weiträumige grenzüberschreitende Luftverunreinigung*[91] oder dem Grundsatz 2 der *Rio-Erklärung*[92]. Der Rechtssatz entfaltet über Art. 25 GG als allgemeine Regel des Völkerrechts auch unmittelbare Rechtswirkung in der deutschen Rechtsordnung.[93]

2. Bestimmung der Erheblichkeitsschwelle

a) Wertende Betrachtung der internationalen Praxis und der Rechtsauffassung

Obwohl die rechtlich verbindliche Geltung des Verbots erheblicher grenzüberschreitender Umweltbeeinträchtigungen nicht mehr angezweifelt wird, bereitet die Festlegung der für grenzüberschreitende Umweltbeeinträchtigungen maßgeblichen

89 HACH, S. 54f; REST, NJW 1989, S. 2153 (2155).

90 Declaration of the United Nations Conference on the Human Environment vom 16.06.1972, abrufbar zum Beispiel unter www.unep.org.

91 Übereinkommen über weiträumige grenzüberschreitende Luftverunreinigung vom 13.11.1979, BGBl 1982 II S. 374; weiterführend TIETJE, S. 393ff.

92 Rio-Erklärung über Umwelt und Entwicklung der Konferenz der Vereinten Nationen über Umwelt und Entwicklung in Rio de Janeiro, 03.06.–14.06.1992, abrufbar unter http://www.un.org/Depts/german/conf/agenda21/rio.pdf.

93 VON MÜNCH/ KUNIG/ ROJAHN, Art. 25 Rn. 22.

Erheblichkeitsschwelle nach wie vor Schwierigkeiten.[94] Im Folgenden soll untersucht werden, wie eine solche Grenzziehung so erfolgen kann, dass die legitimen, in ihrer Souveränität begründeten Interessen aller betroffenen Staaten zu einem möglichst gerechten Ausgleich gebracht werden können.

Zu Grenzziehung könnten zunächst die beiden oben dargestellten, mit den jeweiligen Souveränitätsansprüchen der betroffenen Staaten verknüpften Extrempositionen – ein Verbot jeglicher grenzüberschreitender Umweltbeeinträchtigungen oder eine gänzlich unbeschränkte Nutzung des eigenen Territoriums ohne Rücksicht auf die grenzüberschreitenden Belastungen – herangezogen werden, wenn eine dieser Positionen absolute Geltung für die Bestimmung der Erheblichkeitsschwelle beanspruchen kann.

Einerseits sind beim derzeitigen Stand der technischen Entwicklung umweltbeeinträchtigende Emissionen im Rahmen einer industriellen Tätigkeit in vielen Bereichen unvermeidbar.[95] So wird zum Beispiel bei Kohlekraftwerken, die bei der Energieerzeugung einen relativ hohen CO_2-Ausstoß haben, seit einiger Zeit an der Entwicklung emissionsfreier Kraftwerke gearbeitet.[96] Solange die technischen Möglichkeiten aber noch nicht so weit entwickelt sind, können Kohlekraftwerke auch bei Einhalten neuester technischer Standards nicht ohne Emissionen betrieben werden. Da die Staaten aber ein legitimes Interesse daran haben, im Sinne der wirtschaftlichen Entwicklung ihr Territorium industriell zu nutzen, ist ein gewisses Maß an Emissionen hinzunehmen. Daher können Emissionen nicht gänzlich verboten werden, so dass aus dem Verbot erheblicher grenzüberschreitender Beeinträchtigungen kein Verbot jeglicher schädlicher Emissionen abgeleitet werden kann.

Andererseits muss sich der Wirkungsstaat gegen eine übermäßige Beanspruchung seiner natürlichen Ressourcen durch in einem anderen Staat verursachte Umweltbelastungen wehren können: Zum einen entsteht auf seinem Staatsgebiet ein Schaden, den er, wenn keine Haftungsregelungen bestehen oder Schadenersatzansprüche gegen den Ursprungsstaat nicht durchgesetzt werden können, selbst beseitigen muss, ohne von der zugrundeliegenden industriellen Nutzung profitiert zu haben. Zum anderen kann der Wirkungsstaat in dem Maße, wie seine begrenzten natürlichen Ressourcen schon von im Ausland verursachten Umweltbeeinträchtigungen beansprucht werden, selbst diese Ressourcen nicht mehr für seine eigene industrielle Tätigkeit in Anspruch nehmen und erleidet so einen zusätzlichen wirtschaftlichen Schaden. Dies ergibt sich daraus, dass natürliche Ressourcen nur bis zu einem gewissen Maß mit Schadstoffen angereichert werden können, ehe sie unbenutzbar werden bzw. für den Menschen Gesundheitsgefahren in einem solchen

---

94 DIEDERICHSEN spricht im Zusammenhang mit dem deutschen Umweltrecht von den „naturgemäß gegebenen Unschärfen" des Erheblichkeitsbegriffs, so dass die Grenzen der Erheblichkeitsschwelle de facto für den einzelnen potentiell Verantwortlichen nicht zu erkennen seien, vgl. DIEDERICHSEN, NJW 2007, S. 3377 (3378).

95 HACH, S. 37.

96 Zum Beispiel durch das Verfahren der CO2-Sequestrierung.

Ausmaß bergen, dass sie faktisch nicht mehr für eine industrielle Tätigkeit benutzt werden können. Dementsprechend können grenzüberschreitende Umweltbeeinträchtigungen nicht schrankenlos hingenommen werden, so dass der Ursprungsstaat ab einem gewissen Maß an Belastungen sein Territorium nicht mehr uneingeschränkt nutzen kann.

Zwischen diesen beiden Extrempositionen gilt es also einen Ausgleich durch die Definition einer Erheblichkeitsschwelle zu finden, die die legitimen Interessen beider Staaten berücksichtigt. Grundsätzlich erfolgt diese Grenzziehung aus dem Völkergewohnheitsrecht heraus unter Beachtung der internationalen Praxis und der Rechtsauffassung der Staaten darüber, was gewohnheitsrechtlich noch als nicht erheblich hinzunehmen ist. Auf die Standards allein des Verursacherstaates kann es schon deshalb nicht ankommen, da dieser ansonsten selbst die Grenzen für seine völkerrechtliche Verantwortlichkeit festlegen könnte. Allerdings können auch nicht die Umweltschutzstandards des Wirkungsstaates allein maßgeblich sein, da diesem andernfalls eine unzulässige Rechtsmacht eingeräumt würde, indirekt die wirtschaftliche Nutzung des Territoriums fremder Staaten mitzubestimmen.[97]

Dementsprechend muss die Erheblichkeitsschwelle durch eine Zusammenschau des international Üblichen unter Beachtung des zum Zeitpunkt der Schädigung herrschenden Stands der Technik erfolgen. Diese Bestimmung orientiert sich aus den oben genannten Gründen nicht allein an den unter Umständen strengeren Vorgaben des Wirkungsstaates, der nach seinem nationalen Recht die Einhaltung höherer Sicherheitsstandards und niedrigerer Grenzwerte vorgeben kann, als dies international üblich ist. Andererseits kann die Grenze auch nicht lediglich am Durchschnitt der tatsächlich in der Staatenpraxis gefundenen Grenzwerte gezogen werden, da dann kein Anreiz für eine wünschenswerte, dem Schutz natürlicher Ressourcen dienende technische Entwicklung bestehen würde. Daher muss die Staatenpraxis der „technisch entwickelten" Staaten maßgeblich sein.[98] Diese Definition hat den Vorteil, dass sie einerseits die umweltpolitischen Vorgaben einer größeren Anzahl von Staaten berücksichtigt und nicht nur einem Staat die Kompetenz einräumt, über die Zulässigkeit grenzüberschreitender Umweltbeeinträchtigungen zu entscheiden. Andererseits wird dadurch, dass nur die Standards von Staaten, die tatsächlich einen gewissen Umweltschutzstandard sicherstellen, maßgeblich sind, eine in anderen Ländern bestehende Unterentwicklung des Umweltschutzes nicht noch durch einen höhere Erheblichkeitsschwelle, ab der grenzüberschreitende Verschmutzungen verboten sind, belohnt.

Bei der Zusammenschau der international angewandten Standards können vertragliche Abreden oft eine wichtige Hilfe sein. Insbesondere bei weiträumig oder global angelegten völkerrechtlichen Abkommen mit vielen Vertragsparteien kann

---

97 Anders GRAF VITZTHUM/ ders., 5. Abschnitt Rn. 97, der das Verbot erheblicher grenzüberschreitender Umweltbeeinträchtigungen aber als Teil des unten unter III. näher dargestellten völkerrechtlichen Nachbarrechts einordnet.

98 KLOEPFER/ KOHLER, S. 47f.

man davon ausgehen, dass die darin festgelegten Grenzwerte einer gewissen internationalen Übereinkunft entsprechen. Oft sind solche Verträge auch dynamisch in dem Sinne angelegt, dass sie umweltpolitische Ziele formulieren, die erst in Zukunft mit einer weiter entwickelten Technik realisierbar sind. Dementsprechend geben sie auch einen Anreiz für Forschung und Entwicklung der Staaten auf dem Gebiet der Umwelttechnik. Allerdings müssen umstrittene, je nach Sichtweise besonders ambitionierte Vertragsziele, die von Nichtunterzeichnern in Frage gestellt werden, mit Vorsicht betrachtet werden. Die im Zusammenhang mit dem Verbot erheblicher grenzüberschreitender Umweltbeeinträchtigungen zu bestimmende Erheblichkeitsschwelle kann kein Maximalziel des Umweltschutzes sein, sondern soll einem wertend ermittelten Durchschnitt der Staatenauffassung unter Berücksichtigung des technisch Machbaren und des wirtschaftlich Zumutbaren entsprechen.

b) Equitable use-Prinzip

Zusätzlich könnten aus den Grundsätzen des völkergewohnheitsrechtlich anerkannten *equitable use*-Prinzips Schlussfolgerungen für eine Grenzziehung der Erheblichkeitsschwelle gezogen werden. Ursprünglich wurde dieses Prinzip im Wasserrecht entwickelt, um eine faire Aufteilung der begrenzten natürlichen Ressource Wasser bei Gewässern mit mehreren Anrainerstaaten zu ermöglichen.[99] Nach diesem Rechtssatz soll die Nutzung gemeinsamer natürlicher Ressourcen durch verschiedene Staaten auf der Grundlage von gleichwertigen Nutzungerechten koordiniert und aufgeteilt werden, was im Ergebnis zu anteiligen „Verschmutzungsrechten" der Staaten führt.[100] Erst wenn die so ermittelten Emissionsanteile der einzelnen Staaten erschöpft sind, kann eine völkerrechtlich unzulässige erhebliche Umweltbeeinträchtigung vorliegen. Im Ergebnis muss dabei jeder Staat bei grenzüberschreitenden Aktivitäten die Interessen der anderen Staaten berücksichtigen. Problematisch an dieser Sichtweise ist allerdings, dass sich möglicherweise erheblich auswirkende Umweltbeeinträchtigungen auch unterhalb der Schwelle der anteiligen Verschmutzungsrechte entstehen können, insbesondere mit Hinblick auf solche Schadstoffe, die sich auch bei einer verhältnismäßig geringen, aber dauerhaften Verschmutzung in den natürlichen Ressourcen anreichern und erst nach einem gewissen Zeitraum erhebliche nachteilige Auswirkungen haben. Dem kann nur mit einer entsprechend restriktiven Grenzziehung Rechnung getragen werden. Zusätzlich ist der rechtliche Gebotscharakter des *equitable use*-Prinzips relativ unbestimmt und lässt eine eindeutige Grenzziehung wohl nur bei schweren, offensichtlichen Verlet-

---

99 Internationaler Gerichtshof, ICJ Reports 1997, S. 7ff. (Ziffer 85) zu Binnengewässern; vergleiche schon Deutscher Staatsgerichtshof, RGZ 116, Anhang S. 18 (S. 31f.) unter Bezugnahme auf das Völkerrecht.

100 Vgl. zur völkergewohnheitsrechtlichen Geltung dieses ursprünglich aus dem Wasserrecht stammenden Rechtssatzes HACH, S. 140.

zungen zu.[101] Daher kann es zur Bestimmung der Schwelle, ab der grenzüberschreitende Umweltbeeinträchtigungen völkergewohnheitsrechtlich verboten sind, nur bedingt herangezogen werden.

c) Abwägung der Interessen der betroffenen Staaten

Daneben spielen für die Bestimmung der Erheblichkeitsschwelle wegen der oben dargestellten Interessenkollision auch die Interessen der in ihrer jeweiligen territorialen Souveränität betroffenen Staaten und deren Betroffenheit durch grenzüberschreitende Umweltbeeinträchtigungen im konkreten Fall eine Rolle, so dass eine Interessenabwägung vorgenommen werden muss.[102] Notwendig ist ein Ausgleich zwischen den Souveränitätsinteressen des Ursprungsstaates und den Integritätsinteressen des Wirkungsstaates. Nach einer abstrakten Gewichtung dieser im Regelfall völkerrechtlich wegen des Prinzips der Gleichheit der Staaten gleichberechtigten Interessen muss dann jeweils unter Einbeziehung der besonderen Umstände eine einzelfallbezogene Interessenabwägung erfolgen.[103] Kann ein Staat allerdings von vorneherein kein legitimes Interesse an einer umweltbeeinträchtigenden Tätigkeit nachweisen, so dürfte diese unabhängig vom Grad der Beeinträchtigung nicht zulässig sein. Letztlich kommt hier das nachfolgend unter d) näher behandelte allgemeine Verhältnismäßigkeitsprinzip zum Tragen, da eine hoheitliche Tätigkeit, die keinen legitimen Zweck verfolgt, angesichts des Eingriffs in fremde Rechtspositionen nie verhältnismäßig sein kann. Da die wirtschaftliche Nutzung der natürlichen Ressourcen des eigenen Staatsgebietes aber auch bei erheblichen umweltbeeinträchtigenden Auswirkungen zunächst einen legitimen Zweck staatlichen Handelns darstellt, dürfte es kaum Fälle geben, in denen ein Staat kein legitimes Interesse an seiner Tätigkeit hat.

d) Verhältnismäßigkeitsprinzip

Schließlich setzt auch das Verhältnismäßigkeitsprinzip Grenzen für die Anstrengungen, die von einem Staat zur Vermeidung erheblicher grenzüberschreitender Umweltbeeinträchtigungen gefordert werden können. Keinem Staat können Maßnahmen abverlangt werden, die über seine Leistungskraft gehen und für ihn wirtschaftlich nicht zumutbar sind. Dies gilt umso mehr, als die Erheblichkeitsschwelle als Ausgleich zwischen zwei legitimen Rechtspositionen konzipiert ist und kein Staat verpflichtet werden kann, wegen der Interessen eines anderen Staates für ihn unzumutbare Maßnahmen zu dulden oder zu ergreifen. Interessant ist in diesem Zusammenhang die immer wiederkehrende Diskussion darüber, ob die Schwellenlän-

---

101 GRAF VITZTHUM/ ders., 5. Abschnitt Rn. 99, der das equitable use-Prinzip als Teil des unten unter III. näher besprochenen völkerrechtlichen Nachbarrechts einordnet.

102 HINDS, S. 324ff.; WOLFRUM, DVBl 1984, S. 493 (495).

103 HACH, S. 43f.; MEESSEN, S. 202ff. für das Kartellrecht.

der angesichts ihrer rasant wachsenden Industrie auf vergleichbare Maßnahmen zur Reduzierung der Luftverschmutzung verpflichtet werden sollen wie die entwickelten Industrieländer, oder ob diesen Ländern – ebenso wie den Entwicklungsländern – zugestanden werden muss, ihre Volkswirtschaften zunächst soweit ungehindert zu entwickeln, bis sie auf dem technischen Stand der Industriestaaten angelangt sind.[104]

Im Ergebnis lässt sich die völkerrechtlich relevante Erheblichkeitsschwelle für umweltbeeinträchtigende Tätigkeiten also nicht verbindlich vorab festlegen, sondern kann immer nur unter Berücksichtigung der Umstände des Einzelfalls bestimmt werden. Allerdings enthalten die aufgezeigten Kriterien zur Bestimmung der Erheblichkeitsschwelle keine Vorgaben für den Fall kumulierter Umweltbeeinträchtigungen, wenn also die Verschmutzung eines einzelnen Staates erst im Zusammenhang mit gleichartigen Verschmutzungen anderer Staaten zu einer erheblichen Umweltbeeinträchtigung führt, die Beeinträchtigung jedes Staates für sich genommen aber unterhalb der Erheblichkeitsschwelle bleibt. Diese Konstellation dürfte noch weitgehend ungeklärt sein.

3. Rechtsfolgen und Auswirkungen

Das völkerrechtliche Verbot erheblicher, grenzüberschreitender Umweltbeeinträchtigungen erlaubt es dem betroffenen Staat jedenfalls, Umweltbeeinträchtigungen, die über die oben angesprochene Erheblichkeitsschwelle hinausgehen, abzuwehren.[105] Das heißt zum Beispiel, dass ein Staat solche Tätigkeiten, selbst wenn sie nach dem nationalen Recht zulässig wären, völkerrechtlich nicht selbst vornehmen, genehmigen oder dulden darf. Unterhalb der Schwelle einer völkerrechtlichen Unzulässigkeit der grenzüberschreitend wirkenden Tätigkeit kommt aber auch die Verpflichtung des Ursprungsstaates in Betracht, bestimmte Sicherheitsstandards einzuhalten und abhängig von den technischen Möglichkeiten grenzüberschreitende Umweltbeeinträchtigungen zu gering wie möglich zu halten.

Zusätzlich wird vertreten, dass sich aus diesem Rechtssatz auch konkrete Handlungspflichten der Staaten zur Vermeidung erheblicher grenzüberschreitender Umweltbeeinträchtigungen ergeben. So sollen die Staaten zum Beispiel bei der Ausgestaltung nationaler Luftreinhaltepläne verpflichtet sein, die dargestellten völkerrechtlichen Grenzziehungen für grenzüberschreitende Tätigkeiten zu beachten und

---

104 Vgl. im Zusammenhang mit der Bali-Konferenz „Weg frei für ein neues Klimaabkommen“, FAZ.net vom 15. Dezember 2007, abrufbar unter www.faz.net. Der potentielle Gegensatz zwischen Umweltschutzmaßnahmen und der technischen und industriellen Entwicklung der Staaten wurde schon in der Stockholmer Erklärung der Vereinten Nationen vom 16. Juni 1972 thematisiert. Im 11. Prinzip heißt es dort sinngemäß, dass die Umweltpolitik der Staaten nicht die Entwicklungsmöglichkeiten der Entwicklungsländer stören oder deren Streben nach einem höheren Lebensstandard behindern dürfe.

105 Kloepfer/ Kohler, S. 41.

ihre eigene Rechtsordnung entsprechend zu gestalten.[106] Auch könnte den Staaten eine präventive „Schadensverhinderungspflicht" dergestalt auferlegt werden, dass grenzüberschreitende Umweltbeeinträchtigungen von vorneherein so niedrig gehalten werden müssen, dass erhebliche Schädigungen auf dem Gebiet eines anderen Staates schon gar nicht eintreten können. Dies würde unter anderem auch bedeuten, dass die Staaten keine Genehmigungen für solche umweltrelevanten Tätigkeiten erteilen dürfen, die zu einer erheblichen Umweltbeeinträchtigung auf dem Gebiet anderer Staaten führen können. Eine so formulierte Vorsorgepflicht stellt aber im Gegensatz zu einem ex post zu beurteilenden Schädigungsverbot ein aliud dar, so dass die gewohnheitsrechtliche Anerkennung des Schädigungsverbots nicht auf eine präventive Verhinderungspflicht übertragen werden kann.[107] Daher lässt sich aus dem Verbot grenzüberschreitender erheblicher Umweltbeeinträchtigung nicht gleichzeitig eine Pflicht der Staaten ableiten, solche Schädigungen präventiv zu verhindern. Allerdings kann ein Staat dann nicht von einem anderen Staat verlangen, erhebliche grenzüberschreitende Umweltbeeinträchtigungen zu unterlassen, wenn er selbst sich nicht an diese Verpflichtung hält. Allgemein gilt auch im Völkerrecht das Prinzip, dass eine völkerrechtlich geschuldete Handlung verweigert werden kann, wenn der fordernde Staat sich selbst völkerrechtswidrig verhält.[108]

III. Völkerrechtliches Prinzip der guten Nachbarschaft

Fraglich ist, ob sich daneben auch aus dem in Absatz 5 der Präambel zur Charta der Vereinten Nationen verankerten und gewohnheitsrechtlich anerkannten Prinzip der guten Nachbarschaft im Völkerrecht konkrete Handlungs- oder Unterlassungspflichten mit Hinblick auf grenzüberschreitende Umweltbeeinträchtigungen ergeben. Der Zielkatalog der Präambel zur Charta der Vereinten Nationen ist nicht nur eine unverbindliche politische Programmerklärung, sondern beansprucht normative Geltung und bindet die Organe und die Mitgliedstaaten der Vereinten Nationen unmittelbar in ihrem Handeln an die dort genannten Ziele.[109] Das völkerrechtliche Nachbarrecht soll dementsprechend dazu beitragen, zwischenstaatliche Interessenkonflikte zu lösen und eine friedliche Koexistenz der Staaten zu ermöglichen. Nachbar im Sinne des völkerrechtlichen Nachbarrechts ist angesichts des Regelungszweckes jeder Staat, der, unabhängig von der geographischen Nähe oder einer gemeinsamen Grenze, durch eine schädigende Tätigkeit unmittelbar eine Umweltbeeinträchtigung auf seinem Territorium erleidet.[110] Aus dem völkerrechtlichen Nachbarrecht wird weiterhin abgeleitet, dass der Ursprungsstaat im Genehmigungs-

---

106 HACH, S. 42, 53.
107 IPSEN/ HEINTSCHEL VON HEINEGG, § 58 Rn. 22.
108 HACH, S. 136.
109 HERDEGEN, Völkerrecht, § 40 Rn. 2.
110 GRAF VITZTHUM/ ders., 5. Abschnitt Rn. 94ff.

verfahren die Interessen betroffener Nachbarstaaten – wenn auch nicht zwingend in institutionalisierter Form – angemessen berücksichtigen muss.[111]

Allerdings ist die Zielvorgabe der „guten nachbarschaftlichen Beziehungen" unter den Staaten in der Präambel der Charta der Vereinten Nationen zu vage formuliert, um konkrete Rechtspflichten zur Vermeidung grenzüberschreitender Umweltbeeinträchtigungen begründen zu können.[112] Allenfalls schwere, eindeutige Verstöße gegen das Nachbarrecht könnten dagegen verstoßen und eine Völkerrechtswidrigkeit begründen.[113] Mangels der für einen Rechtssatz erforderlichen Bestimmtheit bietet das Gebot der guten Nachbarschaft lediglich eine „allgemeine Orientierung"[114] für die Staaten in ihrem Handeln und kann dementsprechend nur im Zusammenhang mit anderen, völkerrechtlich begründeten konkreten Rechten und Pflichten als Auslegungshilfe und zur ergänzenden Konkretisierung herangezogen werden.

IV. Exkurs: Zivilrechtsgestaltende Wirkung ausländischer Genehmigungen

Unabhängig davon, ob ein Staat auf öffentlich-rechtlicher Ebene gegen den Inhaber einer ausländischen Genehmigung wegen umweltbeeinträchtigender Handlungen vorgehen kann, ist die Frage zu beurteilen, ob eine solche Genehmigung nach der jeweils einschlägigen nationalen Rechtsordnung auch privatrechtsgestaltende Wirkung hat mit der Folge, dass Private gegen den Anlagenbetreiber nicht wegen Unterlassung oder Schadensersatz aus zivilrechtlichen Anspruchsgrundlagen vorgehen können.

Im deutschen Verwaltungsrecht haben öffentlich-rechtliche Genehmigungen oftmals privatrechtsgestaltende Wirkung. So bestimmt § 75 Abs. 2 Satz 1 VwVfG[115], dass Planfeststellungsbeschlüsse für raumbedeutsame Vorhaben neben ihrer Konzentrationswirkung auch privatrechtliche Ansprüche auf Unterlassung, Beseitigung oder Änderung des genehmigten Vorhabens oder der genehmigten An-

---

111 KLOEPFER/ KOHLER, S. 38.

112 HACH, S. 45.

113 GRAF VITZTHUM/ ders., 5. Abschnitt Rn. 99 mit grundlegender Kritik am völkerrechtlichen Nachbarrecht in Rn. 101 und Fußnote 535: Neben der ineffizienten Unbestimmtheit sei das Nachbarrecht zu sehr an der Nutzung und nicht am Schutz der Umwelt ausgerichtet, es biete zu wenig präventive Möglichkeiten, Umweltbeeinträchtigungen von vorneherein zu verhindern, die repressive Ausrichtung bedinge erhebliche Kausalitäts- und Beweislastprobleme, und Sanktionsmöglichkeiten würden aus Gründen politischer Rücksichtnahme kaum genutzt.

114 HACH, aaO.

115 Verwaltungsverfahrensgesetz (VwVfG) in der Fassung der Bekanntmachung vom 23. Januar 2003, zuletzt geändert am 14. August 2009.

lage ausschließen.[116] Auch im Immissionsschutzrecht kommt Genehmigungen nach § 14 Satz 1 BImSchG privatrechtsgestaltende Wirkung zu.[117] Danach können gegen eine immissionsschutzrechtliche Genehmigung privatrechtliche, nicht auf einem besonderen Titel beruhende Abwehransprüche nicht geltend gemacht werden. Ein betroffener Dritter kann lediglich verlangen, dass präventiv nachteiligen Auswirkungen entgegengewirkt wird. Der eigentlich sich aus §§ 823, 862, 907, 1004 BGB[118] ergebende Einstellungs- oder Unterlassungsanspruch gegen die emittierende Anlage wird insoweit auf einen Schutzvorkehrungsanspruch beschränkt.[119]

Auch im Völkerrecht erkennen Staaten zunehmend die privatrechtsgestaltende Wirkung ausländischer Genehmigungen an. Früher ist man zwar davon ausgegangen, dass ausländische Genehmigungen schon wegen des Territorialitätsprinzips bei inländischen Zivilrechtsstreitigkeiten unbeachtlich seien.[120] Inzwischen herrscht aber zum Beispiel zwischen den europäischen Staaten weitgehend Konsens, dass auch ausländische Genehmigungen Unterlassungsansprüche Privater ausschließen können, wenn diese von den Staaten als verbindlich anerkannt werden.[121] Oft wird diese Anerkennung der privatrechtsgestaltenden Wirkung aber unter den Vorbehalt gleichwertiger Verwaltungs- und Genehmigungsverfahren, der Völkerrechtmäßigkeit der ausländischen Genehmigung oder der gleichen Zielrichtung der öffentlich-rechtlichen Genehmigungsvorschriften der beteiligten Staaten bis hin zur Gegenseitigkeit der Beachtung ausländischer Genehmigungen in vergleichbaren Fällen gestellt.[122] Obwohl dies zwischen den europäischen Staaten oft nicht problematisch sein dürfte, stellt sich doch auch in diesem Fall die Frage, wie die „Gleichwertigkeit" solcher Vorgaben in den jeweiligen Rechtsordnungen bestimmt werden kann. Der Begriff der Gleichwertigkeit ist dabei kein Werturteil, sondern dürfte als Tatbestandsvoraussetzung einer Anerkennungsentscheidung in seinen rechtlichen und tatsächlichen Merkmalen gerichtlich voll überprüfbar sein.[123] Daher könnten sich in der Rechtsprechung im Laufe der Zeit hilfreiche Leitlinien für eine Beurteilung der Gleichwertigkeit für einzelne Sachgebiete herausbilden. Dennoch stellen sich auch

116 Dies gilt nicht bei nicht vorhersehbaren Wirkungen des Vorhabens oder der Anlage, die naturgemäß im Planfeststellungsverfahren nicht berücksichtigt werden konnten, § 75 Abs. 2 Satz 2 VwVfG.

117 Dazu BVerwGE 28, 131 (134f.).

118 Bürgerliches Gesetzbuch (BGB) in der Fassung der Bekanntmachung vom 2. Januar 2002, zuletzt geändert am 28. September 2009.

119 PALANDT/ BASSENGE, § 906 BGB Rn. 32.

120 LUMMERT, NuR 1982, S. 241 (243) m.w.N. zur früheren Rechtsprechung.

121 REST, NJW 1989, S. 2153 (2159) mit dem Hinweis, dass dies nicht für Schadensersatzansprüche gelte, da die nationalen Rechtsordnungen zu unterschiedliche Regelungen zu den Voraussetzungen eines Schadensersatzanspruches und Haftungsbefreiungen bei Handlungen der öffentlichen Hand enthielten; vergleichbar für den Betrieb eines Kernkraftwerks EuGH, Urteil vom 27. Oktober 2009, C–115/08, EuZW 2010, S. 26 ff.

122 Allgemein KLOEPFER/ KOHLER, S. 170ff.

123 PRIEß, NVwZ 1991, S. 111 (112f.) zur Genehmigung zur Führung ausländischer akademischer und staatlicher Grade nach § 2 Abs. 1 GFaG.

in diesem Zusammenhang vergleichbare Probleme wie bei der oben dargestellten Bestimmung der Erheblichkeitsschwelle, ab der grenzüberschreitende Umweltbeeinträchtigungen völkerrechtlich verboten sind.

V. Völkervertragsrechtliche Verpflichtungen zur Vermeidung von Umweltbeeinträchtigungen

Neben dem oben dargelegten gewohnheitsrechtlichen Verbot erheblicher grenzüberschreitender Schädigungen gibt es eine Reihe vertraglicher Regelungen über die Vermeidung von Umweltschäden, die sich in der Regel jeweils auf ein bestimmtes Medium beziehen.

So gebietet zum Beispiel Art. 2 des *Genfer Übereinkommens über weiträumige grenzüberschreitende Luftverunreinigung*[124], ein regionaler, atlantik- und europafokussierter Vertrag, dem die Mehrzahl der westlichen Industriestaaten zugestimmt hat, Luftverschmutzungen einzudämmen und so weit wie möglich zu verringern und zu verhindern. Zur Unterstützung werden konkrete Informations- und Konsultationspflichten begründet. Diese sehr allgemein gehaltene Verpflichtung steht allerdings nach Art. 2 des Abkommens unter dem Vorbehalt, dass die jeweiligen Gegebenheiten und Probleme in den betroffenen Staaten zu beachten sind. Zusätzlich stellt die Konvention keine Haftungsregeln für den Fall zur Verfügung, dass die Staaten ihren präventiv angelegten Verpflichtungen zur Vermeidung von grenzüberschreitenden Luftverschmutzungen nicht nachkommen, so dass effektive Durchsetzungsmechanismen weitgehend fehlen.[125]

Zum Genfer Übereinkommen gibt es inzwischen eine Vielzahl von Protokollen, in denen sich die jeweils daran beteiligten Staaten auf konkrete Emissionsreduktionen verpflichten. Zu den wechselnden Vertragsparteien und der Tatsache, dass die Protokolle jeweils auf einige genau aufgelistete Schadstoffe[126] begrenzt sind, kommt ein uneinheitlicher Ratifikationsstand, so dass die Mitgliedstaaten des Genfer Übereinkommens im Ergebnis recht unterschiedlichen Pflichten zur Reduktion schädlicher Emissionen unterworfen sind.

Auch das 7. Prinzip der *Stockholmer Erklärung*[127] verpflichtet die Staaten präventiv, die Verschmutzung der See mit allen geeigneten Maßnahmen zu verhindern. Gleichzeitig wird im 21. Prinzip den Staaten das souveräne Recht zur Ausbeutung

124 Übereinkommen über weiträumige grenzüberschreitende Luftverunreinigung, unterzeichnet am 13. November 1979 in Genf, BGBl 1982 II S. 374.

125 Vgl. auch die Fußnote zu Art. 8 lit. f, nach der das Abkommen, das für die Staaten gegenseitige Informationspflichten über das Schadensausmaß von Luftverunreinigungen begründet, ausdrücklich nicht die Haftung der Staaten für solche Schäden regeln soll.

126 Dazu zählen Schwefel, Stickoxide, flüchtige organische Verbindungen und Ammoniak.

127 Declaration of the United Nations Conference on the Human Environment, unterzeichnet am 16. Juni 1972 in Stockholm, abrufbar unter www.unep.org/Documents.Multilingual.

ihrer natürlichen Ressourcen zugesprochen bei einer gleichzeitigen Verpflichtung, Umweltschäden in anderen Staaten zu vermeiden.[128] Wenn umwelterhebliches Handeln eines Staates gegen solche vertraglich begründeten Pflichten verstößt, wäre es jedenfalls unabhängig von einer etwaigen Erheblichkeitsschwelle völkerrechtlich unzulässig.

VI. Sonstiges umweltbezogenes Völkergewohnheitsrecht

Neben dem bereits dargestellten, aus dem Prinzip der begrenzten territorialen Souveränität und der Vertragspraxis abgeleiteten Verbot erheblicher Beeinträchtigungen von Umweltgütern eines anderen Staates begegnet die Bestimmung von rechtlich bindendem Gewohnheitsrecht im Umweltrecht dogmatischen Schwierigkeiten. Oft sind als rechtsverbindlich deklarierte Prinzipien lediglich unverbindliche, politische Aufforderungen an die Staaten zu einem aus Umweltschutzgesichtspunkten wünschenswerten Verhalten, ohne dass die Mehrheit der Staaten diese als rechtsverbindlich anerkennen und in jedem Fall befolgen würde.[129] Dies gilt zum Beispiel für viele Verfahrenspflichten, wie die Pflicht zur vorherigen Konsultation und Kooperation mit betroffenen Nachbarstaaten bei Umweltbeeinträchtigungen oder die Informationspflicht bei Schädigungen unterhalb der Erheblichkeitsschwelle.[130] Für die Entstehung von Gewohnheitsrecht reicht das lediglich in zwischenstaatlichen Deklarationen von den jeweiligen Mitgliedstaaten niedergelegte Bekenntnis zu bestimmten Verhaltensregeln allerdings nicht aus. Vielmehr ist zusätzlich eine Praxis der Mehrheit der Staaten erforderlich, die ihr Handeln aufgrund einer entsprechenden Rechtsauffassung gerade an diesen Prinzipien orientieren. So ist das Prinzip der fairen und gerechten Verteilung gemeinsamer Ressourcen bislang nur im Wasserrecht wegen der in diesem Bereich vorherrschenden Staatenpraxis als verbindlich anerkannt. In anderen Bereichen hat sich bislang, soweit ersichtlich, noch keine mehrheitliche, von einer entsprechenden Rechtsauffassung der Staaten getragene Staatenpraxis gebildet.

B. Völkerrechtliche Pflichten zur Anerkennung ausländischer Hoheitsakte

Allein eine völkerrechtlich begründete Duldungspflicht für zulässige umweltbeeinträchtigende Tätigkeiten, wie sie oben dargestellt wurde, ist für den Genehmigungsinhaber unter Umständen nicht ausreichend, um die erstrebte Rechtssicherheit ins-

128 Bestätigt im Grundsatz 2 der Erklärung der Konferenz der Vereinten Nationen über Umwelt und Entwicklung, verabschiedet am 16. Juni 1992 in Rio de Janeiro, siehe Fußnote 32.

129 Eher restriktiv IPSEN/ HEINTSCHEL VON HEINEGG, § 58 Rn. 16, mit historischem Überblick über die Rechtsprechung im Umweltvölkerrecht.

130 IPSEN/ HEINTSCHEL VON HEINEGG, § 58 Rn. 32ff.

besondere für langfristige Investitionen in große Anlagen zu erhalten. Zumindest das deutsche Verwaltungsrecht differenziert zwischen bloß wirksamen und rechtmäßigen Verwaltungsakten: Zwar können Verwaltungsakte in beiden Fällen mit Eintritt der Bestandskraft nicht mehr angefochten werden. Allerdings kann die Rechtmäßigkeit eines Verwaltungsakts Voraussetzung für andere Normen, wie zusätzliche Genehmigungstatbestände oder Schadensersatzansprüche, sein. Eine Duldungspflicht bedeutet dagegen nur, dass der Genehmigungsinhaber für seine Tätigkeit nicht ordnungs- oder zivilrechtlich belangt werden kann und der betroffene Staat sich nicht auf völkerrechtlicher Ebene gegen die Einwirkungen wehren darf. Sein Verhalten ist damit aber noch nicht legitimiert bzw. als rechtmäßig anerkannt, so dass gegen ihn weitere, auf nationalem Recht basierende Verfahren wegen seiner grenzüberschreitenden Tätigkeit im Wirkungsstaat eingeleitet werden können, wenn dessen nationales Umweltrecht strengere Vorgaben für seine Tätigkeit enthält.[131] Dies könnte zu Nachteilen führen, wenn der Genehmigungsinhaber zum Beispiel auch im Wirkungsstaat wirtschaftlich tätig ist oder dort Eigentum hat.

Eine Anerkennung hat im Völkerrecht dagegen die Bedeutung, dass ein Staat durch einen einseitigen, empfangsbedürftigen Rechtsakt einen bestimmten Tatbestand, eine Rechtslage oder einen Anspruch als unstreitig anerkennt und als rechtmäßig ansieht.[132] Im Völkerrecht werden Voraussetzungen und Rechtsfolgen einer Anerkennung zwar primär im Zusammenhang mit neu entstehenden Staaten diskutiert, indem der anerkennende Staat zum Ausdruck bringt, dass er einen anderen Staat als Völkerrechtssubjekt anerkennt und entsprechend behandeln wird. Allerdings kann sich die Anerkennung auch auf andere Rechtsverhältnisse beziehen. Der Anwendungsbereich einer solchen einseitigen Willenserklärung ist unbeschränkt, solange das anzuerkennende Rechtsverhältnis nicht gegen eine Norm des *ius cogens* verstößt. Infolge einer rechtswirksamen Anerkennung kann der anerkennende Staat das betreffende Rechtsverhältnis nachträglich nicht mehr bestreiten, sondern ist an seine nicht einseitig aufhebbare Willenserklärung gebunden. Diese Wirkung tritt allerdings nur für und gegen die beteiligten Staaten ein. Es wäre daher aus Sicht des Betreibers einer umweltbeeinträchtigenden Anlage vorteilhaft, wenn sich aus dem Völkerrecht eine weitergehende Anerkennungspflicht hinsichtlich einer im Ursprungsstaat für die in Frage stehende Tätigkeit erteilten Erlaubnis ableiten ließe. Damit wäre der Wirkungsstaat zumindest aus völkerrechtlicher Pflicht daran gehindert, nach seinem nationalen Recht Maßnahmen gegen die umweltbeeinträchtigende Tätigkeit zu ergreifen. Als Rechtsquellen kommen für eine solche Anerkennungspflicht das Völkervertragsrecht oder das Völkergewohnheitsrecht in Betracht.

---

131 Anders zum Beispiel im deutschen Zivilrecht: Eine Einwirkung auf ein Grundstück, die der Eigentümer nach § 906 BGB dulden muss, ist nicht rechtswidrig, vgl. PALANDT/BASSENGE, § 906 Rn. 13ff.; BGHZ 90, 255 (258). Ob eine Einwirkung wesentlich ist, bestimmt sich im deutschen internationalen Sachenrecht nach dem Recht des Lageorts, so dass die Lage des zu schützenden Grundstücks maßgeblich ist, vgl. BOTHE/ PRIEUR/ RESS/ LUMMERT, S. 184.

132 IPSEN/ HEINTSCHEL VON HEINEGG, § 18 Rn. 14; IPSEN/ EPPING/ GLORIA § 22 Rn. 1.

I. Anknüpfungspunkte für nationale Regelungen

Eine Anerkennungspflicht für eine fremde Regelung könnte sich ergeben, wenn der regelnde Staat einen völkerrechtlich anerkannten vorrangigen Anknüpfungspunkt für seine Regelung hatte und den Sachverhalt trotz der grenzüberschreitenden Wirkungen mit Rechtsfolgen auch gegenüber dem Wirkungsstaat regeln durfte.

1. Sachverhalte, die einen Anknüpfungspunkt begründen können

Das Erfordernis legitimer Anknüpfungspunkte ist für den Bereich des Internationalen Strafrechts und des Internationalen Privatrechts schon lange anerkannt. So enthalten die §§ 4–7 StGB[133] Anknüpfungspunkte für das deutsche Strafrecht, dass neben einer Anknüpfung nach dem Tatort unter anderem anwendbar ist, wenn die Tat gegen besonders wichtige Rechtsgüter der deutschen Rechtsordnung (§ 5 StGB), gegen international geschützte Rechtsgüter (§ 6 StGB)[134] oder gegen einen Deutschen gerichtet war oder von einem Deutschen begangen wurde (§ 7 StGB). Dagegen bestimmt Art. 1b EGStGB[135] als zweiseitige Kollisionsnorm, dass bei zulässigen Anknüpfungspunkten sowohl für das deutsche als auch für ein fremdes Strafrecht die Rechtsordnung zur Anwendung kommen soll, in der der Täter seine Lebensgrundlage hat. Art. 28 Abs. 1 Satz 1 EGBGB[136] enthält ebenfalls den Grundsatz, dass bei fehlender, aufgrund der im Zivilrecht geltenden Privatautonomie allerdings jederzeit möglichen Rechtswahl diejenige Rechtsordnung auf einen Sachverhalt angewendet werden soll, zu dem er die engsten Beziehungen aufweist.

Im Völkerrecht werden legitime Anknüpfungspunkte für eine staatliche Regelung nach ähnlichen Grundsätzen bestimmt.[137] Es gelten also in vergleichbarer

---

133 Strafgesetzbuch (StGB) in der Fassung der Bekanntmachung vom 13. November 1998, zuletzt geändert am 2. Oktober 2009.

134 Auf Grundlage von § 6 Nr. 9 StGB erfolgte im November 2006 beim Generalbundesanwalt beim Bundesgerichtshof eine Strafanzeige gegen den ehemaligen Außenminister der USA, DONALD RUMSFELD, wegen angezeigter Misshandlungen an Gefangenen im Gefängnis von Abu Ghraib (Irak) und in Guantánamo Bay (Kuba), da in den USA eine hinreichende Strafverfolgung nicht zu erwarten sei und die Bundesrepublik Deutschland stellvertretend für die internationale Staatengemeinschaft die Strafverfolgung übernehmen müsse. Mit Beschluss vom 27. April 2007 wurde von einer Strafverfolgung nach § 153 f Abs. 1 S. 1 StPO abgesehen, da sich der Tatverdächtige nicht im Inland aufhalte und ein solcher Aufenthalt auch nicht zu erwarten sei und weder Handlungsort noch Taterfolg eine Beziehung zum deutschen Hoheitsgebiet aufwiesen.

135 Einführungsgesetz zum Strafgesetzbuch (EGStGB) vom 2. März 1974, zuletzt geändert am 29. Juli 2009.

136 Einführungsgesetz zum Bürgerlichen Gesetzbuche (EGBGB) in der Fassung der Bekanntmachung vom 21. September 1994, zuletzt geändert am 24. September 2009.

137 Überblick bei KEMPEN/ HILLGRUBER, § 19 Rn. 39 ff.; zur Begründung und Entwicklung der Theorie der sinnvollen Anknüpfung im Völkerrecht siehe zum Beispiel den Überblick bei MEESSEN, S. 101ff.

Weise das Territorialitäts-, Personalitäts-, Schutz- und Wirkungsprinzip.[138] Grundsätzlich ist für einen legitimen Anknüpfungspunkt eine *hinreichend enge* Beziehung des regelnden Staates zu dem zu regelnden Sachverhalt erforderlich, die sich zum Beispiel aus der Personal- oder der Territorialhoheit ergeben und Staatsangehörigkeit, Wohnsitz, Aufenthaltsort einer Person, Handlungsort, Wirkungsort einer Handlung und Belegenheit einer Sache berücksichtigen kann.[139] Die Anknüpfungspunkte müssen aber umso gewichtiger sein, je stärker mit der angestrebten Regelung staatliche Interessen (im Gegensatz zu allerdings nur schwer zu definierenden Allgemeininteressen der Staatengemeinschaft) verfolgt werden.[140] Unter dieser Voraussetzung gestattet das Völkerrecht auch die Regelung von Sachverhalten außerhalb des Hoheitsgebietes des regelnden Staates. Diese im Völkerrecht allgemein anerkannte und von den Staaten praktizierte *genuine link*-Theorie wurde bereits im Jahr 1927 vom Ständigen Internationalen Gerichtshof im *Lotus*-Fall formuliert.[141] Im *Erdgasröhrenstreit* zeigte sich dagegen, welche Anknüpfungspunkte von einer Vielzahl von Staaten als nicht mehr ausreichend angesehen werden: Ein von der USA gegen die UdSSR verhängtes Wirtschaftsembargo sollte unter anderem Güter erfassen, die außerhalb der USA mit amerikanischem Know-How oder von der Hoheitsgewalt der USA unterstehenden natürlichen oder juristischen[142] Personen hergestellt wurden. In der Staatengemeinschaft wurde eine derart weitgehende Anknüpfung für nationale Regelungen aber mehrheitlich als unzureichend abgelehnt.[143] Dabei fordert das Völkerrecht anders als viele nationale Rechtsordnungen keine „optimale" Kompetenzabgrenzung, sondern lässt auch konkurrierende Anknüpfungspunkte zu, solange der Sinngehalt der Regelungsanknüpfung ein gewisses Mindestmaß nicht unterscheitet.[144] Die Staaten haben also einen gewissen Ermessensspielraum für die Ausübung ihrer Regelungskompetenzen, für die das Völkerrecht keine eindeutige und zwingende Kompetenzabgrenzung vorgibt.[145]

Auf den Fall grenzüberschreitend wirkender umweltbeeinträchtigender Tätigkeiten angewandt bedeutet das: Für den Staat, in dem der emittierende Betrieb angesiedelt ist und der dementsprechend die Betriebsgenehmigung erteilt, liegt ein legitimer Anknüpfungspunkt in der Territorialhoheit über Menschen und Sachen auf seinem Staatsgebiet, auf dem die Tätigkeit ausgeübt werden soll. Wenn der Anla-

---

138 MENG, ZaöRV 1997, S.269 (291); Überblick bei OHLER, S. 310ff.

139 HAPPE, S. 33.

140 VERDROSS/ SIMMA, S. 778.

141 Ständiger Internationaler Gerichtshof, Urteil vom 7. September 1927, PCIJ Série A No. 10 (1927); zustimmend GEIGER, S. 275; vgl. auch BVerfGE 63, 343 (369).

142 Erfasst wurden juristische Personen, die nach US-amerikanischem Recht gegründet wurden oder von einer der Hoheitsgewalt der USA unterstehenden natürlichen oder juristischen Person kontrolliert wurden.

143 MENG, ZaöRV 1984, S. 675 (678ff.).

144 MEESSEN, S. 106.

145 Internationaler Gerichtshof, Urteil vom 5. Februar 1970 (Barcelona-Traction – 2. Phase), ICJ-Reports 1970, S. 3 (150) Rn. 70 (Sondervotum Fitzmaurice – obiter dictum).

genbetreiber zugleich Staatsangehöriger des Ursprungsstaates ist, ergibt sich ein weiterer Anknüpfungspunkt durch die Personalhoheit, die eine Regelung des Verhaltens der eigenen Staatsangehörigen zulässt. Für den Wirkungsstaat liegt ein legitimer Anknüpfungspunkt für eine Regelung grenzüberschreitender Sachverhalte ebenfalls in seiner Gebietshoheit, wenn schädigende Umwelteinwirkungen die natürlichen Lebensgrundlagen auf seinem Staatsgebiet oder auch die Gesundheit seiner Staatsangehörigen beeinträchtigen. Im Falle von grenzüberschreitenden Umweltbeeinträchtigungen dürfen die Anforderungen an einen legitimen Anknüpfungspunkt für eine nationale Regelung des Wirkungsstaates dabei nicht allzu hoch gesetzt werden. Wie bereits oben dargelegt, ist der Schutz der natürlichen Lebensgrundlagen von der Staatengemeinschaft als allgemeine Aufgabe anerkannt. Bestrebungen eines Staates, schädigende Umwelteinflüsse auf seinem Staatsgebiet zu verhindern, dienen daher nicht allein seinen nationalen Interessen. Daher verfügen beiden Staaten über einen legitimen Anknüpfungspunkt für eine eigene, nationale Regelung. Eine eindeutige Kompetenzabgrenzung lässt sich also mit der Forderung nach einer sinnvollen Regelungsanknüpfung oftmals nicht erreichen und Zuständigkeitskonflikte nicht immer vermeiden.[146]

Im Falle grenzüberschreitender Umweltbeeinträchtigungen besteht demnach ein Regelungskonflikt zwischen Ursprungs- und Empfangsstaat, wenn beide Staaten legitimerweise den strittigen Sachverhalt regeln dürfen. Anderenfalls wäre eine auch extraterritorial wirkende Regelung von vorneherein wegen des Verbots der Einmischung in fremde Angelegenheiten völkerrechtlich unzulässig.[147] Aus dieser Situation heraus kann sich daher noch keine Pflicht des ebenfalls regelungsbefugten Wirkungsstaates ergeben, die Regelung des Ursprungsstaates über die grenzüberschreitend beeinträchtigend wirkende Handlung auf dessen Staatsgebiet anzuerkennen.

2. Grenzen eines extraterritorialen Regelungsanspruchs

Fraglich ist, wie weit die Regelungsbefugnis der betroffenen Staaten jeweils geht, insbesondere, in welchem Umfang der Ursprungsstaat eine auf seinem Hoheitsgebiet erfolgende Tätigkeit mit extraterritorialer Wirkung regeln darf, und ob das Völkerrecht Rechtssätze bereithält, mit denen sich die oben aufgezeigten Regelungskonflikte lösen und die Regelungsbefugnisse der betroffenen Staaten einschränken oder präzisieren lassen. Die Völkerrechtsordnung ist grundsätzlich auf einen Ausgleich der Interessen souveräner, gleichberechtigter Staaten angelegt, um ein friedliches Nebeneinander der Staaten zu ermöglichen. Grundlegendes Ziel ist die Friedenssicherung, die Vermeidung von Konflikten zwischen den Völkerrechtssubjekten und die friedliche Streitbeilegung.[148] Daher erscheint es nur folgerichtig, dass

---

146 MEESSEN, S. 120.
147 LINKE, S. 95; HERDEGEN, Völkerrecht, § 26 Rn. 7.
148 IPSEN/ ders., § 3 Rn. 14ff.

sich aus dem Völkerrecht auch Grenzen für den Regelungsanspruch eines Staates ergeben, selbst wenn er über einen legitimen Anknüpfungspunkt für eine Regelung verfügt, sobald andere souveräne Staaten ebenfalls in ihren völkerrechtlich begründeten und damit prinzipiell gleichrangigen Rechten berührt sind. Für eine solche Begrenzung kann auf die allgemein im Völkerrecht geltende Rechtsprinzipien zurückgegriffen werden.

Dementsprechend würde eine extraterritoriale Regelung dem Gebot der Verhältnismäßigkeit unterliegen.[149] Die Regelung muss also geeignet und notwendig sein, die Regelungsziele des regelnden Staates zu verfolgen, und der Eingriff in die Rechte anderer Staaten darf dazu nicht außer Verhältnis stehen oder diese gar in deren Existenz bedrohen. Gegen diesen Ansatz wird unter anderem eingewandt, der Verhältnismäßigkeitsgrundsatz sei verfassungsrechtlicher, nicht völkerrechtlicher Natur, und das Völkerrecht gebiete den Staaten nicht eine optimale Lösung, wie sie durch das Verhältnismäßigkeitsgebot erreicht werden soll, sondern lasse auch „suboptimale“ Lösungen zu.[150] Allerdings lässt zumindest nach dem deutschen Verfassungsrecht auch der Verhältnismäßigkeitsgrundsatz dem Staat bei Ermessensentscheidungen einen gewissen Spielraum, in dem er sein Ermessen ausüben und Regelungen treffen kann, und begrenzt die Ermessensausübung zumindest in der gerichtlichen Überprüfung nur durch das Verbot „offensichtlich unangemessener“ bzw. „offensichtlich unverhältnismäßiger“ Entscheidungen.[151] Auch in dieser Situation fordert das Recht also nicht die „optimale“ Lösung, sondern erkennt eine von mehreren vertretbaren Ermessensentscheidungen der Behörde als rechtmäßig an, wenn die gesetzlichen Grenzen der Ermessensausübung gewahrt bleiben. Angesichts der oftmals auf einer Wertungsentscheidung aufbauenden Ermessensausübung erscheint dies auch sinnvoll.

Darüber hinaus ist der Verhältnismäßigkeitsgrundsatz auch im Völkerrecht als Korrektiv staatlicher Befugnisse anerkannt, insbesondere wenn deren Ausübung die Rechtssphäre anderer Staaten berührt.[152] Dies entspricht der völkerrechtlichen Konzeption, im Sinne einer Koordinierung der staatlichen Interessen einen Rahmen für die legitime Anknüpfung einer extraterritorialen Regelung aufzuzeigen, ohne den Staaten eindeutig abgegrenzte Kompetenzen zuzuweisen. Der Grundsatz der Verhältnismäßigkeit ermöglicht dabei die Abgrenzung geschützter Rechtssphären bzw. Regelungskompetenzen, die den Staaten wegen des Grundsatzes der souveränen

---

149 MENG, S. 608f. m.w.N., 612 unter Hinweis auf den völkerrechtlichen Grundsatz der souveränen Gleichheit der Staaten und andere „allgemeine Strukturprinzipien“ des Völkerrechts.

150 LINKE, S. 101, MEESSEN, Kollisionsrecht, S. 199, der das Verhältnismäßigkeitsprinzip nur dem innerstaatlichen Recht zuordnet.

151 Vergleiche den Prüfungsmaßstab in § 114 Satz 1 VwGO (Verwaltungsgerichtsordnung (VwGO) in der Fassung der Bekanntmachung vom 19. März 1991, zuletzt geändert am 17. Juni 2008) und § 40 VwVfG, in denen den Behörden jeweils ein Ermessensspielraum eingeräumt wird, innerhalb dessen eine Entscheidung rechtmäßig wäre.

152 OHLER, S. 341; VERDROSS/ SIMMA, S. 911 zu völkerrechtlichen Repressalien.

Gleichheit der Staaten im Völkerrecht grundsätzlich gleichberechtigt zustehen.[153] Dagegen kann das Völkerrecht keine „optimale“ bzw. eindeutige Kompetenzabgrenzung zwischen den Staaten bieten.[154] Im Ergebnis führt der Verhältnismäßigkeitsgrundsatz im Völkerrecht damit zu der Frage, welcher Staat legitimerweise ein größeres Interesse an der fraglichen Regelung vorweisen kann.

Umstritten ist, ob darüber hinaus bei der Abgrenzung staatlicher (extraterritorialer) Regelungskompetenzen immer eine Abwägung der Interessen der beteiligten Staaten vorgenommen werden muss.

Dagegen wird angeführt, das Erfordernis einer Interessenabwägung lasse sich in der Staatenpraxis derzeit außerhalb bestimmter Rechtsgebiete wie dem Kartellrecht nur schwer nachweisen[155] bzw. entspräche nicht einer völkerrechtlichen Pflicht, sondern sei nur aufgrund zwischenstaatlicher *comitas* oder Völkersitte geboten.[156] Andererseits lassen sich durch die oben dargestellten, recht weit gefassten Anknüpfungstatbestände für eine extraterritoriale Regelung Regelungskonflikte zwischen den Staaten in vielen Fällen nicht befriedigend lösen, da mehrere Staaten zu einer Regelung berechtigt sein können. Eine völkerrechtlich vorgegebene Interessenabwägung kann dazu beitragen, solche aus den berechtigten Souveränitätsansprüchen der beteiligten Staaten entspringende Regelungskonflikte zu vermeiden, und dürfte zudem Teil der oben dargestellten Prüfung einer Regelungskompetenz am Verhältnismäßigkeitsprinzip sein bzw. eine vergleichbare Funktion erfüllen.[157] Auch das bereits dargestellte Verbot erheblicher grenzüberschreitender Umweltbeeinträchtigungen verpflichtet die Staaten, beim Genehmigen oder Betreiben von emittierenden Anlagen die Interessen und die Betroffenheit anderer Staaten zu berücksichtigen.[158] Daneben lässt sich eine solche Pflicht auch aus dem Einmischungsverbot und dem Missbrauchsverbot ableiten und ist zur Konfliktvermeidung rechtspolitisch sinnvoll. GEIGER weist in diesem Zusammenhang auch auf die für den deutschen Staat maßgebliche verfassungsrechtliche Entscheidung für eine internationale Zusammenarbeit hin und spricht sich daher in Grenzfällen für eine Pflicht zur „Rücksichtnahme“ gegenüber anderen Staaten aus.[159] Nach MENG entspricht die Pflicht, die (zunächst gleichberechtigten) Interessen der regelungsbefugten Staaten abzuwägen, dem völkerrechtlichen Grundsatz von der souveränen Gleichheit der Staa-

153 MENG, S. 608.
154 TIETJE, S. 220.
155 MENG, S. 568f.; SCHWARZE, S. 53ff.
156 IMMENGA/MESTMÄCKER, § 130 Abs. 2 GWB Rn. 139, die gleichwohl eine Interessenabwägung in extremen Fällen für „unverzichtbar“ halten; HOFMANN, S. 158.
157 OHLER, S. 340f. mit kritischen Anmerkungen zur dogmatischen Herleitung einer Pflicht zur Interessenabwägung; MEESSEN, S. 198ff., 218f.; MENG, S. 625.
158 WOLFRUM, DVBl. 1984, S. 493 (495, 499).
159 GEIGER, S. 278f., der bei ausweglosen Befolgungskonflikten, die für den Einzelnen wegen unterschiedlicher staatlicher Regelungen desselben Sachverhaltes ausgelöst werden, auch aus Gründen des Menschenrechtsschutzes völkerrechtlich eine eindeutige Regelung für geboten hält.

ten.[160] Auch wenn sich zumindest die Argumentation von MENG auf das Kartellrecht bezieht, so erscheinen die Argumente doch auch hinsichtlich anderer Rechtsbereiche wie dem Umweltrecht, in denen es zwischen den Staaten zu konkurrierenden Regelungskompetenzen kommen kann, einleuchtend.

Der Internationale Gerichtshof bestätigt in seiner Entscheidungspraxis, dass die Staaten bei der Ausübung ihrer Regelungskompetenzen übermäßige Übergriffe („*undue encroachment*“) in den Zuständigkeitsbereich anderer Staaten, die zu einem Sachverhalt eine engere Beziehung aufweisen, vermeiden sollen. Vielmehr sollen die Staaten bei Sachverhalten mit Auslandsbezug ihre Regelungskompetenzen mit einer gewissen Mäßigung („*moderation*“) und Zurückhaltung („*restraint*“) ausüben.[161] Anderenfalls sei eine Regelung mit Auslandsbezug wegen Überschreitung der Regeklungskompetenzen („*excess of jurisdiction*“) völkerrechtlich nichtig und zumindest auf internationaler Ebene unbeachtlich.[162] Aus diesen Gründen ist zumindest von einer im Entstehen begriffenen völkerrechtlichen Pflicht zu einer Interessenabwägung auszugehen,[163] die dazu beitragen kann, die völkerrechtlichen Anforderungen an eine friedliche Koexistenz der Staaten zu konkretisieren und Konflikte zwischen mehreren regelungsbefugten Staaten zu vermeiden.

In diese Interessenabwägung sind unter anderem das Ausmaß der Verbindung eines Staates zu dem zu regelnden Sachverhalt, das Gewicht der mit der Regelung verfolgten Ziele und staatlichen Interessen, das Gewicht der ebenfalls berührten Interessen der Völkerrechtsgemeinschaft und das Ausmaß eines (potentiellen) Regelungskonflikts mit anderen Staaten einzustellen. Dabei soll nicht verkannt werden, dass die Ermittlung und Gewichtung der staatlichen Interessen nach materiellen Kriterien nur schwer völkerrechtlich vorgegeben werden kann, da die Staaten Inhalt und Gewicht ihrer Interessen selbst festlegen und diese Entscheidung grundsätzlich nicht justitiabel ist.[164] So kann ein Staat den Schutz der natürlichen Ressourcen auf seinem Staatsgebiet als wichtiger einschätzen als die wirtschaftliche Ausbeutung, während im Nachbarstaat diese Interessen genau gegensätzlich gewichtet werden. Eindeutige Lösungen kann das Völkerrecht jenseits einer Pflicht der Staaten, Verfahren für eine friedliche Streitbeilegung einzuhalten, hier nicht bieten. Dennoch sollten die Schwierigkeit, inhaltliche Kriterien für eine Interessenabwägung vorzugeben, die Staaten nicht davon freistellen, im Rahmen einer Verfahrenspflicht die Interessen anderer Staaten ihren eigenen Regelungsinteressen gegenüberzustellen und zu versuchen, unter Umständen auch auf politischer Ebene eine einvernehmli-

160 MEESSEN, S. 202 mit Hinblick auf das Kartellrecht; KLOEPFER/ KOHLER, S. 40 sprechen von einem „Prinzip des beidseitig schonenden Souveränitätsausgleichs“, das letztlich aus dem Prinzip der souveränen Gleichheit der Staaten abgeleitet wird.

161 Internationaler Gerichtshof, Urteil vom 5. Februar 1970 (Barcelona-Traction – 2. Phase), ICJ-Reports 1970, S. 3 (150) Rn. 70 (Sondervotum Fitzmaurice – obiter dictum).

162 Internationaler Gerichtshof, Sondervotum Fitzmaurice, aaO Rn. 72.

163 SCHUSTER, S. 676f.

164 MENG, S. 624f.

che Lösung des Regelungskonfliktes zu erreichen.[165] Jedenfalls auf prozeduraler Ebene sind die Staaten daher verpflichtet, im Rahmen des Genehmigungsverfahrens die Interessen anderer durch ein Vorhaben betroffener Staaten und etwa bestehende völkerrechtliche Vereinbarungen über die Grenzen umweltbelastender Handlungen zu berücksichtigen und zu kooperieren.[166]

Im Rahmen der Ermittlung der betroffenen staatlichen Interessen wären spiegelbildlich die Verbindung anderer Staaten zu dem in Frage stehenden Sachverhalt und das Gewicht von deren Regelungsinteressen zu berücksichtigen. Eine völkerrechtlich zwingende Rangfolge oder Gewichtung der für eine Interessenabwägung maßgeblichen Gesichtspunkte besteht allerdings nicht,[167] so dass auch insoweit keine eindeutige Lösung eines Regelungskonflikts erwartet werden kann.

Daneben könnte für eine extraterritoriale Regelung das Rechtsmissbrauchsverbot als Grenze in Betracht kommen.[168] Die Existenz eines allgemein geltenden Rechtsmissbrauchsverbots ist im Völkerrecht allerdings umstritten.[169] Für einen solchen Rechtssatz spricht, dass er sich durchaus aus den Rechtsordnungen der Staatengemeinschaft ableiten lässt, mögen auch nicht alle Staaten dieses Prinzip in ihren Rechtsordnungen kennen. Unabhängig von der konkreten, schwer festzulegenden Ausgestaltung eines solchen Rechtgrundsatzes verbietet das Rechtsmissbrauchsverbot als äußerste Grenze jedenfalls eine Rechsausübung, die zwar formal völkerrechtmäßig ist, an der ein Staat aber angesichts fehlenden legitimen Eigeninteresses oder der zu erwartenden untragbaren Auswirkungen auf andere Staaten nicht festhalten können soll. Tritt ein solcher Fall ein, kann eine eigentlich legitime Anknüpfung für eine extraterritoriale Regelung nicht mehr geltend gemacht werden. Dies dürfte aber auf seltene Ausnahmefälle beschränkt sein.[170] Nicht ausreichend wären jedenfalls das bloße Auftreten irgendwelcher grenzüberschreitender Umweltbeeinträchtigungen im Wirkungsstaat, da diese bis zur Erheblichkeitsgrenze des Verbots erheblicher Umweltbeeinträchtigungen nach dem Völkerrecht nicht verboten sind.

Schließlich sei noch erwähnt, dass die Staaten bei der Inanspruchnahme grenzüberschreitender Regelungskompetenzen auch die sich aus dem jeweils anwendbaren nationalen (Verfassungs-)recht ergebenden Grenzen beachten müssen. Für die Bundesrepublik Deutschland ist dabei zum Beispiel über Art. 25 GG das völkerrechtliche Einmischungsverbot beachtlich, so dass auch insoweit eine sinnvolle Anknüpfung für eine extraterritoriale Regelung erforderlich ist.[171] Auch die Grund-

---

165 MEESSEN, S. 229; MENG, aaO ordnet eine so verstandene Pflicht zur Interessenabwägung spiegelbildlich der völkerrechtlichen Pflicht zu einer friedlichen Streitbeilegung zu.

166 KLOEPFER/ KOHLER, S. 41; WOLFRUM, DVBl. 1984 S. 493 (497); SCHWARZE, S. 63; allgemein zur völkerrechtlichen Kooperationspflicht der Staaten TIETJE, S. 233ff.

167 Zum Ganzen OHLER, S. 342f; ebenso MEESSEN, S. 182.

168 VOGEL, Der räumliche Anwendungsbereich der Verwaltungsrechtsnorm, S. 103f. m.w.N.

169 Zustimmend KEMPEN/ HILLGRUBER, § 15 Rn. 144; SCHWEITZER, Staatsrecht III, Rn. 260.

170 OHLER, S. 341.

171 BVerfG NJW 1983, S. 2757 (2760).

rechte sind je nach den Gegebenheiten des Einzelfalls bei Sachverhalten mit Auslandsbezug zum Schutz inländischer Rechtsgüter anwendbar und begrenzen zusammen mit dem Verhältnismäßigkeitsgrundsatz eine extraterritoriale Regelungskompetenz.[172] Die verfassungsrechtlich nach dem Grundgesetz vorgegebenen Grenzen für eine Anerkennung ausländischer Hoheitsakte werden im 4. Kapitel dieser Arbeit ausführlich dargestellt.

3. *Ausgleich zwischen mehreren zur Regelung berechtigten Staaten*

Wenn mehrere Staaten über einen legitimen Anknüpfungspunkt für die Regelung eines grenzüberschreitenden Sachverhalts verfügen, stehen ihre Regelungsansprüche zunächst gleichberechtigt nebeneinander. Dies ergibt sich aus dem Grundsatz der souveränen Gleichheit der Staaten, wie er in Art. 2 Nr. 1 der Charta der Vereinten Nationen festgehalten ist.[173] Zwar könnte man eine Anknüpfung nach dem Territorialitätsprinzip generell als vorrangig ansehen.[174] Der Europäische Gerichtshof für Menschenrechte begründet diese Ansicht damit, dass die Hoheitsgewalt eines Staates „aus Sicht des Völkerrechts grundsätzlich territorialer Natur sei“[175], und hält eine extraterritoriale Ausübung von Hoheitsgewalt nur in eng begrenzten Ausnahmefällen und begrenzt durch die territoriale Zuständigkeit anderer Staaten für zulässig.

Völkerrechtlich ist ein solcher Vorrang aber nicht geboten, da zwischen den Anknüpfungspunkten für eine extraterritoriale Regelung völkerrechtlich zumindest abstrakt keine wie auch immer definierte „Rangordnung“ besteht.[176] Legitime Anknüpfungspunkte sind lediglich eine Mindestvoraussetzung für eine völkerrechtlich zulässige extraterritoriale Regelung, können aber nicht deren Umfang und Grenzen eindeutig abstecken. Zu erwähnen ist aber, dass einer solchen Regelungsanknüpfung wegen der in diesem Fall typischerweise engen Beziehung eines Staates zu dem zu regelnden Sachverhalt ein hohes Gewicht zukommt und dass das Territorialitätsprinzip in der Regel auch eine faktische Grenze für eine extraterritoriale Regelung darstellen kann. Ein Staat kann auch dann, wenn er über einen legitimen Anknüpfungspunkt verfügt, eine eigene Regelung faktisch ohne ein Mitwirken des fremden Staates nur auf seinem eigenen Staatsgebiet erfolgreich durchsetzen, nicht aber auf dem des von der extraterritorial wirkenden Regelung betroffenen Staa-

172 OHLER, S. 346ff.
173 HERDEGEN, Völkerrecht, S. 216ff.
174 MENG, ZaöRV 1997, S. 269 (292); Europäischer Gerichtshof für Menschenrechte, Bankovic u.a./Belgien u.a.; No. 52207/99, NJW 2003, S. 413, Rn. 59f.
175 Europäischer Gerichtshof für Menschenrechte, aaO Rn. 59.
176 OHLER, S. 331, 343 m.w.N.

tes.[177] Insofern dürften zumindest in der praktischen Anwendung beide Auffassungen zu annähernd gleichen Ergebnissen führen.

Eine Möglichkeit, solche Regelungskonflikte zu lösen, besteht in dem Abschluss völkerrechtlicher Verträge, die die verschiedenen Regelungsansprüche voneinander abgrenzen. Dies geschieht zum Beispiel im Steuerrecht häufig durch den Abschluss von Doppelbesteuerungsabkommen, die verhindern sollen, dass ein Steuerpflichtiger bei grenzüberschreitenden Sachverhalten doppelt in Anspruch genommen wird.[178] Formell gebietet das Völkerrecht insbesondere nach Art. 33 der Charta der Vereinten Nationen den Staaten eine friedliche Streitbeilegung, die durch den Abschluss zwischenstaatlicher Vereinbarungen erreicht werden kann. In solchen Verträgen kann zum Beispiel eine auch grenzüberschreitend wirkende Regelungszuständigkeit eines Staates vereinbart werden, die dann zumindest für die Vertragsparteien einen vorrangigen Anknüpfungspunkt für eine extraterritoriale Regelung des Staates begründet.[179] Anderenfalls bietet das Völkerrecht derzeit noch keine einer nationalen Rechtsordnung vergleichbaren Kompetenzregelungen, um Kompetenzkonflikte vollständig zu verhindern, wenn die betreffenden Staaten nicht zu einer entsprechenden Koordinierung ihrer Regelungsansprüche bereit sind.[180]

Bestehen keine vorrangigen Konfliktlösungsregeln, sollte im Rahmen des oben aufgezeigten Regelungsrahmens der Staat einen Sachverhalt regeln dürfen, der einen Anknüpfungspunkt für den Schwerpunkt des zu regelnden Sachverhalts für sich reklamieren kann und dem Sachverhalt am nächsten steht.[181] Der Schwerpunkt kann in den territorialen Gegebenheiten eines Falles liegen, muss es aber nicht notwendig. So liegt zum Beispiel bei den Regelungen über den diplomatischen Schutz von Staatsangehörigen der Schwerpunkt des Sachverhalts im Personalitätsprinzip, so dass die entsprechenden nationalen Regelungen auch für Staatsangehörige gelten, die sich (unter Umständen sogar dauerhaft) im Ausland aufhalten.[182] In diesem Fall wäre der Anknüpfungspunkt der Staatsangehörigkeit als gewichtiger zu erachten als der (womöglich nur vorübergehende) Aufenthaltsort einer Person, der einen Anknüpfungspunkt nach dem Territorialitätsprinzip begründen würde. Je eher der Staat mit einer Regelung dagegen spezifisch nationale Interessen verfolgt, desto hö-

177 So auch der Europäische Gerichtshof für Menschenrechte, aaO Rn. 60; zum Ganzen LINKE, S. 100.

178 Siehe zum Beispiel die Zusammenstellung von Doppelbesteuerungsabkommen der Bundesrepublik Deutschland mit anderen Staaten auf der Homepage des Bundesministeriums der Finanzen unter http://www.bundesfinanzministerium.de/nn_53848/DE/Wirtschaft__und__Verwaltung/Steuern/Internationales__Steuerrecht/009.html?__nnn=true.

179 BEYERLIN, S. 241.

180 MENG, ZaöRV 1991, S. 269 (317); MEESSEN, S. 91.

181 LINKE, S. 34.

182 Dies gilt trotz der Einführung der europäischen Unionsbürgerschaft auch innerhalb der Europäischen Gemeinschaften, vgl. EuGH, Rs. C–369/90, Slg. 1992, S. I–4239 (Ziffer 10); Rs. C–192/99, Slg. 2001, S. I–1237 (Ziffer 19).

her sind die Anforderungen an eine Anknüpfung zu stellen, insbesondere, wenn es sich für den Staat um extraterritoriale Sachverhalte handelt.[183] Bei der Regelung grenzüberschreitender Umweltbeeinträchtigungen dürfte der Schwerpunkt eher im Wirkungsstaat liegen, je schwerer die (potentiellen) Auswirkungen auf seine Staatsbürger und sein Hoheitsgebiet sein können und je eher die Umweltbeeinträchtigungen ein Ausmaß erreichen, dass auch das gemeinsame Interesse der Staatengemeinschaft am Schutz der natürlichen Ressourcen berührt.

Problematisch ist bei dieser Abgrenzung aber, dass der Begriff des „Schwerpunkts" eines zu regelnden Sachverhalts unbestimmt bleibt und in jedem Einzelfall unterschiedlich ausgelegt werden kann. Daher kann dieser Ansatz nicht als eindeutige Kompetenzregelung verstanden werden, sondern lediglich als völkerrechtlicher Rahmen für eine nationale Regelung extraterritorialer Sachverhalte, der im Einzelfall von den Staaten unterschiedlich ausgefüllt werden wird.[184] In diesem Sinne kann das Völkerrecht auch keine in jedem Fall eindeutige Kompetenzabgrenzung bieten, sondern lässt durchaus konkurrierende Regelungsansprüche zu und verhindert allenfalls eine exzessive Ausdehnung nationaler Regelungen.[185] Dies entspricht jedoch der Konzeption des Völkerrechts als lediglich konfliktreduzierende Koordinationsrechtsordnung zwischen den Staaten im Gegensatz zu einer eindeutigen Zuweisung von Kompetenzen, wie sie nationale Rechtsordnungen in der Regel vorsehen.[186] Im Einzelfall ist daher bei konkurrierenden Regelungskompetenzen wegen der souveränen Gleichheit der Staaten völkerrechtlich nicht vorgegeben, welcher Staat mit seinen Regelungsansprüchen zurücktreten muss.[187] Für eine genauere Kompetenzabgrenzung müssen die Staaten auf freiwillige Koordinierungslösungen, die in der Regel auch im wirtschaftlichen Interesse der Staaten liegen dürften, zurückgreifen, die sich im Völkerrecht als Koordinierungsrechtsordnung als einzige, rechtlich allerdings nicht zwingend verbindliche Lösung für Kompetenzkonflikte anbieten.[188]

Zwischen einer legitimen Anknüpfung und den oben aufgezeigten Grenzen einer extraterritorialen Regelung besteht also ein weiter Spielraum für die Staaten, extraterritoriale Sachverhalte zu regeln. Es bleibt durchaus Raum für Regelungskonflikte zwischen den Staaten,[189] die formell nur durch die in Art. 33 der Charta der Vereinten Nationen verankerte Pflicht zur friedlichen Streitbeilegung begrenzt und reguliert werden und wohl auch zu Lasten der Rechtssicherheit der einzelnen betroffenen Bürger oder Unternehmen gehen. Das Völkerrecht bietet also als Koor-

183 HAPPE, S. 35.

184 LINKE, S. 102f.

185 GEIGER, S. 278.

186 MENG, ZaöRV 1991, S. 269 (291); allgemein zum Charakter des Völkerrechts als Koordinationsrechtsordnung VERDROSS/ SIMMA, S. 33f.

187 OHLER, S. 345; SCHWARZE, S. 30f.

188 MENG, ZaöRV 1991, S. 269 (323).

189 OHLER, S. 344; MENG, ZaöRV 1991, S. 269 (317), spricht von völkerrechtlichen „Grauzonenbereiche(n)".

dinationsrechtsordnung keine eindeutigen Regeln, wie die verschiedenen Regelungskompetenzen einzelner Staaten voneinander abzugrenzen sind.[190] Vielmehr ist die Völkerrechtsordnung auf die politische Kooperationsbereitschaft der Staaten angewiesen, um zu einvernehmlichen Lösungen zu kommen und Konflikte über grenzüberschreitende Umweltbeeinträchtigungen zu vermeiden. Absolute völkerrechtliche Grenzen wie das Rechtsmissbrauchsverbot und das Verbot der Vornahme von Hoheitsakten auf dem Gebiet fremder Staaten ohne deren Einwilligung müssen aber beachtet werden, wenn die Staaten Anknüpfungspunkte für ihre Regelungstätigkeit und entsprechende nationale Kollisionsregelungen bestimmen.

II. Anerkennungspflichten aus dem allgemeinen Völkerrecht

Fraglich ist, ob sich aus dem Völkerrecht neben den dargestellten Anknüpfungspunkten für eine extraterritoriale Regelung aus anderen Rechtgründen eine Pflicht des Wirkungsstaates ergibt, eine Regelung des Ursprungsstaates zu einer Tätigkeit mit grenzüberschreitenden umweltbeeinträchtigenden Auswirkungen anzuerkennen.

1. Grundsatz

Zunächst besteht weitgehend Einigkeit darüber, dass es im Völkerrecht wegen des beherrschenden Territorialitätsprinzips keine generelle Pflicht gibt, Hoheitsakte anderer Staaten, deren Wirkungen über ihr Staatsgebiet hinausgehen, anzuerkennen oder diese gar zu vollstrecken.[191] Grundsätzlich sind die Staaten völkerrechtlich zwar gehalten, die Interessen anderer Staaten zu respektieren, müssen diesen aber nicht aktiv zur Durchsetzung verhelfen.[192] Ebenso wenig muss ein Staat nach dem Völkerrecht die Vornahme von Hoheitsakten auf seinem Territorium durch einen anderen Staat dulden.[193] Durch die Staatenpraxis lässt sich die Existenz einer solchen Pflicht nicht belegen, sondern allenfalls eine Anerkennungspraxis, die der völ-

---

190 BLECKMANN, JZ 1985, S. 1072 (1074); für eine „Rücksichtnahmepflicht" bei konkurrierenden Regelungsansprüchen HERDEGEN, Völkerrecht, § 26 Rn. 17ff.

191 BVerfG NJW 1983 S. 2757 (2759); OHLER, S. 51 m.w.N.; KÖNIG, S. 64f.; BEYERLIN, S. 242, siehe auch ebd., S. 415 zur vergleichbaren, ebenfalls zu verneinenden Frage einer Pflicht zur Anwendung ausländischen Rechts; anders zum Teil MEESSEN, S. 178, für die Anerkennung vollzogener völkerrechtsmäßiger Hoheitsakte im Enteignungsrecht, da anderenfalls wegen der bereits vollzogenen Änderung der rechtlichen Zuordnung von Vermögenswerten eine erneute Enteignung zu Lasten des durch die ausländische Enteignung begünstigten neuen Eigentümers erfolgen würde.

192 BLECKMANN, Staatsrecht I, S. 496f. Rn. 1106.

193 BVerfG, aaO unter Berufung auf den Internationalen Gerichtshof, ICJ Reports 1949, S. 35ff. (Korfu-Kanal-Fall).

kerrechtlichen *comitas* unter Vorbehalt des inländischen *ordre public* entspringt.[194] Dies ergibt sich zwangsläufig aus dem allgemein geltenden Grundsatz der Souveränität der Staaten. Sobald ein Staat in seinen Rechten und Interessen berührt ist, ist er in seiner Entscheidung frei, ob er diesen Zustand legitimieren oder sich dagegen wehren will.[195] Zwar können ausländische Hoheitsakte bei grenzüberscheitenden Sachverhalten auch bei inländischen Regelungen wegen ihrer möglichen Feststellungs- oder Gestaltungswirkung erheblich werden. Grundsätzlich steht es den Staaten aber frei, ob sie ausländischen Hoheitsakten eine solche Wirkung auch in ihrer eigenen Rechtsordnung zuerkennen. Ob ein anderer Staat das Handeln durch eine hoheitlich erteilte Erlaubnis legitimiert hat, ist insoweit unerheblich, da kein Staat dem anderen das Schutzniveau für Bürger und Umwelt und die für umweltrelevante Handlungen einzuhaltenden Grenzwerte vorschreiben kann. Dies selbst festzulegen, ist integraler Bestandteil der Gebietshoheit eines Staates. Der Internationale Gerichtshof hat allerdings die gegenseitige Achtung der territorialen Souveränität der Staaten als eine unverzichtbare Grundlage internationaler Beziehungen („*an essential foundation of international relations*")[196] bezeichnet und so ihre besondere Bedeutung für ein friedliches Zusammenleben der Staaten hervorgehoben, ohne dass sich allein daraus Pflichten zur Anerkennung ausländischer Hoheitsakte ableiten ließen.

Daneben gebietet auch das Prinzip der Gleichheit der Staaten und der Staatenimmunität im Völkerrecht, dass kein Staat für einen anderen ohne dessen Zustimmung Rechtsfolgen auf dessen Staatsgebiet setzen kann.[197] Anderenfalls läge eine völkergewohnheitsrechtlich verbotene Einmischung in fremde Angelegenheiten vor.[198] Das Bundesverfassungsgericht hat dementsprechend bereits im Jahr 1964 festgestellt, dass die Respektierung der Souveränität eines anderen Staates nicht automatisch bedeutet, dass auch dessen Recht im Inland anzuwenden sei.[199] Es muss daher grundsätzlich im Ermessen eines Staates liegen, ob und in welchem Umfang er fremde Rechtsakte als für sein Hoheitsgebiet verbindlich anerkennen will. Aus dem (in seiner Existenz nach wie vor umstrittenen[200]) Rechtsmissbrauchsverbot kann sich allenfalls die Pflicht ergeben, die Interessen anderer Staaten durch die ei-

---

194 MENG, S. 99 m.w.N.; S. 101; MEESSEN, AöR 110 (1985), S. 398 (407ff.) spricht von einem verfassungsrechtlich begründeten „Grundsatz der freundlichen Zulassung ausländischen Wirtschaftsrechts", die im gegenseitigen Eigeninteresse der Staaten an funktionierenden zwischenstaatlichen Wirtschaftsbeziehungen liege. Diese „Zulassung" in Form von Verweisungen, Anerkennungsentscheidungen o.ä. zugunsten ausländischer Rechtsordnungen sei aber nicht verpflichtend, sondern liege im Ermessen des deutschen Staates.

195 BVerfGE 63, 343 (361); KÖNIG, aaO; MICHAELS, S. 81f., 94.

196 Internationaler Gerichtshof, aaO.

197 HAPPE, S. 62.

198 LINKE, S. 105.

199 BVerfGE 18, 112 (116ff.).

200 Siehe zum Streitstand IPSEN/ ders., § 39 Rn. 44 ff.; zum Nachweis der völkerrechtlichen Existenz des Rechtsmissbrauchverbots vgl. die bei HAPPE, Fn. 176 angegebene Literatur.

gene Rechtsausübung nicht in rücksichtsloser Weise übermäßig zu beeinträchtigen. Eine weitergehende Pflicht, diese Interessen durch Anerkennung ausländischer Hoheitsakte aktiv zu fördern, kann damit mangels hinreichend bestimmter Allgemeininteressen im Völkerrecht nicht begründet werden.[201]

Ob dieses im Grundsatz freie Anerkennungsermessen durch völkerrechtlich begründetet Gesichtspunkte eingeschränkt werden kann, ist allerdings noch weitgehend ungeklärt.[202] Nachfolgend sollen in Teil C. dieses Kapitels einige Aspekte aufgezeigt werden, unter denen das staatliche Ermessen, ob fremde Hoheitsakte als für die eigene Rechtsordnung verbindlich anerkannt werden sollen, im Einzelfall eingeschränkt sein kann.

Es darf jedoch neben der Diskussion über eine Rechtspflicht zur Anerkennung nicht verkannt werden, dass die Anerkennung fremder Hoheitsakte in einer weitgehend globalisierten Wirtschaftsordnung oft auch im Interesse der Staaten liegt, die eine bereits erteilte Genehmigung des Ursprungsstaates anerkennen: Sie ersparen sich die eigene Überprüfung des Regelungsgegenstandes und können zugleich auf Basis der Gegenseitigkeit eine entsprechende Behandlung ihrer Hoheitsakte erwarten. Selbst wenn diese Vorteile nicht durch rechtlich verbindliche Pflichten abgesichert sind, ist eine freiwillige Selbstbeschränkung durch die Struktur der internationalen Gemeinschaft erforderlich und liegt dementsprechend oft im allgemeinen Interesse der Staaten an der Durchsetzung international konsentierter Schutzstandards.[203] Die Gegenseitigkeit ist dabei zwar keine rechtlich zwingende Voraussetzung der Anerkennungsentscheidung, spielt aber in der Praxis eine große Rolle, um Staaten zu einer Selbstbeschränkung auch im eigenen Interesse zu motivieren.

2. *Beachtungspflicht*

Aus dem Grundsatz der Souveränität und der damit verbunden originären Rechtsetzungsautonomie der Staaten folgt aber auch, dass die Staaten die Souveränität des jeweils anderen untereinander zu respektieren haben. Daraus wird zum Teil abgeleitet, dass ein Hoheitsakt eines fremden Staates zwar nicht durch Anerkennung in den Rechtswirkungen auf das eigene Staatsgebiet erstreckt werden müsse, die Staaten aber verpflichtet seien, fremde Hoheitsakte zu respektieren und alles zu unterlassen, was sie in ihrer Wirksamkeit beeinträchtigen könnte.[204] Darin liege auch keine unzulässige Einschränkung der staatlichen Souveränität, da der Staat ja nicht zur akti-

---

201 BLECKMANN, JZ 1985, S. 1072 (1073f.).

202 GEIGER, S. 294f.

203 MENG, S. 101ff; der auch den Aspekt hervorhebt, dass sich Unternehmen nicht durch Sitzverlagerung in ein Land mit niedrigen Schutzstandards ihrer Verantwortung entziehen können sollen.

204 HAPPE, S. 28f., der von einer generellen Beachtungspflicht ausgeht und lediglich eine Ausnahme für völkerrechtswidrige Hoheitsakte zulassen will.

ven Mitwirkung etwa durch eine Anerkennung verpflichtet sei, sondern lediglich entgegenstehende Hoheitsakte unterlassen solle.

Dem dürfte im Grundsatz, auch zur Förderung einer friedlichen Koexistenz der Staaten, zuzustimmen sein. Eine derart weitgehende Beachtungspflicht in dem Sinne aber, dass ein Staat in der an sich rechtmäßigen Betätigung seiner eigenen Rechtsetzungskompetenz durch vorhandene fremde Hoheitsakte automatisch eingeschränkt ist, sobald eine zeitlich vorhergehende fremde Regelung existiert, würde die Staaten in der Verfolgungen ihrer legitimen nationalen Interessen zu stark einschränken und zu einem unberechtigten Vorrang der Interessen des Staates führen, der zufällig als erster für die in Rede stehende Materie eine Regelung getroffen hat. Denn dann wären auch entgegenstehende spätere Hoheitsakte unzulässig, die in Verfolgung der eigenen nationalen Ziele und daraus resultierenden strengeren Schutzstandards nach nationalem Recht durchaus rechtmäßig wären. Damit könnte aber der zuerst tätige Staat seinen Schutzstandard allen anderen ebenfalls betroffenen Staaten aufdrängen, was wiederum dem Prinzip der Gleichheit der Staaten widerspräche. Eine Beachtungspflicht für fremde Hoheitsakte kann daher nur insoweit bestehen, als eine Verweigerung rechtsmissbräuchlich wäre. Verfolgt allerdings ein Staat mit dem Erlass eines entgegenstehenden Hoheitsaktes legitime Interessen, zum Beispiel einen höheren Schutzstandard für seine Bevölkerung und die Umwelt als der Ursprungsstaat, dürfte keine rechtsmissbräuchliche Verweigerung vorliegen.

3. Grenzen einer Beachtungspflicht

Eine solche Beachtungspflicht kann aber nicht schrankenlos gelten. Vielmehr können sich aus dem Grundsatz der Souveränität und der Gleichheit der Staaten Grenzen dafür ergeben, wann ein Staat einen fremden Hoheitsakt beachten muss.[205]

Zum einen darf, wie bereits erwähnt, die Beachtung eigener Hoheitsakte von einem fremden Staat nicht rechtsmissbräuchlich eingefordert werden. Dies beinhaltet das Verbot, eigene Rechte zur Schädigung anderer auszuüben. Darüber hinaus ist in jedem Einzelfall eine Interessenabwägung vorzunehmen zwischen dem Regelungsziel des Ursprungsstaates, dem Interesse der Staatengemeinschaft am Schutz universeller Rechtsgüter und dem Interesse der Staaten an der freien Entfaltung ihres Wirtschaftssystems, dessen Beeinträchtigung auch ein rechtsmissbräuchliches Verhalten begründen kann.

Zum anderen ergeben sich aus dem völkerrechtlichen Einmischungsverbot Grenzen für eine Beachtungspflicht. Eine völkerrechtlich unzulässige Einmischung ist jede Einwirkung auf einen fremden Rechtskreis, mit der durch Zwang ein Handeln oder Unterlassen herbeigeführt werden soll, auf das kein Rechtsanspruch besteht.[206] Geschützt sind die „*internal and external affairs*" eines Staates, zu denen zum Beispiel auch die Verwirklichung der eigenen Staatsziele gehört. Zum Schutz

---

205 Zum Folgenden insgesamt HAPPE, S. 54ff.

206 IPSEN/ Fischer, § 59 Rn. 50ff.

vor unzulässig weiten Einschränkungen der Regelungsbefugnis eines Staates muss im Rahmen einer Beachtungspflicht deshalb die Zweck-Mittel-Relation gewahrt bleiben, d.h. der Einschnitt in die Interessen des Wirkungsstaates darf nicht außer Verhältnis zu den mit der zu beachtenden Regelung verfolgten Zweck stehen.[207] Auch hier gilt wieder, dass den mit einer Regelung verfolgten Interessen mehr Gewicht zukommt, je eher sie allgemeine Interessen der Staatengemeinschaft abbilden.

4. Exkurs: Begründung einer „Achtungspflicht“ für Sachverhalte mit ausschließlicher rechtlicher und tatsächlicher Bindung zum Erlassstaat

Aus dem oben Gesagten lässt sich allerdings insoweit eine Ausnahme von dem Grundsatz, fremde Hoheitsakte müssten ohne besonderen Rechtsgrund nicht anerkannt werden, ableiten, als der Empfangsstaat dadurch gar nicht in seinen Interessen und Rechten betroffen ist. Dementsprechend kann sich ein Staat nicht gegen Tätigkeiten wehren, die ihre Rechtsfolgen und Wirkungen allein im Ursprungsstaat haben und in keinerlei Beziehung zu seinem eigenen Hoheitsgebiet stehen, da in diesem Fall seine Souveränitätsinteressen gar nicht berührt sind. Es fehlt für ihn schon an einem völkerrechtlich anerkannten sinnvollen Anknüpfungspunkt für eine eigene Regelung des Sachverhaltes, so dass schon gar kein Kompetenzkonflikt hinsichtlich der Regelung eintreten kann.[208] Als Beispiel für einen solchen Fall wird normalerweise die Frage der Staatsangehörigkeit genannt, die in ihren Voraussetzungen und Rechtsfolgen ausschließlich einen Bezug zum Erlassstaat aufweist. Selbst wenn sich also ein fremder Staatsangehöriger im eigenen Staatsgebiet aufhält, steht es dem Aufenthaltsstaat nicht zu, die Rechtmäßigkeit der Verleihung seiner Staatsangehörigkeit anzuzweifeln oder gar nicht anzuerkennen, da diese Frage keinerlei rechtliche Beziehung zu seinen eigenen Interessen und Rechten aufweist.[209] Streng genommen handelt es sich bei dieser Konstellation auch gar nicht um eine Anerkennung fremder Hoheitsakte, da dies zumindest die Möglichkeit gewisser Rechtsfolgen im Empfangsstaat, die durch die Anerkennung legitimiert würden, voraussetzt. Mangels eigener Betroffenheit kann sich schon gar keine auf die territoriale Souveränität gründende Regelungsbefugnis des Empfangsstaates ergeben. Vielmehr kann in einem solchen Fall lediglich von einer „Achtung“ des fremden Hoheitsaktes in dem Sinne gesprochen werden, dass er in seinen Rechtsfolgen nicht in Frage gestellt, sondern akzeptiert wird. Dies ergibt sich letztlich aus dem völkerrechtlichen Grundsatz der gegenseitigen Achtung und Respektierung der Rechtsordnung anderer Staaten.[210]

---

207 HAPPE, S. 60; LINKE, S. 108.

208 GEIGER, S. 295f. mit Ausnahme von evident völkerrechtswidrigen Hoheitsakten oder einer Verletzung des inländischen ordre public, was aber wiederum einen gewissen Inlandsbezug voraussetzt.

209 MICHAELS, S. 83.

210 DAHM, S. 268ff.; VERDROSS/ SIMMA, S. 636f.

Auf die Konstellation von umweltrechtlichen Genehmigungen angewandt, bedeutet dies, dass ein Staat (der dann eigentlich gar nicht mehr als Wirkungsstaat bezeichnet werden kann) keine Anerkennungsentscheidung über eine fremde Genehmigung treffen kann bzw. muss, die ein sich ausschließlich im Ursprungsstaat auswirkendes Verhalten legitimiert. Entsprechend der oben angestellten Untersuchung zum legitimen Anknüpfungspunkt für eine Regelungsbefugnis hinsichtlich eines grenzüberschreitenden Sachverhaltes hätte ein Staat in diesem Fall mangels eigener Betroffenheit schon gar keine Regelungsbefugnis, die zu einem Kompetenzkonflikt führen würde. Selbst wenn also ein fremder Staat eindeutig umweltschädliches Verhalten auf seinem Staatsgebiet zulässt, können andere Staaten dann keine Entscheidung darüber treffen, ob sie diese Tätigkeit für rechtmäßig halten oder nicht. Dies gilt natürlich nur, solange die Auswirkungen auf das Gebiet des Ursprungsstaates begrenzt bleiben und keine grenzüberschreitender Medien, vor allem Wasser und Luft, verschmutzt werden. Andererseits kann ein solches umweltschädigendes Verhalten, wenn es allgemein bekannt wird, natürlich politische Reaktionen nach sich ziehen. Deren rechtliche Voraussetzungen sollen hier aber nicht weiter untersucht werden.

Anzumerken ist, dass sich dieser Sachverhalt von der oben untersuchten Frage nach einer Duldungspflicht für nicht erhebliche Umweltbeeinträchtigungen insofern unterscheidet, als die Rechte und Interessen des Wirkungsstaates im Fall einer Duldungspflicht sehr wohl berührt sind, es aber aufgrund einer auch in anderen Rechtsgebieten geltenden Erheblichkeitsschwelle[211] für Rechtsbehelfe und Sanktionen dem Staat zugemutet wird, diese hinzunehmen.

MICHAELS hat daraus abgeleitet, dass sich die Frage nach Anerkennungspflichten im Völkerrecht auf einer gleitenden Skala danach bestimmen lässt, wie eng die Beziehungen des Ursprungsstaates zu dem geregelten Sachverhalt einerseits und wie stark die Auswirkungen auf dem Gebiet des Empfangsstaates durch den fremden Hoheitsakt andererseits sind.[212] Dies gibt zwar die oben dargestellten Prüfkriterien für eine Interessenabwägung bei der „Beachtungspflicht" hinsichtlich fremder Hoheitsakte wieder. Ob sich daraus aber eine allgemeine Regel zur Bestimmung von Anerkennungspflichten ableiten lässt, erscheint angesichts der fehlenden Rechtssicherheit und Eindeutigkeit der Kriterien fraglich. Festzuhalten ist aber, dass sich diese Regel jedenfalls zum Beispiel auf den oben genannten Fall der Staatsangehörigkeit anwenden lässt und zu einem plausiblen Ergebnis führt.

---

211 Zivilrecht: Treu und Glauben, Rechtsmissbrauchsverbot, prozessuale Pflichten; Strafrecht: Einstellung gegen Auflage wegen geringer Schuld; Verwaltungsrecht: Verhältnismäßigkeitsgrundsatz.

212 MICHAELS, S.83.

III. Anerkennungspflichten aus dem Völkergewohnheitsrecht

Aufgrund des bestimmenden Grundsatzes der Souveränität der Staaten hat sich bislang noch kein völkergewohnheitsrechtlicher Rechtssatz entwickelt, nach dem ein fremder Hoheitsakt von anderen Staaten anzuerkennen wäre. Es gibt zwar verschiedene, rechtlich nicht bindende Übungen im Völkerrecht, die zur Entstehung von Völkergewohnheitsrecht beitragen können, wie zum Beispiel die diplomatischen Sitten und Gebräuche.[213] Diese bewirken, dass völkerrechtlich nicht bindend vorgeschriebene „Verhaltensstandards“[214], zum Beispiel die Regeln des diplomatischen Zeremoniells, die sich auch auf fremde Rechtsakte beziehen können, üblicherweise eingehalten werden. In der Verwaltungspraxis gibt es im Verwaltungsverfahren gerade bei benachbarten Staaten oft informelle Informations- und Kooperationsabsprachen. Unabhängig davon, ob solche Kooperationen nach nationalem Recht vorgeschrieben sind,[215] ergeben sich daraus aber mangels allgemeiner Übung und Rechtsüberzeugung keine völkerrechtlichen Rechtspflichten. Aus der verwaltungsrechtlichen Praxis zwischen einzelnen Staaten lässt sich also kein allgemeines Gebot der Rücksichtnahme auf fremde Hoheitsakte herleiten.[216]

Allerdings könnte sich aus dem völkergewohnheitsrechtlich anerkannten Verbot *erheblicher* Schädigungen im Gegenzug für den Wirkungsstaat eine Duldungspflicht der Staaten für *nicht erhebliche* grenzüberschreitende Umweltbeeinträchtigungen ergeben. Dafür könnte sprechen, dass ein Staat keine völkerrechtlichen Möglichkeiten zur Sanktionierung solcher Einwirkungen hat, wenn im Einzelfall nicht speziellere Regelungen aus völkerrechtlichen Abkommen greifen. Nach KLOEPFER/ KOHLER können dementsprechend nur wesentliche umweltrelevante Beeinträchtigungen abgewehrt werden, unwesentliche sind dagegen hinzunehmen.[217] Mit dem Nutzungsrecht des Ursprungsstaates im Rahmen nicht erheblicher Beeinträchtigungen soll demnach eine Duldungspflicht des Wirkungsstaates korrespondieren. Nicht erhebliche Einwirkungen auf das Territorium des Wirkungsstaates sind daher als gewohnheitsrechtliche Ausnahme zum allgemeinen völkerrechtlichen Schädigungsverbot hinzunehmen.[218] Es fragt sich jedoch, ob aus einer solchen Duldungspflicht automatisch auch die Pflicht des Wirkungsstaates folgt, die Einwirkung als rechtmäßig anzuerkennen. Dafür spricht die Annahme eines gewohnheitsrechtlich nicht verbotenen Verhaltens. Als Folge müsste der Wirkungsstaat wohl seine Rechtsordnung so ausgestalten, dass seinen Bürgern kein Rechtsschutz

---

213 SCHWEITZER, Staatsrecht III, Rn.14.

214 SCHWEITZER aaO.

215 Vgl. zum Beispiel aus dem deutschen Recht § 12 USchadG. Mit dem USchadG wird die europäische Richtlinie 35/2004 umgesetzt, so dass sich vergleichbare Regelungen in den anderen Mitgliedstaaten der Europäischen Gemeinschaften finden dürften.

216 HAPPE, S. 48.

217 KLOEPFER/ KOHLER, S. 41.

218 GRAF VITZTHUM/ ders., 5. Abschnitt Rn. 97.

gegen schädliche Einwirkungen, die von ihrem eigenen Staat aufgrund einer entsprechenden völkerrechtlichen Verpflichtung als rechtmäßig anerkannt wurden, gewährt wird. Allerdings sind die Staaten nach dem Völkerrecht grundsätzlich nicht verpflichtet, Hoheitsakte anderer Staaten als für ihr Rechtsgebiet verbindlich anzuerkennen. Zudem dient das völkergewohnheitsrechtliche Verbot erheblicher grenzüberschreitender Umweltbeeinträchtigungen dem Ausgleich der Souveränitätsinteressen betroffener Staaten im Sinne einer Konfliktvermeidung. Es hat daher eher eine abwehrende Funktion, indem es den Staaten bestimmte Unterlassungspflichten auferlegt und sie gegen ein bestimmtes Verhalten anderer Staaten völkerrechtlich nicht vorgehen dürfen. Weitergehende Pflichten zu einer positiven Anerkennung mit entsprechenden Rechtsfolgen, also einer aktiven Förderung der Interessen des emittierenden Staates, dürften sich daraus aber wohl nicht ableiten lassen.

IV. Anerkennungspflichten aus dem Völkervertragsrecht

Grundsätzlich können sich Staaten – auch dies ist Ausfluss ihrer Souveränität – rechtlich bindend durch den Abschluss völkerrechtlicher Verträge oder sonstiger Vereinbarungen verpflichten, Hoheitsakte anderer Staaten als für ihr Staatsgebiet verbindlich anzuerkennen. Bei einer umweltrechtlichen Genehmigung würde damit gleichzeitig das genehmigte Verhalten mit seinen Auswirkungen, soweit sich die Genehmigung darauf bezieht, legitimiert.

V. Anerkennungspflichten aus der act of state-Doktrin

Schließlich wäre zu überlegen, ob sich eine Pflicht zur Anerkennung ausländischer Hoheitsakte aus der aus dem angelsächsischen Rechtskreis stammenden *act of state*-Doktrin ergibt. Dieser Rechtssatz wird herkömmlicherweise dahingehend interpretiert, dass kein Staat die Rechtsakte anderer Staaten auf deren Rechtmäßigkeit gerichtlich überprüfen darf.[219] Unabhängig von der Frage, ob sich aus einem so formulierten Überprüfungsverbot eine Anerkennungspflicht ableiten lässt, ist die Geltung der *act of state*-Doktrin außerhalb des angelsächsischen Rechtskreises grundsätzlich umstritten; Inhalt und Grenzen dieses Rechtssatzes sind nicht eindeutig bestimmt. Sie ist jedenfalls nach Ansicht deutscher Gerichte kein allgemeiner Rechtssatz des Völkerrechts, der über Art. 25 GG für die deutsche Rechtsordnung verbindlich wäre.[220] Darüber hinaus setzt sich in der Rechtsprechung der Gerichte aus dem angelsächsischen Rechtskreis zunehmend die Auffassung durch, dass mit diesem Prinzip keine Aussage über eine Regelungskompetenz der Staaten für grenzüberschreitende Sachverhalte getroffen oder eine völkerrechtliche Pflicht be-

---

219 SCHWEITZER, Staatsrecht III, Rn. 576; OHLER, S. 51.
220 VON MÜNCH/ KUNIG/ ROJAHN, Art. 25 Rn. 25.

gründet werden soll. Vielmehr regelt die *act of state*-Doktrin eine Frage der Gewaltenteilung im nationalen Recht eines Staates, indem nicht die nationalen Gerichte, sondern die Exekutive gemäß ihrer außenpolitischen Kompetenz entscheiden soll, wie ein ausländischer Hoheitsakt in der innerstaatlichen Rechtsordnung behandelt wird. Dementsprechend sind Rechtsakte dann nicht vor einheimischen Gerichten justitiabel, wenn sie Sachverhalte betreffen, die die rechtliche Stellung eines Staates gegenüber fremden Staaten bestimmen beziehungsweise in den außenpolitischen Kompetenzbereich der Exekutive fallen.[221] Dies bezieht sich auf alle in deren Hoheitsgebiet erlassene Hoheitsakte fremder Staaten, da ein Staat bei einer Entscheidung seiner Gerichte über die Rechtmäßigkeit dieser fremden Hoheitsakte gezwungen wäre, den dann entstehenden Konflikt auf diplomatischer Ebene zu adressieren. In diesem Sinne begründet die *act of* state-Doktrin keine völkerrechtliche Verpflichtung, sondern lediglich einen Grundsatz des Völkerrechts in Hinblick auf die richterliche Zurückhaltung gegenüber der außenpolitischen Kompetenz der Exekutive.[222] Ausländische Hoheitsakte sollen also nicht von den Gerichten anderer Staaten überprüft werden dürfen. Daraus lässt sich aber unabhängig von der Frage der Geltung der *act of state*-Doktrin außerhalb des angelsächsischen Rechtskreises keine Anerkennungspflicht zugunsten von fremden Hoheitsakten ableiten.

C. Rechtsfolgen und Grenzen einer völkerrechtlichen Anerkennungspflicht

Hinsichtlich der Rechtsfolgen und Grenzen einer Anerkennung fremder Hoheitsakte, die sich auf dem Staatsgebiet des anerkennenden Staates auswirken, ist zunächst klarzustellen, dass dessen Souveränität dadurch nicht in Frage gestellt wird. Da die Anerkennung einer staatlichen Entscheidung bedarf und die Rechtswirkungen des fremden Hoheitsaktes nicht automatisch eintreten, hat sie ihre Grundlage gerade in der territorialen Hoheitsgewalt und der Rechtsetzungsbefugnis des anerkennenden Staates. Dementsprechend ist ein Staat auch nicht verpflichtet, einen fremden Hoheitsakt anzuerkennen, der gegen den inländischen *ordre public* verstößt und daher die Grundsätze seiner nationalen Rechtsordnung in Frage stellen würde.[223]

---

221 BROWNLIE, S. 50 m.w.N.; ähnlich GEIGER, S. 295f.; kritisch SCHÜTZ, S. 140.

222 BROWNLIE, S. 323, 504; MEESSEN, S. 179; VERDROSS/ SIMMA, S. 776; MENG, S. 98 m.w.N. aus der Rechtsprechung der US-amerikanischen Gerichte, insbesondere zu den Fällen Texas Trading & Milling Corp. v. Federal Republic of Nigeria und Banco Nacional de Cuba v. Sabbatino.

223 LINKE, S. 110; DAHM/ DELBRÜCK/ WOLFRUM, Völkerrecht I/1 S. 486f.

I. Anerkennung völkerrechtswidriger Hoheitsakte

Wurde eine Anerkennungspflicht für eine fremde umweltrechtliche Genehmigung grundsätzlich wirksam begründet, stellt sich in Folge die Frage, ob der Wirkungsstaat auch verpflichtet ist, eine im Ursprungsstaat rechtswidrig erteilte Genehmigung anzuerkennen. Es wäre naheliegend, diese Frage zunächst zu bejahen. Eine Verweigerung der Anerkennung würde nämlich voraussetzen, dass der Wirkungsstaat den fremden Hoheitsakt anhand der rechtlichen Voraussetzungen des Ursprungsstaates überprüfen dürfte, um sich ein eigenes Urteil über die Rechtmäßigkeit bilden zu können. Dies widerspricht aber dem in Art. 2 Nr. 1 der Charta der Vereinten Nationen verankerten Prinzip der Gleichheit der Staaten, das unter anderem zur Folge hat, dass kein Staat über einen anderen Staat zu Gericht sitzen darf.[224] Solange sich ein Staat nicht einer fremden Gerichtsbarkeit unterworfen hat, genießt er jedenfalls in Bezug auf hoheitliche Handlungen im Erkenntnisverfahren Immunität (*par in parem non habet imperium*). Darüber hinaus ist eine Vollstreckung in hoheitlichen Zwecken dienendes Eigentum anderer Staaten unzulässig.[225]

Allerdings kollidiert dieser Grundsatz in der genannten Konstellation mit der alle Staaten treffenden Verpflichtung, völkerrechtswidriges Handeln zu vermeiden und zumindest im eigenen Hoheitsgebiet darauf hinzuwirken, dass das Völkerrecht beachtet wird.[226] Dementsprechend kann kein Staat zur Legitimierung eines rechtswidrigen Zustandes, für den er dann unter Umständen völkerrechtlich verantwortlich gemacht werden kann, verpflichtet werden. Zudem sind zum Beispiel nach dem deutschen Verfassungsrecht ausländische Hoheitsakte, die allgemeinen Regeln des Völkerrechts verletzen, nach Art. 25 GG unbeachtlich.[227] So hat das Bundesverfassungsgericht entschieden, dass deutsche Gerichte keine ausländischen Urteile nach § 328 ZPO[228] anerkennen dürfen, die allgemeine Regeln des Völkerrechts verletzen. Vielmehr sind deutsche staatliche Stellen nach Art. 25 GG verpflichtet, alles zu unterlassen, was ausländischen Hoheitsakten, die unter Verstoß gegen allgemeine Regeln des Völkerrechts ergangen sind, zur Wirksamkeit im deutschen Hoheitsgebiet verhelfen könnte.[229] Die Staaten dürfen daher einen fremden Hoheitsakt vor

---

224 GROß, JZ 1994, S. 596 (604).

225 SCHWEITZER, Rn. 606ff.; im Einzelnen streitig, vgl. zum Streitstand GEIGER, S. 283ff. und unter C.VI im 4. Kapitel dieser Arbeit; vgl. für deutsche Gerichte auch § 20 Abs. 2 Gerichtsverfassungsgesetz (GVG) in der Fassung der Bekanntmachung vom 9. Mai 1975, zuletzt geändert am 30. Juli 2009.

226 DAHM, S. 264.

227 JARASS/ PIEROTH/ JARASS, Art. 25 Rn. 12.

228 Zivilprozessordnung (ZPO) in der Fassung der Bekanntmachung vom 5. Dezember 2005, zuletzt geändert am 17. Dezember 2008.

229 BVerfGE 75, 1 (19); VON MÜNCH/ KUNIG/ ROJAHN, Art. 25 Rn. 25 m.w.N.; SACHS/ STREINZ, Art. 25 Rn. 26.

dessen Anerkennung auf die Vereinbarkeit mit dem Völkerrecht prüfen, um ein eigenes völkerrechtswidriges Handeln zu vermeiden.[230]

Mit einer solchen Überprüfung eines fremden Hoheitsakts im Rahmen der Anerkennungsentscheidung des Wirkungsstaates sind auch gar keine Rechtsfolgen für den Ursprungsstaat verbunden. Daher kommt es auch zu keinem Eingriff in die Souveränität des Erlassstaates. Vielmehr wird die ausländische Entscheidung lediglich im Rahmen eines inländischen Verwaltungsverfahrens im Wirkungsstaat insoweit geprüft, als sie Einfluss auf die inländische Verwaltungsentscheidung haben soll.[231] Sie gilt unabhängig vom Ausgang dieser Überprüfung im Ursprungsstaat unverändert fort. Diese Prüfungsbefugnis beschränkt sich allerdings auf die Rechtmäßigkeit nach völkerrechtlichen Normen, da sie der Bindung der Staaten an das Völkerrecht entspringt. Der Wirkungsstaat kann den ausländischen Hoheitsakt nicht an der fremden messen und wird dazu regelmäßig auch aus praktischen Gründen gar nicht in der Lage sein.

Hinzu kommt, dass im Falle der Überprüfung eines anzuerkennenden ausländischen Hoheitsaktes nicht dessen Wirksamkeit im Erlassstaat geprüft werden soll, sondern lediglich dessen Rechtmäßigkeit insoweit, als er Wirkungen auf dem Hoheitsgebiet des anerkennenden Staates entfalten soll, die durch dessen Anerkennungsentscheidung erst ermöglicht wird.[232] Der anerkennende Staat überprüft daher nicht das Handeln eines anderen souveränen Staates, sondern entscheidet nur über die Wirkungen des ausländischen Hoheitsaktes auf seinem eigenen Staatsgebiet – eine Entscheidung, die er kraft seiner territorialen Souveränität auch unter den Vorbehalt einer Rechtmäßigkeitsprüfung stellen kann. Eine solche, auf die Wirkungen im Gebiet des anerkennenden Staates beschränkte Rechtmäßigkeitsprüfung ist daher Ausdruck der Souveränität des anerkennenden Staates und muss völkerrechtlich nicht gesondert gerechtfertigt werden.

Bei umweltrechtlichen Genehmigungen dürfte diese Kontrolle im Ergebnis wiederum auf eine Art „Erheblichkeitsprüfung" hinauslaufen, da im Umweltvölkerrecht Umweltbeeinträchtigungen unterhalb der im Einzelfall näher zu bestimmenden Erheblichkeitsschwelle hinzunehmen sind und daher keine Völkerrechtsverletzung begründen. Der Maßstab dabei wäre wiederum vergleichbar mit der oben

---

230 HAPPE, S. 29; MICHAELS, S. 124; MEESSEN, S. 179, der auch eine völkerrechtliche Pflicht zur Nichtanerkennung für möglich hält, dagegen VERDROSS/ SIMMA, S. 777; KORTE, S. 101 für die Anerkennung fremder Enteignungen, der allerdings auch eine Überprüfung anhand der fremden Rechtsordnung für möglich hält, vgl. S. 98f.; ebenso DAHM, S. 263.

231 LINKE, S. 110f., jedoch mit der Unterscheidung, dass eine Überprüfung nur bei einer ins Ermessen gestellten Anerkennungsentscheidung erfolgen dürfe, nicht jedoch, wenn der Staat zu einer Anerkennung ausdrücklich völkerrechtlich verpflichtet sei. In diesem Fall könne nur eine eventuelle Nichtigkeit überprüft werden, da dann schon gar kein anerkennungsfähiger ausländischer Hoheitsakt vorliege. Dagegen dürfte allerdings sprechen, das auch eine Anerkennungspflicht die Staaten nicht von ihrer Verpflichtung entbindet, völkerrechtswidriges Handeln zu vermeiden, und diese Verpflichtung nicht auf nichtige Hoheitsakte beschränkt ist.

232 KÖNIG, S. 85.

dargestellten Prüfung, ob eine grenzüberschreitende Umweltbeeinträchtigung „erheblich“ und damit völkerrechtlich verboten ist. Jedenfalls kann ein Staat nicht verpflichtet werden, ausländische Genehmigungen für eine Tätigkeit anzuerkennen, die dem völkergewohnheitsrechtlichem Verbot erheblicher grenzüberschreitender Umweltbeeinträchtigungen zuwiderläuft, und dadurch einen solchen Völkerrechtsverstoß zu unterstützen.

II. Ermessensbegrenzende Gesichtspunkte aus dem Völkerrecht

Auch wenn die Staaten grundsätzlich frei in ihrer Entscheidung sind, ob sie einen fremden Hoheitsakt in seinen rechtlichen Wirkungen auf ihr Staatsgebiet erstrecken, stellt sich die Frage, ob dieses Anerkennungsermessen durch völkerrechtlich begründete Gesichtspunkte eingeschränkt werden und sich im Einzelfall sogar zu einer Anerkennungspflicht verdichten kann. Im deutschen öffentlichen Recht ist es wegen der Bindung staatlicher Organe an Recht und Gesetz selbstverständlich, dass ein gesetzlich begründetes Ermessen nicht schrankenlos ausgeübt werden kann, sondern bestimmten Regeln unterliegt. So muss zum Beispiel der Verhältnismäßigkeitsgrundsatz gewahrt bleiben, und das eingeräumte Ermessen darf nicht in Verfolgung sachfremder Gründen betätigt werden. Fraglich ist, ob auch das völkerrechtlich begründete Anerkennungsermessen im Hinblick auf fremde Hoheitsakte eingeschränkt werden kann und wenn ja, aus welchen Gründen.

Auch im Völkerrecht sind die Staaten an Recht und Gesetz, wie sie sich aus der Völkerrechtsordnung ergeben, gebunden. Aus der beschriebenen Rechtsbindung ergibt sich, dass eine Pflicht zur Anerkennung abgeleitet werden kann, wenn die Nichtanerkennung eine Völkerrechtsverletzung darstellen würde. Dies soll nach HAPPE schon dann der Fall sein, wenn der anzuerkennende fremde Hoheitsakt der Verwirklichung völkerrechtlich anerkannter Allgemeininteressen dient und damit fundamentalen Maßstäben und Interessen der Völkerrechtsordnung zur Durchsetzung verhelfen soll.[233] Die Verweigerung einer solchermaßen gebotenen Anerkennung stellt sich dementsprechend als rechtsmissbräuchlich dar. Der anerkennende Staat muss also im Ergebnis seine eigenen nationalen Interessen und sein aus seiner Souveränität folgendes Anerkennungsermessen den Allgemeininteressen unterordnen, wenn diese für die Staatengemeinschaft entsprechend gewichtig sind.

Die Bestimmung solcher allgemeinverbindlicher Völkerrechtsinteressen bereitet allerdings Schwierigkeiten, da einerseits nicht nur von den Wertvorstellungen der westlichen Welt ausgegangen werden kann und die Staaten zum Teil sehr unterschiedliche nationale Interessen verfolgen. Andererseits kann eine Bestimmung insbesondere im Bereich des Umweltschutzes auch nicht nach dem kleinsten gemeinsamen Nenner erfolgen, da den beschriebenen Allgemeininteressen auch ein wertendes und dynamisches Element zukommt. Insoweit stellen sich ähnliche Probleme

233 HAPPE, S. 69f., 75.

wie bei der oben beschriebenen Bestimmung der Erheblichkeitsschwelle, ab der grenzüberschreitende Umweltbeeinträchtigungen völkerrechtlich verboten sind. HAPPE fordert parallel zur Entstehung von Völkergewohnheitsrecht eine allgemeine Überzeugung der Staatengemeinschaft von der Maßgeblichkeit bestimmter Interessen. Diese lassen sich aus dem völkerrechtlichen soft law, UN-Resolutionen, fundamentalen Rechtsnormen vor allem des ius cogens und völkerrechtlichen Pflichten mit Wirkung erga omnes entwickeln. Indem die Staatengemeinschaft diesen teilweise sogar verbindlichen Rechtsakten zustimmt, dokumentiert sie auch ihre Zustimmung zu den dahinterstehenden Allgemeininteressen.[234]

Bezogen auf umweltrechtliche Genehmigungen könnte sich ein solches ermessensreduzierendes Allgemeininteresse aus dem bereits dargestellten umweltvölkerrechtlichen Verbot erheblicher grenzüberschreitender Umweltbeeinträchtigungen ergeben. Beeinträchtigungen, die nicht erheblich sind und daher geduldet werden müssen, wären dagegen nicht gewichtig genug, um das fundamentale Interesse der Staatengemeinschaft an der Erhaltung der natürlichen Lebensgrundlagen zu berühren. Umgekehrt haben zwar die Staaten wegen des meist grenzübergreifenden Charakters von Umweltmedien ein allgemeines Interesse an deren Erhalt und Schutz. Allerdings lässt sich dieser Gedanke hinsichtlich einer Reduzierung des Anerkennungsermessens nur fruchtbar machen, wenn die anzuerkennende Genehmigung strengere Vorgaben für eine umweltbeeinträchtigende Tätigkeit aufstellt. Es ist aber praktisch kaum ein Fall denkbar, in dem ein Begünstigter um die Anerkennung einer „strengeren“ Genehmigung in einem anderen Staat, in dem sich die genehmigte Tätigkeit auswirkt, ersuchen wird. Für den umgekehrten Fall, dass im Ursprungsstaat geringere Anforderungen an die genehmigte Tätigkeit gestellt werden als im Wirkungsstaat, lässt sich eine Anerkennungspflicht dagegen kaum mit einem im Interesse der Staatengemeinschaft liegenden verbesserten Umweltschutz begründen, da ja gerade der geringere Schutzstandard des Ursprungsstaates anerkannt werden soll.

D. Zwischenergebnis

Die vorangegangene Untersuchung hat gezeigt, dass im Umweltvölkerrecht, das weitgehend auf dem Grundsatz einer nachhaltigen Entwicklung aufbaut, Umweltschutzinteressen von den Staaten oft als Gegensatz zu ökonomischen Interessen empfunden werden. Insbesondere die Entwicklungsländer sehen dadurch oft ihr Recht auf eine industrielle Entwicklung gefährdet. Dennoch konnte sich im Umweltvölkerrecht das inzwischen gewohnheitsrechtlich anerkannte Verbot erheblicher grenzüberschreitender Umweltbeeinträchtigungen entwickeln, nach dem es keinem Staat erlaubt ist, in erheblicher umweltbeeinträchtigender Weise auf das Territorium eines anderen Staates einzuwirken oder eine solche Einwirkung von

234 HAPPE, S. 70f.

seinem Territorium aus zu dulden oder zu fördern. Die maßgebliche Erheblichkeitsschwelle bestimmt sich dabei aus einem wertenden Vergleich der internationalen Praxis im Umweltschutz unter besonderer Berücksichtigung der technischen Entwicklungen in den Industriestaaten, einer Abwägung der Interessen der beteiligten Staaten und dem Verhältnismäßigkeitsgrundsatz.

Zusätzlich zum gewohnheitsrechtlichen Verbot erheblicher grenzüberschreitender Umweltbeeinträchtigungen haben sich die Staaten zum Teil vertraglich zu weitergehenden Umweltschutzmaßnahmen verpflichtet. Zum größten Teil haben solche Abkommen aber nur regionale Geltung (z.B. in Europa und den Nordatlantikstaaten).

Im Falle grenzüberschreitender Umweltbeeinträchtigungen bestehen widerstreitende Souveränitätsansprüche von Ursprungs- und Wirkungsstaat, da beide Staaten über einen legitimen Anknüpfungspunkt für eine nationale Regelung verfügen: Der Ursprungsstaat will über die umweltbeeinträchtigende Nutzung seines Hoheitsgebietes frei bestimmen, während der Wirkungsstaat schädliche Einwirkungen auf seine natürlichen Ressourcen verhindern will. Das oben beschriebene Verbot erheblicher grenzüberschreitender Umweltbeeinträchtigungen hat zur Folge, dass der Wirkungsstaat lediglich verpflichtet ist, nicht erhebliche Umwelteinwirkungen auf seinem Territorium zu dulden. Kommt es zu widerstreitenden Regelungsansprüchen mehrerer Staaten, die eine Regelungskompetenz für grenzüberschreitende Umweltbeeinträchtigungen beanspruchen und diese je nach Interessenlage zulassen oder unterbinden wollen, so kann das Völkerrecht abgesehen von der eher auf verfahrensrechtlichen Ebene anzusiedelnden Pflicht zur friedlichen Streitbeilegung keine eindeutigen Grenzziehungen in dem Sinne bieten, dass eine der Regelungen vorrangig ist und von anderen betroffenen Staaten als verbindlich anerkannt werden muss. Zur Vermeidung von Kompetenzkonflikten ist die Völkerrechtsordnung daher auf die politische Kooperationsbereitschaft der Staaten angewiesen.

Eine weitergehende Pflicht, die umweltbeeinträchtigende Tätigkeit bzw. die zugrundeliegende Genehmigung als rechtmäßig anzuerkennen, besteht im Völkerrecht nicht, sondern muss gesondert vertraglich begründet werden. Dies liegt aber im freien Ermessen der Staaten, die zu einer Anerkennung eher bereit sein werden, wenn die Gegenseitigkeit der Anerkennung auch für ihre nationalen Genehmigungen verbürgt ist. Im Falle einer solchen Anerkennungspflicht stellt sich das zusätzliche Problem, ob die Rechtmäßigkeit der umweltbeeinträchtigenden Tätigkeit bzw. der zugrundeliegenden Genehmigung durch den anerkennenden Staat überprüft werden darf, und wenn ja, anhand welcher Rechtsordnung. Staaten können jedenfalls nicht verpflichtet werden, völkerrechtswidrige ausländische Hoheitsakte als rechtsverbindlich anzuerkennen. Im hier interessierenden Zusammenhang gilt dies zum Beispiel für Genehmigungen für eine Anlage oder Tätigkeit, die dem völkergewohnheitsrechtlichen Verbot erheblicher grenzüberschreitender Umweltbeeinträchtigungen zuwiderlaufen.

Die aufgezeigte Lösung für den Regelungskonflikt bei grenzüberschreitenden Umweltbeeinträchtigungen erscheint angesichts der Tatsache, dass das Völkerrecht im Gegensatz zu nationalen Rechtsordnungen eher auf eine Koordination der Staateninteressen und ein friedliches Zusammenleben der Staaten als auf eine eindeutige Kompetenzabgrenzung zielt, folgerichtig. Aus diesem Gedanken heraus soll kein Staat zu mehr als einer bloßen Duldung schädigenden Verhaltens eines anderen Staates verpflichtet werden. Auf regionaler Ebene können sich aber unter Umständen wegen regional höherer Umweltschutzstandards und einer engeren Beziehungen der Staaten zueinander auch Anerkennungspflichten für nicht erhebliches umweltbeeinträchtigendes Verhalten ergeben. Für den europäischen Rechtsraum soll dies im folgenden Kapitel zum Europarecht untersucht werden.

Kapitel 3: Europarecht

A. Notwendigkeit einer eigenständigen Untersuchung für das Europarecht – Rechtsnatur und Stellung der europäischen Rechtsordnung

Das folgende Kapitel widmet sich der Untersuchung von europarechtlich begründeten Anerkennungspflichten für nationale Anlagengenehmigungen, die ein Mitgliedstaat im Vollzug von Gemeinschaftsrecht erlassen hat. In diesem Zusammenhang stellt sich vorab die Frage, ob es überhaupt einer eigenständigen Untersuchung der Begründung von Anerkennungspflichten und deren Grenzen im Europarecht bedarf. Schließlich stellt auch das Europarecht zwischenstaatliches Recht dar, und Geltung und Inhalt des Umweltvölkerrechts als originär zwischenstaatliche Rechtsordnung wurden in Bezug auf den Untersuchungsgegenstand bereits in Kapitel 2 dieser Arbeit dargestellt. Wäre das Europarecht nur dem Völkerrecht zuzuordnen, erübrigte sich also eine weitere Untersuchung.

Ursprünglich basiert das Europarecht auf der klassischen völkerrechtlichen Kooperationsform zwischen den Staaten, dem völkerrechtlichen Vertrag. Die im Jahr 1957 geschlossenen europäischen Gründungsverträge („*Römische Verträge*")[235] waren nichts anderes als völkerrechtliche Verträge zwischen den Gründungsstaaten, die als Fernziel die Verwirklichung eines einheitlichen Binnenmarktes im europäischen Raum anstrebten. Auch wenn das Gemeinschaftsrecht wegen seiner Wurzeln noch als besonderer Teil des Völkervertragsrechts eingeordnet werden kann, hat es sich im Laufe der Jahre doch immer mehr zu einer eigenständigen, neuen Rechtsordnung entwickelt, die weder mit einem Bundesstaat noch wegen der hohen Integrationsdichte mit einem herkömmlichen, völkerrechtlich begründeten Staatenbund vergleichbar ist. Heute enthält die Europarechtsordnung Elemente beider Kooperationsformen und stellt somit zumindest von der Integrationsdichte her eine neuartige Form der Staatenkooperation dar.

Im Unterschied zu einem Bundesstaat haben die Mitgliedstaaten der Europäischen Gemeinschaften ihre volle Souveränität im völkerrechtlichen Sinne behalten. Entsprechende völkerrechtliche Elemente, die der vollen Souveränität der Mitgliedstaaten geschuldet sind, finden sich im Europarecht zum Beispiel in dem vielfachen Erfordernis einstimmiger Entscheidungen. Auch haben die Europäischen Gemeinschaften keine originären Kompetenzen, diese müssen ihnen vielmehr erst von den Mitgliedstaaten übertragen werden (Prinzip der begrenzten Einzelermächtigung).

---

235 Vertrag zur Gründung der Europäischen Wirtschaftsgemeinschaft vom 25. März 1957 (EWGV) sowie Vertrag zur Gründung der Europäischen Atomgemeinschaft vom 25. März 1957 (EAGV).

Den Europäischen Gemeinschaften fehlt also eine eigene Kompetenz-Kompetenz, wie sie einem Bundesstaat ohne weiteres zukommen würde.[236] Dies hat auch zur Folge, dass die Mitgliedstaaten jeweils die volle Gebietshoheit über ihr Staatsgebiet beibehalten haben.

Auf der anderen Seite verzichten die Mitgliedstaaten in weiten Bereichen der europarechtlich relevanten Regelungsbereiche auf ihre Regelungskompetenzen. Die Übertragung der Regelungszuständigkeit muss zwar jeweils einzeln erfolgen, es ist aber kein ausdrücklicher Rückholmechanismus vorgesehen, mithilfe dessen die nach wie vor souveränen Staaten ihre Kompetenzen wieder an sich ziehen könnten. Dementsprechend kommt dem Gemeinschaftsrecht nach der herrschenden Lehre und nach der Rechtsprechung des Europäischen Gerichtshofs ein Anwendungsvorrang vor dem nationalen Recht zu. Ergänzend legt der Europäische Gerichtshof das Europarecht in Streitfällen stets so aus, dass die europarechtlichen Ziele ungeachtet der nationalen Rechtsordnungen möglichst effektiv durchgesetzt werden können (*effet-utile*-Rechtsprechung).[237] Im Laufe dieser Entwicklung hat sich das Europarecht von seinen völkerrechtlichen Wurzeln hin zu einer eigenständigen Rechtsordnung entwickelt, die zwischen einem Bundesstaat und einem Staatenbund liegt und zum Beispiel vom Bundesverfassungsgericht mit dem neu entwickelten Begriff des „Staatenverbundes" bezeichnet wurde.[238]

Allerdings hat das Bundesverfassungsgericht jüngst in seiner Entscheidung über das deutsche Zustimmungsgesetz zum Reformvertrag von Lissabon[239] die völkerrechtlichen Grundlagen der europäischen Gründungsverträge, die unverändert fortbestehende staatliche Souveränität der Mitgliedstaaten und den abgeleiteten Charakter des Gemeinschaftsrechts betont.[240] Unabhängig von dem neu formulierten Begriff der Europarechtsfreundlichkeit des Grundgesetzes hat das Gericht einer Entwicklung hin zu einem europäischen Bundesstaat auf Grundlage der geltenden Verfassung eine ausdrückliche Absage erteilt. Ein Anwendungsvorrang des europäischen vor dem nationalen Recht kommt dementsprechend nur im Rahmen der Zustimmungsgesetze des deutschen Staats zum europäischen Primärrecht in Frage und soweit sich diese in den verfassungsrechtlich vorgegebenen Grenzen für eine sach-

---

236 CALLIESS/ RUFFERT/ CALLIESS, Art. 1 EUV Rn. 22.

237 EuGH, Rs. C–10/97 bis C–22/97, Slg. 1998, S. I–6307ff. Ziffer 20; HERDEGEN, Europarecht, § 9 Rn. 46; Überblick über die Entwicklung dieser Rechtsprechung zum Beispiel bei SCHWEITZER, Staatsrecht III, Rn. 45ff.

238 BVerfGE 89, 155, 182; grundlegend EuGH, Rs. 6/64 (Costa/ENEL), Slg. 1964, S. 1251ff., zum Einfluss des Gemeinschaftsrechts auf das nationale Verwaltungsverfahren SYDOW, JuS 2005, S. 97ff. und S. 202ff.

239 Vertrag von Lissabon zur Änderung des Vertrags über die Europäische Union und des Vertrags zur Gründung der Europäischen Gemeinschaft, unterzeichnet in Lissabon am 13. Dezember 2007, ABl. C 306 vom 17. Dezember 2007, S. 1ff., in Kraft getreten am 1. Dezember 2009; dazu GEIGER, S. 174.

240 BVerfG, Urteil vom 30. Juni 2009, 2 BvE 2/08 u.a., BVerfGE 123, 267 ff., siehe zum Beispiel Ziffer 231, 329ff.

lich begrenzte und prinzipiell widerrufliche Hoheitsrechtsübertragung auf die Europäische Union halten.[241] Dabei ist in jedem Fall die verfassungsrechtliche Identität der Mitgliedstaaten zu wahren, denen substantielle Regelungsbereiche zur selbstverantwortlichen politischen und sozialen Gestaltung der Lebensbereiche ihrer Bürger, insbesondere in Bereichen, die in besonderer Weise von einem kulturellen, historischen und sprachlichen Vorverständnis geprägt sind oder wie das Strafrecht besonders intensive Grundrechtseingriffe betreffen, verbleiben müssen.[242] In diesem Rahmen kann die Europäische Union nach Ansicht des Bundesverfassungsgerichts dann auch als politische Union zur gemeinsamen Ausübung öffentlicher Gewalt ausgestaltet werden, die in ihren Strukturen nicht schematisch den verfassungsrechtlichen Anforderungen an die innerstaatliche Ausgestaltung öffentlicher Gewalt entsprechen muss, solange die in Art. 23 Abs. 1 Satz 3, 79 Abs. 3 GG geschützten Kernelemente des Grundgesetzes gewahrt bleiben.[243] Im Rahmen dieser Arbeit können allerdings nur einige ausgewählte Aspekte dieser grundlegenden Entscheidung des Bundesverfassungsgerichts zur europäischen Integration dargestellt werden, um die grundlegende Weichenstellung des Gerichts für die Zukunft der Europäischen Union für die deutsche Rechtsordnung aufzuzeigen. Es bleibt abzuwarten, wie diese Entscheidung in der künftigen Rechtsprechung und der Literatur rezipiert werden und welchen Einfluss sie auf Ausmaß und Fortentwicklung der europäischen Integration in der Zukunft haben wird.

Für eine ausführliche Darstellung der Entwicklung der europäischen Integration und den derzeitigen Stand der Verwirklichung des Binnenmarktes wird auf die einschlägige Literatur verwiesen.[244] Jedenfalls kann die Europäische Union mit zunehmender Integrationstiefe nicht mehr nur mit herkömmlichen zwischenstaatlichen Einrichtungen vergleichen werden. Daher soll im Folgenden der Eigenart des Gemeinschaftsrechts entsprechend eine eigenständige Untersuchung darüber vorgenommen wird, ob und inwieweit sich aus dem Europarecht Anerkennungspflichten für umweltrechtliche Genehmigungen zwischen den Mitgliedstaaten ableiten lassen, die in ihrem Anwendungsbereich als speziellere Normen die allgemeinen Anerkennungsregeln des Völkerrechts verdrängen.

Da das Europarecht stärker als das Völkerrecht auf eine über eine reine Kooperation der Mitgliedstaaten hinausgehende Integration der verschiedenen Rechtsordnungen und nicht bloß auf eine Koordinierung der unterschiedlichen Staateninteressen angelegt ist, findet sich im Europarecht im Vergleich zum Völkerrecht generell ein differenziertes System, wie Anerkennungspflichten begründet werden können. Das heißt aber nicht, dass im Anwendungsbereich der europäischen Rechtsordnung das Völkerecht automatisch ausgehebelt würde. Vielmehr kommt das Völkerrecht immer dann ergänzend zur Anwendung, wenn für einen bestimmten Regelungsbe-

241 BVerfG, aaO, Ziffer 233, 331.
242 BVerfG, aaO, Ziffer 226, 249.
243 BVerfG, aaO, Ziffer 219, 266.
244 Vgl. zum Beispiel OPPERMANN, Europarecht, § 19.

reich keine spezielleren gemeinschaftsrechtlichen Regelungen bestehen. So gilt zum Beispiel das in Kapitel 2 dieser Arbeit dargestellte völkergewohnheitsrechtliche Verbot erheblicher grenzüberschreitender Umweltbeeinträchtigungen auch zwischen den Mitgliedstaaten der Europäischen Union, soweit keine spezielleren europarechtlichen Regelungen bestehen. Auch die begrenzte Kompetenzübertragung der Mitgliedstaaten auf die Europäische Union ändert nichts am grundsätzlichen Bestehen der sich daraus ergebenden völkerrechtlichen Verpflichtungen. Der Völkerrechtssatz über das Verbot erheblicher grenzüberschreitender Umweltbeeinträchtigungen ist allerdings zwischen den Staaten disponibel und kann durch speziellere europarechtliche Regelungen, wie sie im Folgenden untersucht werden sollen, verdrängt werden.[245] Aufgrund der völkervertragsrechtlichen Wurzeln des Europarechts kann also auf die in Kapitel 2 dargestellten Anerkennungsgrundsätze als dispositive „Lückenfüller" ergänzend zurückgegriffen werden, wenn und soweit das Europarecht keine eigenständigen Vorgaben für den jeweiligen Regelungsbereich bereithält. Dem gehen jedoch geschriebenes und ungeschriebenes Gemeinschaftsrecht bzw. primäres und sekundäres Gemeinschaftsrecht vor.

B. Überblick über das europäische Umweltrecht

I. Entwicklung des europäischen Umweltrechts[246]

Die Römischen Verträge zur Gründung der Europäischen Gemeinschaften enthielten ursprünglich keine gemeinschaftsrechtlichen Kompetenzen für das Umweltrecht. Mit dem ersten Umweltaktionsprogramm der Europäischen Gemeinschaften vom 22. November 1973[247] beschäftigte sich der europäische Gesetzgeber erstmals mit dem Umweltrecht, wobei das Umweltaktionsprogramm mangels Rechtsetzungskompetenz gegenüber den Mitgliedstaaten rechtlich unverbindlich war. Dementsprechend wurden Rechtsakte mit Umweltbezug auf Art. 94 EGV[248] zur Rechtsangleichung im Binnenmarkt gestützt, da unterschiedliche Umweltstandards zu ungleichen Wettbewerbsbedingungen im Binnenmarkt führen können, und auf Art. 308 EGV zur Verbesserung der Lebens- und Beschäftigungsbedingungen.[249] Die Einheitliche Europäische Akte vom 28. Februar 1986[250] führte dann in Titel XIX des EGV (Art. 174ff.) einen Abschnitt zu gemeinschaftsrechtlichen Kompe-

---

245 HACH, S. 197ff.

246 Überblick zum Beispiel bei EPINEY, 2. Kapitel, S. 11ff.

247 Erklärung des Rates der Europäischen Gemeinschaften und der im Rat vereinigten Vertreter der Regierungen der Mitgliedstaaten vom 22. November 1973 über ein Aktionsprogramm der Europäischen Gemeinschaften für den Umweltschutz, Abl. C 112 S. 1.

248 Vertrag zur Gründung der Europäischen Gemeinschaft (EGV) vom 25. März 1957, konsolidierte Fassung vom 24. Dezember 2002, Abl. C 325 S. 1ff.

249 Beispiele bei HERDEGEN, Europarecht, § 26 Rn. 1.

250 Einheitliche Europäische Akte (EEA) vom 28. Februar 1986, ABl. L 169 S. 1ff.

tenzen im Bereich des Umweltrechts ein, die nunmehr in Titel XX (Art. 191 ff.) AEUV[251] enthalten sind. Entsprechend Art. 174 Abs. 1 EGV (Art. 191 Abs. 1 AEUV) dient die gemeinschaftsrechtliche Umweltpolitik unter anderem der Erhaltung und dem Schutz der Umwelt sowie Verbesserungen ihrer Qualität, dem Gesundheitsschutz, der umsichtigen und rationellen Verwendung natürlicher Ressourcen und der Förderung internationaler Maßnahmen zur Bewältigung regionaler und globaler Umweltprobleme, wobei nach Abs. 2 unter Berücksichtigung der unterschiedlichen regionalen Gegebenheiten ein hohes Schutzniveau erreicht werden soll. Die europäische Umweltpolitik steht dabei generell in einem Spannungsfeld zwischen der Verwirklichung eines möglichst schrankenlosen Binnenmarktes und einem hohen Umweltschutzniveau.

Entsprechend Art. 174 Abs. 2 Satz 2 EGV (Art. 191 Abs. 2 Satz 2 AEUV) beruht die gemeinschaftliche Umweltpolitik auf den Grundsätzen der Vorsorge und Vorbeugung, dem Prinzip verursachernaher Bekämpfung von Umweltbeeinträchtigungen und dem Verursacherprinzip. Nach Abs. 3 der Vorschrift sollen bei der Erarbeitung von umweltpolitischen Rechtsakten auch die regionalen Gegebenheiten in den Mitgliedstaaten und die wirtschaftliche und soziale Entwicklung in der Gemeinschaft Berücksichtigung finden. Nach Art. 176 EGV (Art. 193 AEUV) können die Mitgliedstaaten (mit den europäischen Verträgen zu vereinbarende) strengere nationale Umweltschutzvorschriften erlassen, die der Kommission nach Satz 2 der Vorschrift notifiziert werden müssen, sofern sich die nationalen Regelungen im Rahmen des gemeinschaftsrechtlichen Schutzkonzepts halten. Daneben sind nationale Abweichungen hin zu einem höheren Schutzniveau auch auf Grundlage des Art. 95 Abs. 4 bis 6 EGV (Art. 114 AEUV) möglich. Gleichwohl ist diese Kompetenznorm enger und bietet den Mitgliedstaaten nur sehr eingeschränkte Möglichkeiten zu einer strengeren Umweltgesetzgebung.[252]

Über die Querschnittsklausel des Art. 6 EGV (Art. 11 AEUV) strahlen die Umweltschutzbelange auch in andere gemeinschaftsrechtlich geregelte Bereiche aus und sind mit gegenläufigen Regelungsinteressen abzuwägen. Die Querschnittsklausel ist allerdings kein eigenständiger Kompetenztitel für umweltrechtliche Maßnahmen, sondern fordert die Einbeziehung von Umweltschutzbelangen bei Abwägungsprozessen und Entscheidungen in umweltexternen Bereichen. So hat der Europäische Gerichtshof zum Beispiel im Vergaberecht für öffentliche Auftraggeber entschieden, dass umweltpolitische Belange als vergabefremde Kriterien im Bieterwettbewerb um das wirtschaftlichste Angebot berücksichtigt werden können.[253] Daneben können Umweltbelange als „wesentliche Allgemeinbelange" zwischenstaatliche Handelshemmnisse rechtfertigen, wenn diese für das Erreichen von Um-

251 Vertrag über die Arbeitsweise der Europäischen Union (AEUV), konsolidierte Fassung vom 9. Mai 2008, Abl. C 115 S. 1 ff.

252 EPINEY, S. 134, die von einem geradezu „prohibitiven Charakter" der Norm spricht.

253 EuGH, Rs. C–448/01, EuZW 2004, S. 81 (83).

weltschutzzielen zwingend erforderlich und verhältnismäßig sind.[254] Dennoch ist derzeit noch nicht abschließend geklärt, ob die Vorschrift lediglich einen unverbindlichen politischen Programmsatz aufstellt oder ob sie die Mitgliedstaaten und die Organe der Europäischen Gemeinschaften rechtsverbindlich zur Beachtung von Umweltschutzbelangen in ihren Entscheidungsfindungsprozessen verpflichten soll.[255] Für die letztgenannte Auslegung spricht vor allem der Wortlaut, „*Erfordernisse des Umweltschutzes müssen bei der Festlegung und Durchführung der (...) Gemeinschaftspolitiken und -maßnahmen einbezogen werden*“[256], sowie die systematische Stellung innerhalb der Grundsätze der Gemeinschaft, die ebenfalls rechtlich verbindlich sind. Insgesamt beruht die Querschnittsklausel des Art. 6 EGV auf dem Grundgedanken der nachhaltigen Entwicklung, wie er auch dem Umweltvölkerrecht zugrunde liegt.

Zu anderen Kompetenztiteln für gemeinschaftsrechtliche Rechtsakte, insbesondere zur Rechtsangleichung nach Art. 94 und 95 EGV, werden umweltpolitische Kompetenzen nach dem Schwerpunkt der Regelung abgegrenzt.[257] Entscheidend ist, ob die Regelung in ihrem Hauptzweck maßgeblich auf einheitliche Produktstandards im Binnenmarkt oder auf die Sicherung von Umweltbelangen abstellt,[258] auch wenn eine solche Zuordnung oft nicht zweifelfrei möglich sein dürfte.

Trotz der inzwischen erfolgten kompetenzrechtlichen Absicherung von umweltschutzbezogenen Rechtsakten auf Gemeinschaftsebene wird das europäische Umweltrecht oft als unübersichtlich, inkonsistent und bruchstückhaft kritisiert. Das dürfte wohl unter anderem auf das Prinzip der begrenzten Einzelermächtigung, das dem Gemeinschaftsgesetzgeber lediglich einzellfallbezogene Regelungen, aber kein in sich geschlossenes Umweltrechtssystem erlaubt, zurückzuführen sein, sowie auf die Tatsache, dass im Bereich des europäischen Umweltrechts – das insoweit als exemplarisch auch für andere Rechtsgebiete gelten kann – die Rechtsetzungskompetenz der Europäischen Gemeinschaften und die Vollzugskompetenz der Mitgliedstaaten auseinanderfallen. Zusätzlich wird nationales Umweltrecht, das zum Beispiel in Deutschland ein seit langem gewachsenes, umfassendes Rechtssystem darstellt, von europarechtlichen Regelungen zum Teil überlagert, zum Teil durch die Einführung neuer Regelungsinstrumente abgeändert, so dass es zu Systembrüchen innerhalb des nationalen Umweltrechts kommen kann.[259] Das europäische Umweltrecht wird daher oft als Beispiel für eine verfehlte, da ausufernde und unsystematische europäische Gesetzgebung genannt. Dabei sollte aber bedacht werden, dass der

254 EuGH, Rs. 302/86, Slg. 1988, S. 4607 Ziffer 8ff, RENGELING/ MÜLLER-GRAFF, § 10 Rn. 64 zur Warenverkehrsfreiheit.

255 Zum Streitstand CALLIESS/ RUFFERT/ CALLIESS, Art. 6 EGV Rn. 20ff.

256 Hervorhebung nur hier.

257 HERDEGEN, Europarecht, § 26 Rn. 8.

258 EuGH, Rs. C–155/91, Slg. 1993, S. I–939 Ziffer 20.

259 Kritisch zum Verhältnis zwischen (materiellrechtlich orientiertem) deutschen und (verfahrensrechtlich orientiertem) europäischen Umweltrecht BREUER, NVwZ 1997 S. 833ff.

Prozess der europäischen Integration wegen der unterschiedlichen betroffenen Rechtssysteme zwangsläufig immer wieder zu Widersprüchlichkeiten führt, die auf Dauer nur durch die Entwicklung einer neuen, weitgehend gemischten Rechtsordnung aufgehoben werden können.[260]

II. Haftungsregelungen

In jüngster Zeit gibt es vermehrt Bestrebungen, die strafrechtliche und zivilrechtliche Haftung für Umweltbeeinträchtigungen auf europäischer Ebene zu harmonisieren, um einem dem Umweltschutz abträglichen Abwandern von Industrieunternehmen in Staaten mit weniger strengen oder fehlenden Haftungsnormen entgegenzuwirken.

So führt zum Beispiel das kürzlich in Kraft getretene, in Umsetzung gemeinschaftsrechtlicher Vorgaben erlassene Umweltschadensgesetz[261] eine zum Teil verschuldensunabhängige Haftung für bestimmte ökologische Schäden ein, soweit sie nicht anderweitigen Haftungsregelungen, wie zum Beispiel dem BBodSchG[262] im Zusammenhang mit Altlasten, unterworfen sind. Die Verantwortlichkeit besteht für alle natürlichen oder juristischen Personen, die in Ausübung ihrer beruflichen Tätigkeit handeln. Es bestehen keine Haftungshöchstgrenzen, allerdings ist die Haftung auf erhebliche Umweltschäden beschränkt und gilt nicht für Schäden von Privatpersonen. Neben der Pflicht zur präventiven Gefahrenabwehr müssen Verpflichtete im Falle eines Schadens die erforderlichen Maßnahmen zur Sanierung treffen (§§ 5, 6 i.V.m. § 8 USchadG). Die Kostentragungspflicht des Verantwortlichen regelt § 9 USchadG. Die Länder können eine Freistellung des Verantwortlichen im Landesrecht vorsehen, wenn dieser in Übereinstimmung mit einer behördlichen Genehmigung seiner Tätigkeit gehandelt hat (§ 9 Abs. 1 Satz 2 2. HS i.V.m. Art. 8 Abs. 4 RL 2004/35/EG, die unter anderem das Verursacherprinzip im europäischen Umweltrecht bekräftigt).

Bezüglich der strafrechtlichen Verantwortung für Umweltschäden hat die Kommission im Jahr 2007 erneut einen Vorschlag für eine Richtlinie über den strafrechtlichen Schutz der Umwelt[263] vorgelegt, mit der für einen gewissen Grundbe-

---

260 Zu den Unterschieden zwischen dem deutschen und dem europäischen Umweltrecht, daraus entstehenden Konfliktpotentialen und möglichen Zukunftsperspektiven KLOEPFER, NVwZ 2002, S. 645ff., siehe auch S. 656f. zur Entwicklung einer neuen gemischten Rechtsordnung, die nicht notwendig zur einer Aufgabe hergebrachter deutscher Umweltrechtsgrundsätze führen muss.

261 Einen Überblick über das neue Umweltschadensgesetz und seine Auswirkungen geben DIEDERICHSEN, NJW 2007, S. 3377ff. und BECKER, NVwZ 2007, S. 1105ff.

262 Bundes-Bodenschutzgesetz (BBodSchG) vom 17. März 1998, zuletzt geändert am 9. Dezember 2004.

263 Kommission der Europäischen Gemeinschaften, Vorschlag für eine Richtlinie des Europäischen Parlaments und des Europäischen Rates über den strafrechtlichen Schutz der Umwelt

stand an schweren Umweltdelikten europaweit einheitliche Mindestregelungen über die Einstufung als Straftat und die strafrechtliche bzw. zivilrechtliche Haftung natürlicher und juristischer Personen einschließlich wirksamer und abschreckender Sanktionen eingeführt werden soll. Die Notwendigkeit einer einheitlichen europäischen Regelung begründet die Kommission insbesondere auch damit, dass Umweltdelikte häufig grenzüberschreitend wirken bzw. von grenzüberschreitenden Tätigkeiten verursacht werden. Art. 2a der vorgeschlagenen Richtlinie definiert in diesem Zusammenhang jede vorsätzliche oder grob fahrlässige Handlung als rechtswidrig, die gegen Gemeinschaftsrecht oder gegen das Recht eines Mitgliedstaates, ein Gesetz, eine verwaltungsrechtliche Vorschrift oder eine Entscheidung einer Behörde, die sich jeweils auf den Umweltschutz beziehen, verstößt. Lediglich bei besonders schweren Umweltschäden, die eine schwere Körperverletzung oder den Tod einer Person zur Folge haben, schlägt die Kommission einen eigenständigen Straftatbestand vor, dessen Verwirklichung unabhängig von der Verletzung sonstiger umweltschutzbezogener Vorschriften ist. Der Europäische Gerichtshof hat demgegenüber in seinem Urteil vom 23. Oktober 2007, in dem er abweichend von den oben dargestellten Überlegungen die Querschnittsklausel des Art. 6 EGV für den Erlass strafrechtlicher umweltschutzbezogener Regelungen hat ausreichen lassen, betont, dass die Gemeinschaft nicht für die konkrete Bestimmung von Art und Maß strafrechtlicher Sanktionen zuständig sei.[264] Aufgrund der europarechtlich vorgegebenen strafrechtlichen Regelungen sind die Mitgliedstaaten dementsprechend verpflichtet, wirksame, verhältnismäßige und abschreckende Sanktionen in ihre Rechtsordnungen aufzunehmen, um die volle Wirksamkeit der Regelungen zum Umweltschutz zu gewährleisten.[265]

C. Untersuchungsgegenstand dieses Kapitels

In diesem Kapitel sollen nur solche auf Grundlage gemeinschaftsrechtlicher Vorschriften ergehende Hoheitsakte anderer Mitgliedstaaten untersucht werden, die nicht schon von sich aus gemeinschaftsweite Wirkung entfalten. Daher bleiben unmittelbar anwendbare Rechtsakte der Europäischen Organe, also insbesondere Verordnungen nach Art. 249 1. Spiegelstrich EGV (Art. 288 Abs. 2 AEUV) und Entscheidungen nach Art. 249 3. Spiegelstrich EGV (Beschlüsse i.S.v. Art. 288 Abs. 4

---

vom 9. Februar 2007, KOM (2007) 51 endgültig, COD 2007/0022. Der ursprüngliche Rahmenbeschluss des Europäischen Rates vom 27.01.2003 (2003/80/JI) über den Schutz der Umwelt durch das Strafrecht wurde vom Europäischen Gerichtshof mit Urteil vom 13.09.2005 (Rs C–176/03) wegen Verletzung der Kompetenzregelungen für nichtig erklärt, da er auf Grundlage von Art. 175 EGV und nicht, wie geschehen, auf Grundlage des EUV im Rahmen der justitiellen Zusammenarbeit hätte ergehen müssen.

264 EuGH, Urteil vom 23. Oktober 2007, Rs. C–440/05, Slg 2007, S. I–9097 Ziffer 70.

265 EuGH, aaO Ziffer 66.

AEUV),[266] außer Betracht, da sie für ihre europaweite grenzüberschreitende Wirksamkeit keiner Anerkennung mehr bedürfen. Sie gelten vielmehr von sich aus europaweit, begründet durch die Notwendigkeit zur Sicherung eines einheitlichen Vollzugs gemeinschaftsweit geltender Rechtsakte.[267] Dementsprechend konzentriert sich die Untersuchung auf Hoheitsakte, die in Umsetzung einer Richtlinie nach Art. 249 2. Spiegelstrich EGV (Art. 288 Abs. 3 AEUV) durch die Mitgliedstaaten ergehen, ohne dass die Ergebnisse zwingend auf Umsetzungsakte zu Richtlinien zu begrenzen wären.

Da von den Mitgliedstaaten in Umsetzung gemeinschaftsrechtlicher Vorgaben erlassene Rechtsakte ihren Charakter als nationales Recht weiterhin behalten und in Vollzug darauf gestützte Hoheitsakte ebenfalls den nationalen Rechtsordnungen entspringen, geht es hier letztlich um eine Anerkennung fremder, also von Organen eines anderen Staates erlassener Hoheitsakte vergleichbar den Konstellationen, die im Völkerrecht untersucht wurden. Dementsprechend ist auch der Geltungsbereich dieser Hoheitsakte nach dem Territorialitätsgrundsatz zunächst auf das Staatsgebiet des Erlassstaates beschränkt, wenn sich nicht aus dem Europarecht etwas anderes ergibt und der Hoheitsakt von den anderen Mitgliedstaaten auch mit Geltung für ihr Staatsgebiet anerkannt werden muss. Das europäische Primär- und Sekundärrecht soll also darauf untersucht werden, ob und unter welchen Voraussetzungen sich daraus die Verpflichtung der Mitgliedstaaten ergibt, Hoheitsakte anderer Mitgliedstaaten im Vollzug von Gemeinschaftsrecht als für ihr Staatsgebiet rechtsverbindlich anzuerkennen.

D. Kategorisierung europarechtlich abgeleiteter Pflichten zur Anerkennung ausländischer Hoheitsakte

Im Europarecht gibt es mittlerweile in unterschiedlichen Formen Anerkennungspflichten bezüglich ausländischer Verwaltungsakte. Grundsätzlich lassen sie sich danach unterscheiden, ob die Anerkennung noch einer ausdrücklichen Einzelfallentscheidung des anerkennenden Staates über die Rechtswirksamkeit der ausländischen Genehmigung bedarf oder ob diese aufgrund einer antizipierten gesetzgeberischen Entscheidung automatisch Rechtswirkungen entfaltet. Ein anderer Ansatz zur

---

266 Entscheidungen nach Art. 249 3. Spiegelstrich EGV (nunmehr Beschlüsse i.S.v. Art. 288 Abs. 4 AEUV) sind ein Beispiel für „supranationale Hoheitsakte“, die von einer supranationalen Organisation (hier: der Europäischen Kommission als Organ der Europäischen Gemeinschaften) ergehen und im Bereich aller Staaten, die der supranationalen Organisation angehören bzw. als Adressaten der Entscheidung bezeichnet sind, Geltung beanspruchen, vgl. LINKE, S. 34, und ausführlich unten in Abschnitt H dieses Kapitels.

267 MICHAELS, S. 212, der von einer „europäischen Tatbestandswirkung von Akten des Vollzugs unmittelbar anwendbaren Gemeinschaftsrechts“ spricht. Der Begriff der Tatbestandswirkung soll hier aber nicht aufgegriffen werden, da unklar ist, wie er im europäischen Kontext genau zu definieren ist.

Unterscheidung wäre die Frage, ob sich die Anerkennungspflicht (ausdrücklich formuliert oder ungeschrieben) aus dem europäischen Primärrecht, also den Verträgen zur Gründung der Europäischen Gemeinschaften und den entsprechenden Änderungsverträgen, oder aus dem Sekundärrecht ergibt. In letzterem Fall wäre weiter danach zu differenzieren, ob sich die Anerkennungspflicht aus unmittelbar anwendbarem Gemeinschaftsrecht ergibt oder ob das Sekundärrecht einer Umsetzung in das nationale Recht der Mitgliedstaaten bedarf, das dann letztlich die ausdrückliche Pflicht zur Anerkennung eines fremden Hoheitsaktes enthält. Zur Klarstellung ist anzumerken, dass es sich auch bei der Anerkennung gegenüber anderen Mitgliedstaaten um eine europarechtlich begründete Anerkennung handelt, da hier nur nationale Hoheitsakte in Betracht genommen werden sollen, die zum Vollzug gemeinschaftsrechtlicher Regelungen ergehen (indirekter Vollzug des Gemeinschaftsrechts durch die Mitgliedstaaten als Normalfall).

Erwähnt sei noch, dass ausdrücklich gesetzlich festgeschriebene Anerkennungspflichten in aller Regel Schutzklauseln zugunsten der Mitgliedstaaten enthalten, d.h. diese können die eigentlich notwendige Anerkennung in Ausnahmefällen verweigern, wenn sie besonders wichtige Schutzgüter, wie die Sicherheit und Gesundheit ihrer Staatsangehörigen, in Gefahr sehen.[268] Allerdings ist eine staatliche Maßnahme, die sich auf eine solche Ausnahme stützt, in der Regel gerichtlich überprüfbar und muss sonstigen gemeinschaftsrechtlichen Anforderungen, wie zum Beispiel dem Verhältnismäßigkeitsgrundsatz, entsprechen.

E. Differenzierung nach Art der Rechtswirkung

I. Automatische Anerkennung durch gesetzlich antizipierte Anerkennungsentscheidung

Auf europäischer Ebene finden sich zum Beispiel für Führerscheine oder akademische Zeugnisse und Titel Anerkennungspflichten für Verwaltungsakte anderer Mitgliedstaaten, die antizipiert durch Regelungen im Gemeinschaftsrecht oder im nationalen Recht zum Vollzug gemeinschaftsrechtlicher Vorgaben vorgegeben sind. Daher bedarf es zu deren Wirksamkeit in den anderen Mitgliedstaaten keiner Einzelfallentscheidung der nationalen Behörden mehr, wenn die gesetzlichen Tatbestandsmerkmale für die gesetzlich antizipierte Anerkennung des ausländischen Hoheitsakts erfüllt sind. Grundlage für die gemeinschaftsweite Wirkung solcher Hoheitsakte ist eine antizipierte, generelle und gesetzlich festgeschriebene Anerkennung, die die Mitgliedstaaten in Umsetzung europäischen Richtlinienrechts in ihrem nationalen Recht formulieren oder in unmittelbar anwendbarem Gemeinschaftsrecht enthalten ist.

---

268 Ordre-Public-Vorbehalt vergleichbar den völkerrechtlichen Anerkennungsregelungen, vgl. LINKE, S. 92; Beispiel bei SYDOW, JuS 2005, S. 202 (205).

So erlaubt § 28 Abs. 1 FeV[269] allen in Deutschland ansässigen Inhabern von Fahrerlaubnissen, die in einem Mitliedstaat der Europäischen Union ausgestellt wurden, im Umfang dieser ausländischen Berechtigungen Kraftfahrzeuge in Deutschland zu führen. Die ausländischen Genehmigungen entfalten aufgrund der gesetzlich antizipierten Anerkennung automatisch in jedem Mitgliedstaat Wirkung. Ihre Rechtswirkung richtet sich in Inhalt und Umfang nach dem ausländischen Recht, das allerdings durch die genannten Richtlinien, zu deren Umsetzung die FeV in Deutschland erlassen wurde, bereits harmonisiert ist und somit einem europarechtlich konsentierten Mindeststandard entspricht. Dementsprechend muss nicht jeder Inhaber eines ausländischen Führerscheins diesen durch Einzelfallentscheidung von den Behörden anerkennen lassen oder eine deutsche Fahrerlaubnis beantragen,[270] da die Anerkennung bereits antizipiert für alle unter die Vorschrift fallenden Fahrerlaubnisse ausgesprochen wurde. Im Ergebnis entfaltet also ein ausländischer Hoheitsakt kraft dieser gesetzlichen Anordnung unmittelbare Rechtswirkungen auf deutschem Hoheitsgebiet, ohne dass noch eine konstitutive Einzelfallentscheidung deutscher Behörden erforderlich wäre.[271] Eine Anerkennungspflicht besteht lediglich dann nicht, wenn der ausländische Führerschein erkennbar rechtsmissbräuchlich, zum Beispiel unter Umgehung des Wohnsitzprinzips, in einem anderen Mitgliedstaat erlangt wurde, nachdem im Wohnsitzstaat eine Führerscheinsperre verhängt wurde.[272]

Die eben beschriebenen Fälle einer automatisch erfolgenden, antizipierten Anerkennung unterscheiden sich also von einer anfänglichen grenzüberschreitenden, gemeinschaftsweiten Wirkung von Rechtsakten, wie sie zum Beispiel den Entscheidungen der Kommission nach Art. 249 3. Spiegelstrich EGV als supranationalen Hoheitsakten zukommen, die für eine gemeinschafsweite Wirkung gar keiner (antizipierten oder einzelfallabhängigen) Anerkennungsentscheidung im nationalen Recht mehr bedürfen.

---

269 Fahrerlaubnis-Verordnung (FeV) vom 18. August 1998, zuletzt geändert am 5. August 2009, ergangen im Umsetzung der Richtlinie 439/91/EWG vom 29. Juli 1991 in der Fassung der RL 96/47 vom 23. Juli 1996 und der RL 97/26 vom 2. Juni 1997.

270 So aber die frühere Rechtslage. Auch heute müssen Inhaber ausländischer Fahrerlaubnisse, die nicht unter § 28 Abs. 1 FeV fallen, bei den zuständigen Behörden die Erteilung einer deutschen Fahrerlaubnis beantragen, wobei die Vorschriften über die Ausbildung nicht anzuwenden sind, vgl. § 31 FeV mit erleichterten Bedingungen für Inhaber einer aus den in Anlage 11 genannten Ländern stammenden Fahrerlaubnis.

271 BÄLZ/ KUNZ, VersR 2005, S. 310 (319) für den vergleichbaren Fall einer nach § 14 Abs. 2 Satz 2 Nr. 2 VAG erteilten Zustimmung einer ausländischen Aufsichtsbehörde zur Bestandsübertragung im Rahmen des europäischen Versicherungsmarktes.

272 Sogenannter Führerscheintourismus, vergleiche dazu jüngst EuGH, Urteil vom 26. Juni 2008, Rs. C–329/06 und C–343/06, NJW 2008, S. 2403, bestätigt durch Beschluss vom 9. Juli 2009, Rs. C–445/08, NJW 2010, S. 217 ff. unter Hinweis auf den exzeptionellen Charakter einer Anerkennungsverweigerung, und in Umsetzung der EuGH-Rechtsprechung BGH, Urteil vom 11. September 2008, NJW 2008, 3558, sowie BVerwG, Urteil vom 11. Dezember 2008, DAR 2009 S. 212ff.

II. Ausdrückliche Anerkennungsentscheidungen

Ausdrückliche behördliche Anerkennungsentscheidungen für die Rechtswirksamkeit einer ausländischen Verwaltungsentscheidung im Einzelfall finden sich zum Beispiel im Arzneimittelrecht. Auf Grundlage der europäischen Arzneimittelrichtlinie[273] gibt es ein europaweit einheitliches Verfahren zur Arzneimittelzulassung. Inzwischen kann der Antragsteller zwischen drei verschiedenen Verfahrensarten wählen, die letztendlich alle zu einer gemeinschaftsweiten Verkehrsfähigkeit des Arzneimittels führen sollen.[274] Dabei spiegelt die unterschiedliche Ausgestaltung der Anerkennungspflichten je nach gewählter Verfahrensart nicht zuletzt den fortschreitenden Integrationsprozess wieder, der schließlich zu einem zentralen Zulassungsverfahren durch eine europäische Behörde, der EMA[275], geführt hat. Es ist bemerkenswert, dass gerade im Bereich der Arzneimittelzulassung trotz der potentiellen Gefährlichkeit des regulierten Produkts ein derart hoher Integrationsstandard erreicht werden konnte. Dies hängt sicherlich auch damit zusammen, dass die Prüfung einer Arzneimittelzulassung sowohl für den Antragsteller als auch für die Zulassungsbehörde angesichts der geforderten ausführlichen Dokumentation, zum Beispiel über klinische Tests, sehr aufwendig ist und hier erhebliche Einsparpotenziale bestehen, wenn die Arzneimittelzulassung eines anderen Mitgliedstaates mit harmonisiertem Schutzniveau anerkannt wird.

Zunächst kann in jedem Mitgliedstaat eine nationale Verkehrsgenehmigung für ein Arzneimittel beantragt werden. Daneben muss nach § 25b Abs. 2 AMG[276] ein Staat, wenn er selbst keine Genehmigung für das Inverkehrbringen eines Arzneimittels erteilt hat, die Zulassung des Arzneimittels in einem anderen Mitgliedstaat der Europäischen Union auf Grundlage von dessen Beurteilungsbericht anerkennen, es sei denn, es besteht Grund zu der Annahme, dass der Wirkstoff schwerwiegende Gefahren für die öffentliche Gesundheit hervorruft (Verfahren der gegenseitigen Ankernennung – *Mutual Recognition Procedure*). Bedenken hinsichtlich der Sicherheit und gesundheitlichen Unbedenklichkeit müssen in einem speziellen zentralisierten Verfahren beim Ausschuss für Arzneispezialitäten oder für Tierarzneimittel geltend gemacht werden, der nach Art. 27 Abs. 1 der Richtlinie 2001/83/EG[277] bei der EMA angesiedelt ist und eine gemeinsame Entscheidungsfindung der beteiligten Staaten und der Europäischen Kommission ermöglichen soll. Letztendlich hat

273 Richtlinie 2001/83/EG zur Schaffung eines Gemeinschaftskodexes für Humanarzneimittel vom 6. November 2001.

274 Ausführlich zur europaweiten Zulassung von Arzneimitteln SYDOW, DÖV 2006, S. 66 (67ff.).

275 Europäische Agentur für die Beurteilung von Arzneimitteln – European Medicines Agency (EMA) mit Sitz in London.

276 Arzneimittelgesetz (AMG) in der Fassung der Bekanntmachung vom 12. Dezember 2005, zuletzt geändert am 28. September 2009.

277 Richtlinie 2001/83/EG des Europäischen Parlaments und des Rates vom 6. November 2001 zur Schaffung eines Gemeinschaftskodexes für Humanarzneimittel, ABl. L 311 S. 67ff.

aber dann die Europäische Kommission nach Art. 34 Abs. 1, 121 Abs. 2 der Richtlinie 2001/83/EG[278] die Letztentscheidungsbefugnis darüber, ob der Staat die Zulassung anerkennen muss oder nicht. Allerdings ist das Arzneimittel vor der (europarechtlich vorgeschriebenen) Anerkennung noch nicht verkehrsfähig, auch wenn die Anerkennung zu Unrecht verweigert wird. Anders als bei dem zuvor dargestellten Beispiel der Anerkennung von Führerscheinen ist also noch eine Einzelfallentscheidung erforderlich, damit die Verkehrsgenehmigung auch für die Rechtsordnungen anderer Mitgliedstaaten rechtsverbindlich ist.

Zusätzlich zu dem oben beschriebenen Verfahren, Arzneimittelzulassungen eines anderen Mitgliedstaates anzuerkennen, gibt es in der Europäischen Gemeinschaft inzwischen auch die Möglichkeit, auf europäischer Ebene bei der EMA eine originär gemeinschaftsweit geltende Arzneimittelzulassung für bestimmte neuartige Medikamente zu beantragen. Die Genehmigung selbst wird dann von der Europäischen Kommission erteilt, nachdem die EMA den Antrag überprüft und eine entsprechende Empfehlung abgegeben hat. Auf Grundlage von Art. 3 der Verordnung (EG) 726/2004[279], die dieses zentralisierte Zulassungsverfahren regelt, gilt eine solche Genehmigung in jedem Mitgliedstaat mit den selben Rechtswirkungen wie eine von den nationalen Behörden erlassene Genehmigung. § 37 Abs. 1 Satz 1 AMG stellt dementsprechend die automatische Rechtswirkung einer europäischen Arzneimittelgenehmigung deklaratorisch fest, in § 21 Abs. 1 Satz 1 AMG heißt es zusätzlich, dass ein Arzneimittel in Deutschland verkehrsfähig ist, wenn es von der zuständigen Bundesoberbehörde[280] oder von der Kommission der Europäischen Gemeinschaften oder dem Rat der Europäischen Union genehmigt wurde. Eine konstitutive Anerkennungsentscheidung der Mitgliedstaaten ist aufgrund der unmittelbaren Wirkung der Verordnung, auf deren Grundlage die europäische Arzneimittelzulassung gewährt wird, nicht mehr erforderlich.

Schon vor der gemeinschaftsrechtlichen Entwicklung gab es auf europäischer Ebene ähnliche Regelungen zur Anerkennung „gleichwertiger" Verwaltungsentscheidungen, zum Beispiel in § 2 Abs. 1 GFaG für das Führen akademischer Grade,

---

278 In Verbindung mit dem Beschluss des Rates 1999/468/EG vom 28. Juni 1999 zur Festlegung der Modalitäten für die Ausübung der der Kommission übertragenen Durchführungsbefugnisse, ABl. L 184 S. 23ff.

279 Verordnung (EG) Nr. 726/2004 des Europäischen Parlaments und des Rates vom 31. März 2004 zur Festlegung von Gemeinschaftsverfahren für die Genehmigung und Überwachung von Human- und Tierarzneimitteln und zur Errichtung einer Europäischen Arzneimittel-Agentur, ABl. L 136 S. 1ff.

280 In Deutschland teilen sich zwei Bundesoberbehörden die Zuständigkeit für die Zulassung und Überwachung von Humanarzneimitteln: Für Sera, Impfstoffe, Blutzubereitungen, Testallergene, Testsera und Testantigene ist das Paul-Ehrlich-Institut (PEI) in Langen zuständig, für alle anderen Arzneimittel das Bundesinstitut für Arzneimittel und Medizinprodukte (BfArM) in Bonn (§ 77 AMG).

die im europäischen Ausland erworben wurden.[281] Voraussetzung für eine Genehmigung zum Führen ausländischer akademischer Grade ist auch hier, dass die Ausbildungsstätte mit einer wissenschaftlichen Hochschule im Sinne des deutschen Hochschulrahmengesetzes gleichwertig ist.[282] Bereits 1985 hat die Europäische Kommission in ihrem Weißbuch zur Vollendung des Binnenmarktes diesen Gedanken aufgegriffen und eine entsprechende Anerkennungsregelung auf europäischer Ebene vorgeschlagen.[283] Danach sollen Berufsabschlusse und akademische Grade von den Mitgliedstaaten anerkannt werden, wenn sie vorangegangene Ausbildung als gleichwertig zu beurteilen ist.[284]

III. Exkurs: Andere Formen der Verwaltungskooperation

Neben der Anerkennung ausländischer Hoheitsakte haben sich auf europäischer Ebene verschiedene andere Formen der Koordination und Kooperation zwischen den Mitgliedstaaten herausgebildet. Oft beruhen diese auf informellen Absprachen, manche Formen der Kooperation wurden aber inzwischen auch vom europäischen Gesetzgeber aufgegriffen und in gesetzliche Regelungen übernommen. Zu diesem sogenannten „europäischen Verwaltungskooperationsrecht"[285] zählen primärrechtliche Kooperationspflichten, sekundärrechtliche Kooperationsregelungen, Vollzugsregelungen und Einzelfallentscheidungen, nationale Normen und völkerrechtliche Abkommen zur Verwaltungskooperation.

1. Verwaltungskooperation durch Verfahrenspflichten

Neben den gerade dargestellten Anerkennungspflichten haben sich im europäischen Raum im Laufe der Zeit vielfältige, teilweise auch informelle Formen der Verwaltungskooperation auf Verfahrensebene entwickelt, die zu einer Abstimmung mit

---

281 Vgl. § 2 des Gesetzes über die Führung akademischer Grade (GFaG) vom 7. Juni 1939, als Bundesrecht aufgehoben durch Gesetz vom 23. November 2007 mit Wirkung zum 1. Dezember 2010; und das Europäische Übereinkommen über die Anerkennung von akademischen Graden vom 14. Dezember 1959 (BGBl 1969 II S. 2057ff.).

282 Ausführlich PRIEß, NVwZ 1991, S. 111ff.

283 Weißbuch der Europäischen Kommission zur Vollendung des Binnenmarktes, KOM (85) 310, endgültige Fassung vom 14. Juni 1985, Rn. 91, 93.

284 Richtlinie 89/48/EWG des Rates vom 21. Dezember 1988 über eine allgemeine Regelung zur Anerkennung der Hochschuldiplome, die eine mindestens dreijährige Berufsausbildung abschließen, ABl. L 19 S. 16ff. (vgl. Absatz 5 der Erwägungsgründe); und Richtlinie 92/51/EWG des Rates vom 18. Juni 1992 über eine zweite allgemeine Regelung zur Anerkennung beruflicher Befähigungsnachweise in Ergänzung zur Richtlinie 89/48/EWG, ABl. L 209 S. 25ff. (vgl. 2. Erwägungsgrund).

285 Allgemein zur möglichen Kodifizierung eines europäischen Verwaltungskooperationsrechts BECKER, DVBl. 2001, S. 855 (864); SYDOW, DÖV 2006, S. 66ff.

den ausländischen Behörden schon vor Erlass einer Verwaltungsentscheidung führen sollen. Zum Teil wurden diese Verfahrenspflichten auch gesetzlich normiert: So sind bei Vorhaben, für die eine Umweltverträglichkeitsprüfung zwingend ist und die voraussichtlich auch grenzüberschreitende Auswirkungen auf Umweltgüter in benachbarten Mitgliedsstaaten haben werden, die ausländischen Behörden nach § 8 UVPG[286] zu informieren und zu konsultieren. Nach § 9a UVPG ist eine grenzüberschreitende Beteiligung der Öffentlichkeit vorgesehen, um auch ausländischen Betroffenen die Möglichkeit zu geben, gegen das Vorhaben Einwände hervorzubringen. Allerdings hat eine erfolgreich durchlaufene Umweltverträglichkeitsprüfung im Nachbarstaat trotz dessen Beteiligung keine Rechtswirkungen. Umstritten ist, ob die im deutschen Recht vorgesehene Präklusion für Einwände gegen das Vorhaben, die nicht rechtzeitig vorgebracht wurden, auch für ausländische Betroffene gilt, insbesondere, wenn die Einwände von diesen vor ausländischen Gerichten geltend gemacht werden sollen.[287]

2. Kompetenzzuweisung an eine mitgliedstaatliche Behörde

Daneben gibt es Fälle, in denen die Kompetenz für die Überwachung einer bestimmten Tätigkeit jeweils einem Mitgliedstat zugewiesen wird, der europaweit zuständig ist. Die anderen Mitgliedstaaten haben dessen Entscheidungen anzuerkennen, wenn sie nicht dringende Gefahren für Gemeinwohlbelange dagegen geltend machen können.

a) Arzneimittelzulassung

Als Beispiel hierfür kann wiederum das Recht der Arzneimittelzulassung dienen: Es gibt auf europäischer Ebene neben den bereits dargestellten nationalen Zulassungsverfahren und des zentralisierten Zulassungsverfahrens auch ein dezentralisiertes Zulassungsverfahren, in dem ein Mitgliedstaat als Referenzstaat für die anderen Mitgliedstaaten über die Verkehrsgenehmigung für ein Arzneimittel entscheidet.[288] In diesem Verfahren kann der Antragsteller in mehreren Mitgliedstaaten parallel für ein noch nicht zugelassenes Präparat Zulassungsanträge stellen. Ein Mitgliedstaat übernimmt als Referenzstaat die Prüfung und Bewertung der Unterlagen und erstellt einen Beurteilungsbericht. Sind die anderen Mitgliedstaaten mit den Ergebnissen nicht einverstanden, findet ein außergerichtliches Verfahren (Divergenzbereinigungsverfahren) zur Streitschlichtung statt, in dem die Einwände anderer Mitgliedstaaten gegen die beantragte Zulassung überprüft werden. Das Ergebnis der Prüfungen dient den beteiligten Mitgliedstaaten dann als Grundlage für die Erteilung einer

---

286 Gesetz über die Umweltverträglichkeitsprüfung (UVPG) in der Fassung der Bekanntmachung vom 24. Februar 2010.

287 Davon geht der Gesetzgeber in § 9a Abs. 1 Satz 2 Nr. 3 UVPG aus.

288 Ausführlich zur Zulassung von Arzneimitteln SYDOW, DÖV S. 66 (67ff.).

nationalen Verkehrsgenehmigung für das geprüfte Arzneimittel in ihrer Rechtsordnung. Daran kann sich wiederum ein Verfahren der gegenseitigen Anerkennung in den an dem vorangegangenen dezentralisierten Verfahren nicht beteiligten Mitgliedstaaten anschließen. Dabei dürfen die Mitgliedstaaten die Wirksamkeit des Arzneimittels oder andere Vorraussetzungen für die Erteilung einer Marktzulassung in der Regel nicht erneut überprüfen, sondern haben ihrer Zulassungsentscheidung den bereits erstellten Beurteilungsbericht zugrunde zu legen und können die Zulassung nur verweigern, wenn sie das Arzneimittel für gesundheitsschädlich halten oder sonstige Gefahren für Gemeinwohlbelange geltend machen können.

b) Bankenaufsicht

Im Bereich der Bankenaufsicht wurde durch die Zweite Bankenrechtskoordinierungsrichtlinie[289] das Prinzip der Sitzlandkontrolle eingeführt. Die Regelung geht unter anderem auf einen Vorschlag der Europäischen Kommission im Weißbuch zur Vollendung des Binnenmarktes zurück, in dem die Kommission die Einführung einer „Heimatlandskontrolle“ für die grenzüberschreitende Tätigkeit von Banken in Europa fordert.[290] Nach Art. 15 Abs. 1 der Richtlinie und der in Umsetzung der Richtlinie erlassenen Regelung in § 53b Abs. 6 KWG[291] ist die nationale Behörde des Mitgliedstaats, in dem das zu überwachende Kreditinstitut seinen Sitz hat, auch für die Überwachung unselbständiger Zweigniederlassungen in anderen Mitgliedstaaten zuständig.[292] Die Behörde des Sitzstaats kann die Zweigniederlassungen also – nach entsprechender Unterrichtung, aber ohne Zustimmung der inländischen

---

289 Zweite Richtlinie 89/646/EWG des Rates vom 15. Dezember 1989 zur Koordinierung der Rechts- und Verwaltungsvorschriften über die Aufnahme und Ausübung der Tätigkeit der Kreditinstitute und zur Änderung der Richtlinie 77/780/EWG, ABl. L 386 S. 1ff.

290 Weißbuch der Europäischen Kommission zur Vollendung des Binnenmarktes, KOM (85) 310, endgültige Fassung vom 15. Juni 1985, Rn. 103.

291 Kreditwesengesetz (KWG) in der Fassung der Bekanntmachung vom 9. September 1998, zuletzt geändert am 20. Juli 2009, parallele Regelungen gibt es zum Beispiel im Bereich des Versicherungsaufsicht, vgl. Art. 10 Richtlinie 92/49/EWG des Rates vom 18. Juni 1992 zur Koordinierung der Rechts- und Verwaltungsvorschriften für die Direktversicherung (mit Ausnahme der Lebensversicherung) sowie zur Änderung der Richtlinien 73/239/EWG und 88/357/EWG (Dritte Richtlinie Schadenversicherung), ABl. L 228 S. 1ff. und Art. 9 Richtlinie 92/96/EWG des Rates vom 10. November 1992 zur Koordinierung der Rechts- und Verwaltungsvorschriften für die Direktversicherung (Lebensversicherung) sowie zur Änderung der Richtlinien 79/267/EWG und 90/619/EWG (Dritte Richtlinie Lebensversicherung), ABl. L 360 S. 1 ff., siehe die Umsetzung im deutschen Recht in §§ 85, 110a Abs. 3 Versicherungsaufsichtsgesetz (VAG) in der Fassung der Bekanntmachung vom 17. Dezember 1992, zuletzt geändert am 30. Juli 2009, nach der allerdings die Finanzaufsicht nach wie vor dem Herkunftsstaat überantwortet ist.

292 Dies gilt nicht für rechtlich selbständige Tochtergesellschaften.

Behörden[293] – selbst oder durch Beauftragte auf dem Hoheitsgebiet der anderen Mitgliedstaaten überprüfen und damit dort polizeiliche, also hoheitliche Befugnisse ausüben. Dadurch werden den Mitgliedstaaten im Bereich der Bankenaufsicht gegenseitige Prüfungsbefugnisse eingeräumt, ohne dass es einer besonderen Genehmigung oder der Anerkennung eines ausländischen Hoheitsakts bedarf.

Im Ergebnis wird dadurch in einem Teilbereich die territoriale Souveränität der Staaten beschränkt. GROß bezeichnet diese Regelung, deren wohl einzige Alternative die Errichtung einer zentralen europäischen Bankenaufsichtsbehörde gewesen wäre, als „logische Konsequenz der Öffnung des Binnenmarktes für Bankdienstleistungen".[294] Die Regelung dient der Verwirklichung der Niederlassungsfreiheit und des freien Dienstleistungs- und Warenverkehrs als Teil des Binnenmarktkonzepts, insbesondere auf Grundlage von Art. 52 EGV und Art. 57 Abs. 2 EGV (Art. 59, 64 AEUV).[295] Entsprechend einer zunehmend grenzüberschreitend angelegten Tätigkeit der Kreditinstitute wurden „analog" die Grenzen für die Aufsichtsbehörden geöffnet und die Zuständigkeitsordnung der Aufsichtsbehörden an die Binnenmarktkonzeption angepasst.[296]

IV. Zwischenergebnis

In der vorangegangenen Untersuchung wurden Beispiele für gemeinschaftsrechtlich begründete Anerkennungspflichten zugunsten von Hoheitsakten anderer Mitgliedstaaten dargestellt, die regelungstechnisch unterschiedlich ausgestaltet. Insbesondere kann danach unterschieden werden, ob die Anerkennung antizipiert durch eine gesetzliche Regelung erfolgt oder in jedem Einzelfall durch die nationalen Behörden der Mitgliedstaaten ausgesprochen werden muss. Die Unterscheidung danach, ob eine Anerkennung gesetzlich antizipiert erfolgt oder ob ein gesonderter Mitwirkungsakt des betroffenen Staates in jedem Einzelfall erforderlich ist, ist aber eher rechtstechnischer Natur. Sie lässt noch keine Aussage darüber zu, wie die Anerkennungspflichten jeweils begründet werden und wie sie rechtsdogmatisch einzuordnen sind. Dies soll im Folgenden anhand der weiteren, oben aufgeführten Differenzierungskriterien für Anerkennungspflichten untersucht werden.

---

293 In Deutschland ist nach § 53b Abs. 6 KWG die Bundesanstalt für Finanzdienstleistungsaufsicht (BaFin) mit Sitz in Bonn bzw. Frankfurt/ Main zu unterrichten.

294 GROß, JZ 1994, S. 596 (597).

295 Siehe die Erwägungsgründe zur Richtlinie 89/646/EWG, insbesondere Absatz 1.

296 GROß, JZ 1994, S. 596 (598, 600), der die den Art. 52, 57 EGV zugrundeliegende Konzeption der Marktfreiheit als hinreichende Grundlage für eine „partielle Relativierung von fundamentalen Dogmen der nationalen Souveränität" bewertet.

F. Anerkennungspflichten aus dem Primärrecht

I. Anerkennungspflichten aus dem primärrechtlich begründeten Herkunftslandprinzip – Neue Strategie der Europäischen Kommission

Grundsätzlich stehen auf dem Weg zu einem integrierten Europa für einen Abbau rechtlicher Hindernisse für den gemeinschaftsweiten Binnenmarkt zwei Strategien zur Wahl: Die Rechtsvereinheitlichung beziehungsweise Vollharmonisierung der nationalen Rechtsordnungen und die Anerkennung nationaler Regelungen anderer Mitgliedstaaten, die in der Regel mit einer Mindestharmonisierung einhergeht.

Zunächst wurden die Integration der verschiedenen Rechtsordnungen der Mitgliedstaaten und die Verwirklichung des Binnenmarktes in den Europäischen Gemeinschaften durch Rechtsangleichung verfolgt. Kennzeichnend ist dabei, dass einheitliche europäische Regelungen erlassen werden, die unmittelbar gelten (in der Regel als Verordnung nach Art. 249 Abs. 2 EGV) oder zumindest ohne wesentliche Änderungen in das nationale Recht übertragen werden müssen. Eine etwas weniger intensive Harmonisierung der nationalen Rechtsordnungen kann aber auch durch Richtlinien nach Art. 249 Abs. 3 EGV erfolgen, die den Mitgliedstaaten nur verbindliche Ziele in einem Regelungsbereich vorgeben, ihnen aber den Weg dahin bei der Umsetzung in nationales Recht freistellt. Diese Art der Integration, auch Vollharmonisierung genannt, macht bei Rechtsgebieten Sinn, die für alle Mitgliedstaaten einheitlich geregelt werden sollen, z. B. im Bereich des Zollrechts. Sie ist aber relativ unflexibel und erlaubt insbesondere nur eine eingeschränkte Anpassung an die nationalen Besonderheiten der einzelnen Mitgliedstaaten und deren Rechtsordnungen. In der Praxis hat diese oft zur Folge, dass ohnehin schon komplizierte Regelungswerke noch mit oft politisch hart erkämpften Ausnahmeregelungen für einzelne Staaten aufgebläht und in ihren Zielen verwässert werden.

Ein anderer, dezentraler und flexiblerer Integrationsansatz zur Verwirklichung des einheitlichen Binnenmarktes ist die Mindestharmonisierung zur Gewährleistung eines vergleichbaren Schutzniveaus verbunden mit entsprechenden Anerkennungspflichten unter den Mitgliedstaaten, vorausgesetzt, die nationalen Rechtsordnungen sind hinsichtlich der gemeinsamen Schutzziele gleichwertig. Nach der 1985 verkündeten „Neuen Strategie“ der Europäischen Kommission[297] sollte neben einer oft nur schwer zu verwirklichenden Rechtsvereinheitlichung die gegenseitige Anerkennung bei Gleichwertigkeit der Rechtsordnungen hinsichtlich der jeweiligen Schutzstandards der zugrundeliegenden nationalen Regelungen als zweites tragendes Regelungsprinzip in den europäischen Rechtsraum eingeführt werden.[298] Zunächst für den Bereich der Produktsicherheit konzipiert, gilt dieses Prinzip inzwischen für eine

---

297 Weißbuch der Europäischen Kommission zur Vollendung des Binnenmarktes, KOM (85) 310, endgültige Fassung vom 14. Juni 1985.

298 Weißbuch der Europäischen Kommission zur Vollendung des Binnenmarktes, insbesondere Rn. 58, 77.

Vielzahl von Regelungsgebieten, in denen eine vollständige Rechtsangleichung nicht erforderlich ist.[299] Insbesondere werden auch technische Prüfungen und Zertifikate anerkannt, um den grenzüberschreitend tätigen Unternehmen eine kostspielige Doppelprüfung in jedem Mitgliedstaat, in dem sie ein Produkt auf den Markt bringen wollen, zu ersparen und die nationalen Verwaltungsbehörden zu entlasten. Dies gilt allerdings nicht für stichprobenartige Kontrollen oder eine Nachprüfung, wenn konkrete Anhaltspunkte dafür vorliegen, dass ein ausländisches Produkt Sicherheitsmängel aufweist.

Die Kommission ist dementsprechend in vielen Bereichen dazu übergegangen, lediglich horizontale Rechtsvorschriften über die einzuhaltenden Mindeststandards zu erlassen und die konkrete Ausgestaltung des Verfahrens den Mitgliedstaaten zu überlassen. Begründet wird dies auch mit einer angestrebten Reduzierung der Regelungsdichte im Gemeinschaftsrecht. Nationale Zulassungen oder Verkehrsgenehmigungen für Produkte sollen nach diesem Ansatz im harmonisierten Bereich von allen Mitgliedstaaten anerkannt werden, wenn die nationalen Vorschriften aller Mitgliedstaaten betreffend die Produktsicherheit, Verbraucher- und Umweltschutz, Gesundheitsschutz und ähnlicher Regelungsziele gleichwertig sind.[300] Die Gleichwertigkeit der Schutzstandards ist dabei allerdings unerlässlich, um Wettbewerbsverzerrungen zu vermeiden und auch auf politischer Ebene eine Akzeptanz für die Anerkennung ausländischer Verwaltungsentscheidungen zu schaffen.[301]

Zusätzlich soll das Prinzip der Mindestharmonisierung zu einem effizienzsteigernden Wettbewerb der Rechtsordnung in den Mitgliedstaaten führen, indem europarechtlich nur wenige harmonisierende Vorgaben gemacht werden und sich erst durch das Marktverhalten der Wirtschaftsteilnehmer erweisen soll, welche nationalen Regelungen zur Wirtschaftsregulierung und Aufsicht am besten geeignet sind.[302] Gleichzeitig verspricht sich die Kommission durch das neue Regelungsprinzip Kostenersparnisse und eine Abbau von Bürokratie für die Marktteilnehmer und Mitgliedstaaten, was letztlich dazu beitragen soll, die Wettbewerbsfähigkeit und Innovationskraft des europäischen Wirtschaftsraumes zu stärken. Insbesondere durch die gegenseitige Anerkennung auch von technischen Prüfungen und Zertifikaten werden den Marktteilnehmern teure und zeitaufwendige Doppelprüfungen erspart. Ziel ist es, die Wettbewerbsfähigkeit des europäischen Marktes zu stärken, ohne von dem Regelungsziel eines hohen Schutzniveaus für die Verbraucher abzuweichen.

Dementsprechend will die Kommission eine Vollharmonisierung nur dort vorantreiben, wo dies aus zwingenden Gründen des Allgemeinwohls wie Gesundheitsschutz oder Produktsicherheit strikt notwendig ist. In allen anderen Fällen soll das Mittel der gegenseitigen Anerkennung bei gleichzeitiger Vorgabe eines einheit-

299 Zum Bankenaufsichtsrecht GROß, JZ 194, 596 (598).

300 Weißbuch 1985, Rn. 65; dazu LINKE, S. 183.

301 NEßLER, NVwZ 1995, S. 863 (864).

302 GROß, JZ 1994, S. 596 (598).

lichen Mindestschutzniveaus die zunehmend komplizierte und langwierige Vollharmonisierung ablösen. Beide Regelungskonzepte werden also im Idealfall dort eingesetzt, wo ihre spezifischen Vorteile jeweils am besten zur Geltung kommen. Als überlagerndes Ziel soll die Vollendung des Binnenmarktes tatsächlich bestehende Hemmnisse für grenzüberschreitende Tätigkeiten beseitigen und auf Grundlage eines hohen Schutzniveaus für die Gemeinwohlziele durchgeführt werden.[303] Schutzklauseln, die es den Mitgliedstaaten ermöglichen, ihre nationalen Regelungen dennoch weitergelten zu lassen, sollen dementsprechend nur noch zeitlich begrenzt zulässig sein und fortlaufend auf ihre Notwendigkeit überprüft werden, um möglichst bald in gemeinschaftsrechtlichen Bereichen eine europaweit einheitliche Rechtslage zu schaffen.

Andererseits darf nicht verkannt werden, dass durch die bloße gegenseitige Anerkennung nationaler Regelungen unter Beachtung einheitlicher Mindeststandard unterschiedliche Schutzniveaus in den Mitgliedstaaten im Detail akzeptiert werden, solange sie im Wesentlichen vergleichbar sind. Wo besonders wichtige Allgemeinwohlziele oder die Besonderheit des zu regelnden Sachverhaltes keine Vollharmonisierung erfordern, sind solche Unterschiede, die einem „Staatenverbund“ systemimmanent sind, aber hinzunehmen.

Schließlich sollte nicht unerwähnt bleiben, dass mit der neuen Strategie der Mindestharmonisierung in Verbindung mit gegenseitigen Anerkennungspflichten auch dem in Art. 5 EGV (nunmehr Art. 5 EUV[304]) festgeschriebenen Subsidiaritätsgrundsatz eher genüge getan werden kann als mit einer Vollharmonisierung auf europäischer Ebene.[305] Wenn ein ausreichendes Sicherheitsniveau auch durch eine bloße gemeinschaftsrechtliche Festlegung der Mindeststandards erreicht werden kann und die Regelung im übrigen den Mitgliedstaaten überlassen wird, bedeutet dies gleichzeitig, dass der europäische Gesetzgeber nicht mehr Regelungskompetenzen als zum Schutz der Marktteilnehmer unbedingt notwendig in Anspruch nimmt.

1. Herleitung des Anerkennungsprinzips: Herkunftslandprinzip

Das Anerkennungsprinzip leitet sich ursprünglich aus dem Binnenmarkts- oder Herkunftslandgedanken als sekundärrechtlichem Regelungsprinzip ab und wurde zum Prinzip der gegenseitigen Anerkennung weiterentwickelt.[306] Das Herkunftslandprinzip ist eine Regelungstechnik zur Förderung des Binnenmarktes, mit dem die Verkehrsfähigkeit von Gütern im Binnenmarkt erreicht werden kann, wenn die

---

303 Europäische Kommission, Spezialdossier Nr. 25, März 2001, abrufbar unter http://ec.europa.eu/internal_market/smn/smn25/s25mn17.htm.

304 Vertrag über die Europäische Union in der konsolidierten Fassung vom 9. Mai 2008, Abl. C 115 S.1 ff.

305 VON BORRIES/ PETSCHKE, DVBl. 1996, S. 1343 (1344).

306 Ausführlich zum Folgenden KRAMER, S. 246f.

Kontrolle im Herkunftsland einem Beschränkungsverbot im Bestimmungsland vom Sicherheitsstandard her entspricht. Es setzt also gegenseitiges Vertrauen in die Sicherheitsstandards der anderen Mitgliedstaaten voraus. Die zugrundeliegende Idee ist, dass ein Anbieter nur dem Recht des Staates unterliegen soll, in dem er seine Niederlassung hat. Damit geht einher, dass der Bestimmungsstaat den rechtlichen Standard des Niederlassungsstaates akzeptieren muss. Die Genehmigung aus dem Niederlassungsstaat erlangt dementsprechend im Idealfall Geltung im gesamten Gemeinschaftsgebiet.

Ein Beispiel für diese Regelungstechnik bietet die E-Commerce-Richtlinie 2000/31/EG[307], nach deren Art. 3 Abs. 2 die Tätigkeit eines in einem anderen Mitgliedstaat niedergelassenen Anbieters nicht aus Gründen beschränkt werden darf, die in den koordinierten Bereich der Richtlinie fallen. Eine Ausnahme gilt nur für Beschränkungen, die zum Beispiel aus Gründen des Verbraucherschutzes oder der öffentlichen Sicherheit und Ordnung erfolgen, die genanten Schutzziele in schwerwiegender Weise gefährdet sind und die Maßnahmen das Gebot der Verhältnismäßigkeit beachten. Im 5. Erwägungsgrund der Richtlinie wird betont, dass unterschiedliche nationale Regelungen nur zulässig sind, soweit die betreffenden Bereiche noch nicht durch das Gemeinschaftsrecht koordiniert und angepasst wurden. Eine ähnliche Regelungstechnik gibt es beispielsweise mit dem Sendelandprinzip im Bereich des Fernsehens: Nach Art. 2, 2a der Richtlinie 89/552/EWG[308] unterliegen Fernsehsender dem Recht des Mitgliedstaates, in dem sie niedergelassen sind. Andere Mitgliedstaaten dürfen den Empfang ihrer Sendungen grundsätzlich nicht aus Gründen verbieten oder verhindern, die in der Richtlinie koordiniert sind, es sei denn, es liegen bestimmte schwerwiegende Verstöße gegen die mit der Richtlinie verfolgten Ziele, zum Beispiel dem Minderjährigenschutz, vor.[309] Ansonsten obliegt die Kontrolle der Fernsehsender ausschließlich dem Staat der Niederlassung.

2. Cassis de Dijon-Rechtsprechung

Die Kommission leitet die europarechtliche Anerkennungspflicht vor allem aus den Grundfreiheiten ab. Im Weißbuch von 1985 werden explizit die Art. 30 bis 36

307 Richtlinie 2000/31/EG des Europäischen Parlaments und des Rates vom 8. Juni 2000 über bestimmte rechtliche Aspekte der Dienste der Informationsgesellschaft, insbesondere des elektronischen Geschäftsverkehrs, im Binnenmarkt („Richtlinie über den elektronischen Geschäftsverkehr"), ABl. L 178 S. 1ff.

308 Richtlinie 89/552/EWG des Rates vom 3. Oktober 1989 zur Koordinierung bestimmter Rechts- und Verwaltungsvorschriften der Mitgliedstaaten über die Ausübung der Fernsehtätigkeit, ABl. L 298 S. 23ff., geändert durch Richtlinie 97/36/EG des Europäischen Parlaments und des Rates vom 30. Juni 1997 zur Änderung der Richtlinie 89/552/EWG des Rates zur Koordinierung bestimmter Rechts- und Verwaltungsvorschriften der Mitgliedstaaten über die Ausübung der Fernsehtätigkeit, ABl. L 202 S. 60ff.

309 Dazu und zur vergleichbaren Regelung im elektronischen Geschäftsverkehr durch die E-Commerce-Richtlinie 2000/31/EG ausführlich OHLY, GRUR Int. 2001, S. 899ff.

EWG-Vertrag herangezogen, um das Prinzip der gegenseitigen Anerkennung zu begründen.[310] Danach sind alle nationalen Maßnahmen verboten, die den freien Warenverkehr ungerechtfertigt, also übermäßig und unter Missachtung des Verhältnismäßigkeitsgrundsatzes, beschränken. Ziel der Kommission ist es, trotz unterschiedlicher rechtlicher Standards in den Mitgliedstaaten eine weitgehende Öffnung des Binnenmarkts zu erreichen und ungerechtfertigte Hemmnisse für den freien Warenverkehr zwischen den Mitgliedstaaten zu beseitigen. Der Europäische Rat hat zu diesem Zeitpunkt bereits die grundsätzliche Gleichwertigkeit der Ziele der nationalen Rechtsordnungen im Bereich des Schutzes von Sicherheit und Gesundheit der Bürger und im Bereich des Verbraucherschutzes als Voraussetzung für eine gegenseitige Anerkennungspflicht anerkannt, auch wenn die Mitgliedstaaten unterschiedliche technische Mittel zur Erreichung dieser Ziele einsetzen.[311]

Nach dem für die Warenverkehrsfreiheit innerhalb der Europäischen Gemeinschaften grundlegenden *Cassis de Dijon*-Urteil[312] wird eine Anerkennungspflicht für die Verkehrsfähigkeit von Waren begründet, wenn sich die betreffenden nationalen Regelungen in Zielsetzung und Sicherheitsstandards für Verbraucher und Umwelt angemessen entsprechen.[313] Die Kommission schließt aus dieser Rechtsprechung, dass in einem Mitgliedstaat rechtmäßig auf den Markt gebrachte Erzeugnisse auch von den anderen Mitgliedstaaten zuzulassen sind, wenn sie den legitimen Regelungszielen nationaler Handelsvorgaben zum Beispiel zu Verbraucherschutz, Umweltschutz und Produktsicherheit „in angemessener und befriedigender Weise" unabhängig von den angewendeten Mitteln entsprechen. Dies soll vor allem für Regelungen über die Zusammensetzung, Aufmachung, Verpackung und Bezeichnung von Waren gelten, die oftmals noch national vorgegeben sind. Nationale Handelsregelungen einschließlich solcher, die unterschiedslos auf in- und ausländische Produkte anwendbar sind, müssen neben den nationalen Gegebenheiten auch die Interessen der anderen Mitgliedstaaten berücksichtigen, um einen ordnungsgemäß funktionierenden gemeinsamen Markt zu ermöglichen.[314] Dies soll nach Ansicht der Kommission auch für andere Grundfreiheiten gelten, um die Verwirklichung eines einheitlichen Binnenmarkts zu fördern.

In seiner Rechtsprechung hat der Europäische Gerichtshof das Prinzip der gegenseitigen Anerkennung auch auf den Bereich der Dienstleistungsfreiheit ausge-

---

310 Weißbuch 1985, Rn. 63; die Artikel entsprechen Art. 28 bis 30 EGV über das Verbot mengenmäßiger Beschränkungen und den freien Warenverkehr.

311 Schlussfolgerung zur Normung vom 16 . Juli 1984, zitiert in der Entschließung des Rates vom 7. Mai 1985 über eine neue Konzeption auf dem Gebiet der technischen Harmonisierung und der Normung, Abl. C 136 S. 1ff.

312 Urteil vom 20. Februar 1979, Rs. 120/78, Slg. 1997 S. 649

313 NIEHOF, Der Grundsatz der gegenseitigen Anerkennung im Gemeinschaftsrecht, S. 5f.

314 Europäische Kommission, Mitteilung der Kommission über die Auswirkungen des Urteils des Europäischen Gerichtshofes vom 20. Februar 1979 in der Rechtssache 120/78 („Cassis de Dijon"), Abl. C 256 S. 2f.

weitet.[315] Die Kommission bezieht sie in ihrem Weißbuch auf alle Bereiche, die für die Verwirklichung der europäischen Grundfreiheiten und die wirtschaftliche Betätigung in der Europäischen Union relevant sind.[316] Sie macht detaillierte Vorschläge, wie Handelshemmnisse durch das neue Regelungsprinzip für Waren, öffentliche Aufträge, die Freizügigkeit von Arbeitnehmern und Selbständigen, Dienstleistungen, Finanzdienste und Kapitalverkehr, Transport und Steuern abgebaut werden können.

Unmittelbare Anerkennungspflichten können dagegen nicht direkt aus den Art. 99ff. EGV (Art. 121 ff. AEUV) zur Koordinierung der Wirtschaftspolitik der Mitgliedstaaten abgeleitet werden, da diese lediglich Kompetenznormen darstellen, aber keine unmittelbaren Pflichten der Mitgliedstaaten begründen.[317] Auch Art. 5 EGV begründet keine materiellen Pflichten, sondern lediglich Verfahrenspflichten, die den inhaltlichen Pflichten, wie sie sich aus dem EGV bzw. nunmehr dem AEUV ergeben, lediglich zu einer besseren Durchsetzung verhelfen sollen.[318] Diesen Vorschriften kommt also lediglich eine Hilfs- und Ergänzungsfunktion zu, ohne dass sich daraus eine allgemeine Pflicht zur aktiven Förderung europarechtlicher Ziele ergäbe.

3. Übertragung auf Genehmigungen

Fraglich ist, ob sich das aus den Grundfreiheiten abgeleitete Anerkennungsprinzip auch auf die Erteilung von nationalen Genehmigungen für umweltschädigende Anlagen übertragen lässt. Zunächst wird dadurch nicht direkt eine der europäischen Grundfreiheiten berührt, da der Betrieb einer Anlage in einem Mitgliedstaat keinen direkten grenzüberschreitenden Bezug hat. Für die Anwendung europarechtlicher Grundsätze ist es aber erforderlich, dass der zu regelnde Sachverhalt einen grenzüberschreitenden Bezug aufweist.

Andererseits geht es in dieser Untersuchung gerade um die Fälle, in denen grenzüberschreitende Umweltbeeinträchtigungen durch den Betrieb genehmigter Anlagen verursacht werden. Man könnte daher argumentieren, dass der Betrieb einer solchen Anlage sehr wohl einen grenzüberschreitenden Bezug aufweist, wenn der Anlagenbetreiber im Wirkungsstaat nach dessen nationalen Vorschriften ordnungspflichtig ist und gegebenenfalls auf Unterlassung, Beseitigung von Schäden oder Schadenersatz verklagt werden kann. Im europäischen Rechtsraum kommt dafür insbesondere eine verschuldensunabhängige Haftung nach § 1 UmweltHG in Betracht. Solche Sachverhalte, die mehrere Staaten betreffen, werden gleichsam zu deren gemeinsamer Angelegenheit. Dementsprechend sind auf solche grenzüberschreitenden Konstellationen auch die aufgezeigten gemeinschaftsrechtlichen

---

315 EuGH, Rs. 110–111/78, Slg. 1979, S. 35 (54); Rs. 279/80, Slg. I 1981, S. 3305 (3326).
316 Weißbuch der Kommission, Rn. 13, 58.
317 NIEHOF, aaO S. 7.
318 NIEHOF, aaO S. 9f.; BLECKMANN, JZ 1985, S. 1072 (1077) zu Art. 5 Abs. 2 EGW-Vertrag.

Grundsätze anwendbar. In der Folge wäre eine Anerkennungspflicht für die Genehmigung umweltbeeinträchtigender Anlagen immer dann zu bejahen, wenn es auf europäischer Ebene Rechtsvorschriften für den sicheren Betrieb einer solchen Anlage und gemeinschaftsweit geltende Grenzwerte für die Emissionen, auf die die Genehmigung Bezug nimmt, gibt und damit ein europaweit einheitlicher Mindeststandard für den Anlagenbetrieb und den Emissionsschutz bei solchen Anlagen gewährleistet ist.

II. Anerkennungspflichten aus dem übrigen Primärrecht, insbesondere aus den gemeinschaftsrechtlichen Grundfreiheiten

Grundsätzlich enthält das europäische Primärrecht keine ausdrücklich formulierten Anerkennungspflichten. Auch die Art. 47 Abs. 1 EGV (Art. 53 AEUV, gegenseitige Anerkennung von Diplomen und Zeugnissen), Art. 65 lit. c) EGV (Art. 81 AEUV, Förderung der Vereinbarkeit der in den Mitgliedstaaten geltenden zivilrechtlichen Verfahrensvorschriften im Rahmen der justitiellen Zusammenarbeit) und Art. 293 3. und 4. Spiegelstrich EGV (gegenseitige Anerkennung der zivilrechtlichen Gesellschaften und von richterlichen Entscheidungen und Schiedssprüchen) beinhalten lediglich Ermächtigungsgrundlagen für die Gemeinschaft, sekundärrechtliche Rechtsakte (in der Regel Richtlinien) zur gegenseitigen Anerkennung von Hoheitsakten der Mitgliedstaaten zu erlassen.[319] Die genannten Vorschriften begründen dagegen noch nicht von sich aus Anerkennungspflichten für die Mitgliedstaaten in den genannten Regelungsbereichen.

Allerdings lässt das Gemeinschaftsrecht Raum für ungeschriebene Anerkennungspflichten, die sich aus den primärrechtlichen Vorschriften ergeben können. Der folgende Abschnitt soll zeigen, dass sich aus den europäischen Grundfreiheiten und der zugrundeliegenden Binnenmarktkonzeption Anerkennungspflichten ableiten lassen. Obwohl ursprünglich rein gemeinschaftsrechtlich bezogen, haben die Grundfreiheiten im Zuge der fortschreitenden Integration einen erheblichen Einfluss auf die nationalen Rechtsordnungen genommen. MICHAELS spricht in diesem Zusammenhang von den Grundfreiheiten als „Scharnier“ zu den Verwaltungsrechtsordnungen der Mitgliedstaaten.[320] Insoweit kommt ihnen durchaus auch eine kollisionsrechtliche Funktion zu, da aus den Grundfreiheiten abgeleitete Anerkennungspflichten Regelungskonflikte zwischen mehreren Mitgliedstaaten, die jeweils über legitime Anknüpfungspunkte zur Regelung eines bestimmten Sachverhalts verfügen, lösen können.

319 Siehe zum Beispiel für Art. 293 EGV CALLIESS/ RUFFERT/ Böhmer, Art. 293 EGV Rn. 2.
320 MICHAELS, S. 216.

1. Warenverkehrsfreiheit, Art. 28 EGV (Art. 34 AEUV)

Art. 28 EGV bzw. nunmehr Art. 34 AEUV verbietet in seiner Interpretation durch den Europäischen Gerichtshof im Bereich des grenzüberschreitenden Warenverkehrs mengenmäßige Einfuhrbeschränkungen sowie alle Maßnahmen gleicher Wirkung, es sei denn, sie sind durch zwingende Gründe des Gemeinwohls gerechtfertigt und entsprechen dem Verhältnismäßigkeitsgrundsatz.[321] Im Kontext der hier untersuchten Anerkennungspflichten sind hier vor allem nationale Warenzulassungsakte und Verkehrsgenehmigungen interessant.

Nach der *Dassonville*-Formel des Europäischen Gerichtshofs umfassen Maßnahmen gleicher Wirkung jede nationale Handelsregelung einschließlich nichtdiskriminierender Regelungen, die *„geeignet ist, den innergemeinschaftlichen Handel unmittelbar oder mittelbar, tatsächlich oder potentiell zu behindern.*"[322] Solche Beschränkungen können nur aus den in Art. 30 EGV bzw. Art. 36 AEUV genannten Gründen oder nach der *Cassis de Dijon*-Formel des Europäischen Gerichtshofs[323] bei nichtdiskriminierenden Maßnahmen zum Schutz gemeinschaftsrechtlich anerkannter Allgemeininteressen gerechtfertigt sein. „Zwingende Erfordernisse" für eine nichtdiskriminierende Beschränkung der Warenverkehrsfreiheit können sich aus Gründen der steuerlichen Kontrolle, zum Schutz der öffentlichen Gesundheit, der Lauterkeit des Handels oder aus Gründen des Verbraucherschutzes ergeben. In einer späteren Entscheidung hat der Europäische Gerichtshof auch den Umweltschutz als mögliches „zwingendes Erfordernis" für eine Warenverkehrsbeschränkung anerkannt.[324] Zusätzlich unterliegen alle genannten beschränkenden Maßnahmen dem Verhältnismäßigkeitsgebot, die Zweck-Mittel-Relation muss also stets gewahrt bleiben.[325] Schließlich können Beschränkungen aller Grundfreiheiten nach der neueren Rechtsprechung auch durch die Unionsgrundrechte als allgemeine Rechtsgrundsätze der Europäischen Union gerechtfertigt sein, wenn zum Beispiel eine Beschränkung mit dem Schutz einschlägiger Grundrechte begründet wird.[326] Dabei prüft der Europäische Gerichtshof die einschlägigen Grundrechte nicht nach natio-

321 EuGH, Rs. 120/78, Slg. 1979, S. 649ff. (Ziffer 8 – Cassis de Dijon), ausführlich zur Warenverkehrsfreiheit zum Beispiel HERDEGEN, Europarecht, § 16 Rn 3ff.

322 EuGH, Rs. 8/74, Slg. 1974, S. 837ff. (Ziffer 5 – Dassonville).

323 EuGH, Rs. 120/78, Slg. 1979, S. 649ff. (Cassis de Dijon); in späteren Entscheidungen hat der EuGH die in der Dassonville-Formel angelegte Interpretation der Grundfreiheiten als umfassende Beschränkungsverbote und die Rechtfertigungsgründe aus dem Cassis de Dijon-Urteil auf die übrigen Grundfreiheiten übertragen, vgl. CALLIESS/ RUFFERT/ KINGREEN, Art. 28–30 EGV Rn. 41ff. und Rn. 48, 80ff. m.w.N aus der Rechtsprechung.

324 EuGH, Rs. 302/86, Slg. 1988, S. 4607 (Ziffer 6ff.).

325 HERDEGEN, Europarecht, § 16 Rn. 20 m.w.N. aus der Rechtsprechung des EuGH.

326 „Schutzkonstellation", vgl. CALLIESS/ RUFFERT/ KINGREEN, Art. 28–30 EGV Rn. 79; EuGH Rs. C–112/00, Slg. 2003, S. I–5659 (Ziffer 74).

nalen Vorgaben, sondern anhand der gemeinschaftsrechtlichen Grundrechtsdogmatik.[327]

Als gemeinwohlrelevante Gründe, die eine Beschränkung der Warenverkehrsfreiheit rechtfertigen können, kommen also auch Umweltschutzmaßnahmen beziehungsweise umweltschutzpolitische Ziele in Betracht. Solche Einschränkungen müssen aber zwingend erforderlich sein, unterschiedslos auf alle Sachverhalte angewendet werden und auch im übrigen die Anforderungen an eine gerechtfertigte Einschränkung der Grundfreiheiten aus der *Cassis*-Rechtsprechung beachten.[328] Raum für einschränkende nationale Regelungen besteht allerdings nur, wenn das Gemeinschaftsrecht nicht abschließend ist, sondern lediglich Mindestanforderungen für den konkret betroffenen Sachverhalt stellt.[329] Zusätzlich ist eine objektive Gefährdung der Umwelt erforderlich, der mit den nationalen Regelungen begegnet werden soll. Die Bestimmung der erforderlichen Regelungsinhalte obliegt dann dem betreffenden Mitgliedstaat.

a) Einschlägigkeit

Oft bestehen trotz Harmonisierungsbestrebungen im Einzelnen Unterschiede zwischen den Schutzstandards, die die Mitgliedstaaten für bestimmte Waren zum Beispiel aus Gründen des Gesundheits- oder Verbraucherschutzes aufstellen. Gelten im Herkunftsland einer grenzüberschreitend vertriebenen Ware für deren Vertrieb weniger hohe Anforderungen und würden für ihren Verkauf im Bestimmungsland die strengeren inländischen Vorgaben gelten, könnte dies mit einiger Wahrscheinlichkeit fremde Marktteilnehmer von einer Einfuhr ihrer Waren abhalten. Sie müssten dann nämlich, um den jeweils abweichenden Sicherheitsstandards zu genügen, ihre Warenproduktion sehr viel aufwendiger gestalten und an verschiedene nationale Vorgaben anpassen. Zudem bestünde für Warenimporteure, die zunächst nur eine Verkehrsgenehmigung ihres eigenen Staates erhalten haben, eine erhebliche Rechtsunsicherheit, ob die Ware überhaupt den Bestimmungen des Zielstaates entsprechen kann. Diese mögliche Beeinträchtigung des innergemeinschaftlichen Handels[330] stellt eine andere „Maßnahme gleicher Wirkung" dar, die nur durch zwingende Gründe des Gemeinwohls gerechtfertigt sein kann.

327 CALLIESS/ RUFFERT/ KINGREEN, Art.28–30 EGV Rn. 79; die nationalen Grundrechte werden nach dieser Konzeption im Bereich der Grundfreiheiten von den Unionsgrundrechten verdrängt.

328 RENGELING/ MÜLLER-GRAFF, § 10 Rn. 64ff.

329 RENGELING/ MÜLLER-GRAFF, aaO Rn. 67.

330 So BLECKMANN, JZ 1985, S. 1072 (1074).

b) Herkunftslandprinzip

Neben dem allgemein geltenden Diskriminierungsverbot in Art. 12 Abs. 1 EGV (Art. 18 AEUV), das auf die Anwendung des Bestimmungslandprinzips hinausläuft,[331] wird durch die dargestellte weitergehende Interpretation der Warenverkehrsfreiheit im Ergebnis also das Herkunftslandprinzip verankert: Waren aus anderen Mitgliedstaaten müssen nur den heimatlichen Anforderungen an Produktsicherheit oder ähnliche Sicherheitsanforderungen genügen, wenn gleichzeitig sichergestellt ist, dass innerhalb der Europäischen Union ein gewisser Mindestschutzstandard garantiert ist. Umgekehrt bedeutet dies, dass das Bestimmungsland die fremde Warenverkehrsgenehmigung anerkennen muss, mit der bestätigt wird, dass die Ware den dortigen Produktanforderungen entspricht. Daher könnte man diese Regelung auch als „Mindestharmonisierung bei gleichzeitiger gegenseitiger Anerkennungspflicht" bezeichnen.

Der Europäische Gerichtshof formuliert im Fall *Cassis de Dijon* dementsprechend, dass Waren, die in einem Mitgliedstaat rechtmäßig hergestellt und in den Verkehr gebracht wurden, in alle anderen Mitgliedstaaten ebenfalls eingeführt werden können.[332] Dies bedeutet aber nichts anderes, als dass die nationalen Regelungen des Herkunftsstaates für die Zulässigkeit des gemeinschaftsweiten Vertriebs maßgeblich sind, mithin also die Geltung des Herkunftslandprinzips.

Im Ergebnis ist eine Nichtanerkennung von Warenverkehrsgenehmigungen also nur noch dann gerechtfertigt, wenn nach europarechtlichen Maßstäben eine Beschränkung der Warenverkehrsfreiheit nach Art. 30 EGV (Art. 36 AEUV, für diskriminierende Maßnahmen) oder nach den Grundsätzen der *Cassis de Dijon*-Rechtsprechung (für nicht diskriminierende Maßnahmen gleicher Wirkung) aufgrund „zwingender Erfordernisse" gerechtfertigt wäre.[333] Umgekehrt wird damit eine gegenseitige Anerkennungspflicht nationaler Produktstandards formuliert, die nur unter engen Voraussetzungen namentlich im nicht harmonisierten Bereich ausnahmsweise entfallen kann.[334]

In Umsetzung dieses Regelungsansatzes hat die Kommission einen Leitfaden zur praktischen Anwendung des Prinzips der gegenseitigen Anerkennung herausgegeben, der den freien Warenverkehr in nicht harmonisierten Bereichen erleichtern soll.[335] Grundsätzlich sollen die Mitgliedstaaten – vorbehaltlich etwaiger Prüfungsrechte, ob ein mit den nationalen Vorgaben vergleichbares Schutzniveau gewähr-

---

331 Danach dürfen Waren aus anderen Mitgliedstaaten im Inland keinen anderen, ungünstigeren Regelungen unterworfen werden als inländische Waren.

332 EuGH, Rs. 120/78, Slg. 1979, S. 649ff. (Ziffer 14 – Cassis de Dijon).

333 LINKE, S. 190 mit Verweis auf die Vergleichbarkeit zu dem im Völkerrecht anerkannten ordre public-Vorbehalt.

334 HERDEGEN, Europarecht, § 16 Rn. 3.

335 Mitteilung der Kommission zu Auslegungsfragen – Erleichterung des Marktzugangs für Waren in einem anderen Mitgliedstaat: praktische Anwendung des Prinzips der gegenseitigen Anerkennung vom 4. November 2003, 2003/C 265/02.

leistet wird – das Inverkehrbringen von Erzeugnissen erlauben, die in einem anderen Mitgliedstaat rechtmäßig hergestellt oder in den Verkehr gebracht wurden. Den berechtigten Allgemeininteressen der Mitgliedstaaten an einem angemessenen Schutzniveau kann dabei auch in anderer Weise als in den nationalen Vorschriften Rechnung getragen werden, solange dadurch ein gleichwertiges Schutzniveau sichergestellt wird.[336] In diesem Zusammenhang erwähnt die Kommission die unmittelbare Wirkung der Art. 28 und 30 EGV, auf denen das Prinzip der gegenseitigen Anerkennung basiert.[337] Die Kommission geht also davon aus, dass sich schon unmittelbar aus den Grundfreiheiten primärrechtliche Anerkennungspflichten ergeben, ohne dass es einer europarechtlichen Harmonisierung bedürfe. Gleichzeitig bezieht sie die *Cassis de Dijon*-Rechtsprechung in das Prinzip der gegenseitigen Anerkennung ein, indem sie Ausnahmen davon nur aus den in Art. 30 EGV genannten Gründen oder wegen zwingender Erfordernisse des Allgemeininteresses als gerechtfertigt ansieht.[338] Schließlich gibt sie praktische Handlungsanweisungen und Empfehlungen für die Mitgliedstaaten zur Überprüfung eines gleichwertigen Schutzniveaus[339] und für die Einführung von Klauseln über die gegenseitige Anerkennung im nationalen Recht.[340]

Allerdings bleibt bei weitgehender Anwendung des Prinzips der gegenseitigen Anerkennung weiterhin das Problem der Inländerdiskriminierung bestehen, wenn im Inland hergestellte Waren strengeren nationalen Anforderungen genügen müssen. Auf die nach deutschem Verfassungsrecht derzeit zulässige Inländerdiskriminierung wird in Teil C.VII im 4. Kapitel dieser Arbeit näher eingegangen.[341]

c) Ausnahmen

Wie bereits erwähnt, sind nach der Rechtsprechung des Europäischen Gerichtshofs andere Maßnahmen, also unterschiedslos wirkende Beschränkungen der Warenverkehrsfreiheit, möglich, wenn sie aus zwingenden Gründen des Allgemeinwohls wie zum Beispiel dem Schutz der öffentlichen Gesundheit, der Lauterkeit des Handelsverkehrs oder dem Verbraucherschutz erfolgen und verhältnismäßig sind.[342] In Bereichen, in denen eine europaweite Mindestharmonisierung stattgefunden hat, dürfte

---

336 Mitteilung der Kommission, Punkt 3.

337 Mitteilung der Kommission, Punkt 1.2.

338 Mitteilung der Kommission, Punkt 1.2 und Fußnote 5 und 9.

339 Mitteilung der Kommission, Punkt 4.

340 Mitteilung der Kommission, Punkt 6.

341 Zur europarechtlichen Zulässigkeit der Inländerdiskriminierung siehe zum Beispiel HERDEGEN, § 7 Rn. 18ff., vgl. aber auch GUNDEL, DVBl 2007, S. 269ff., der neuere Entwicklungen in der Rechtsprechung zu dem Thema referiert und sich kritisch damit auseinandersetzt, ob die Inländerdiskriminierung heute noch gerechtfertigt ist und wie eine flexible Anpassung der nationalen Regelungen erfolgen kann.

342 OPPERMANN/ CLASSEN/ NETTESHEIM, S. 428f. m.w.N. aus der Rechtsprechung des Europäischen Gerichtshofs.

ein solcher Ausnahmegrund wohl nur selten gegeben sein.[343] Denn den europarechtlichen Mindestanforderungen an Sicherheitsstandards europaweit vertriebener Waren liegt ja gerade das Verständnis zugrunde, dass diese Standards ausreichend sind und darüber hinausgehende Vorgaben zwar einen (durchaus erwünschten) Einfluss auf den Qualitätswettbewerb im Binnenmarkt haben können, aber eben nicht aus den genannten Schutzgründen zwingend erforderlich sind. Daher dürfte ein Staat eine Anerkennung ausländischer Warenverkehrsgenehmigungen unter Verweis auf seine strengeren Anforderungen im harmonisierten Bereich kaum verweigern können.

Diskriminierende Beschränkungen sind dagegen nur unter den sehr viel strengeren Voraussetzungen des Art. 30 EGV (Art. 36 AEUV) möglich: Beschränkungen müssen etwa aus Gründen der öffentlichen Ordnung und Sicherheit, zum Schutz der Gesundheit und des Lebens, zum Schutz kultureller Güter oder zum Schutz gewerblichen und kommerziellen Eigentums erforderlich und angesichts der Einschränkungen des freien Warenverkehrs verhältnismäßig sein. Ausländische Warenverkehrsgenehmigungen müssen also nicht anerkannt werden, wenn auf Seiten des Bestimmungsstaates ein solcher Ausnahmetatbestand vorliegt. Solche Gründe dürfte es im harmonisierten Bereich wohl ebenfalls nur selten geben, da ein Mindestschutzstandard schon durch die harmonisierten gemeinschaftsrechtlichen Vorschriften gewährleistet wird und weitere beschränkende Maßnahmen der Mitgliedstaaten kaum erforderlich und damit unverhältnismäßig sein dürften.

Im Übrigen muss bei Einschränkungen der Warenverkehrsfreiheit auch immer der Grundsatz der Verhältnismäßigkeit gewahrt bleiben. So dürfte es in vielen Fällen ausreichen, wenn ausländische Produkte, die nicht den strengeren inländischen Vorschriften entsprechen, nur entsprechend gekennzeichnet auf den einheimischen Markt gebracht werden dürfen. Ein Vertriebsverbot wäre demgegenüber nicht erforderlich. Das Verhältnismäßigkeitsprinzip ist aber auch dann schon verletzt, wenn eine genaue Entsprechung der fremden Ware mit den nationalen Vorschriften gefordert wird, obwohl wegen gemeinschaftsrechtlich harmonisierter Vorschriften dasselbe Schutzniveau zwischen den Mitgliedstaaten schon auf andere Weise gewährleistet ist. In diesem Fall wäre eine einschränkende Maßnahme ebenfalls nicht erforderlich zur Erreichung der Schutzziele.[344] Dabei bedeutet „gleichwertig" nicht „deckungsgleich", solange im Ergebnis (eventuell auch mit einem anderen Schutzkonzept) im konkreten rechtlichen und tatsächlichen Kontext ein gleich hohes Schutzniveau erreicht wird, das den gemeinschaftsrechtlich anerkannten Interessen der Allgemeinheit entspricht.[345] In solch einem Fall werden nämlich die berechtigten Interessen des Einfuhrstaates an der Sicherheit der eingeführten Waren schon

343 Vgl. zum Beispiel EuGH, Rs. C–5/94, Slg. 1996, S. I–2553 (Ziffer 18ff.); HERDEGEN, Europarecht, § 16 Rn. 19.

344 EuGH, Rs. 188/84, Slg. 1986, S. 419 (Ziffer 16).

345 Europäische Kommission, Mitteilung vom 4. November 2003, 2003/C 265/02, S. 3; MICHAELS, S. 225.

durch die Einhaltung der ausländischen Normen ausreichend geschützt, so dass kein legitimes, eine Einschränkung der Grundfreiheiten rechtfertigendes Interesse besteht, eine Anerkennung zu verweigern.[346]

d) Zwischenergebnis

Zusammenfassend lässt sich sagen, dass im Anwendungsbereich der Warenverkehrsfreiheit ausländische Warenverkehrsgenehmigungen, Prüfzertifikate und ähnliche, für Einfuhr und Vertrieb erforderliche Hoheitsakte anderer Mitgliedstaaten im vollständig harmonisierten Bereich, in dem einheitliche europäische Vorgaben für ein gewisses Schutzniveau bestehen, anerkannt werden müssen.[347] Dies gilt nur dann nicht, wenn Gründe vorliegen, die nach Art. 30 EGV (Art. 36 AEUV, bei diskriminierenden Maßnahmen) bzw. nach der *Cassis de Dijon*-Rechtsprechung wegen zwingender Gründe des Allgemeinwohls (bei nicht diskriminierenden Maßnahmen) eine Beschränkung der Warenverkehrsfreiheit rechtfertigen können. Damit ist eine Rechtsangleichung nur noch erforderlich, sofern unterschiedliche nationale Regelungen als Beschränkung der Warenverkehrsfreiheit nach den anerkannten Rechtfertigungsregeln zu den Grundfreiheiten gerechtfertigt wären. Die Begründungspflicht für eine ausnahmsweise zulässige Einschränkung dieser Freiheit obliegt dem Mitgliedstaat, der eine solche Beschränkung durchsetzen will.

Im nicht harmonisierten Bereich bestehen entsprechende Anerkennungspflichten, wenn die Vorschriften des Herkunftsstaates bei rechtsvergleichender Betrachtung ein vergleichbares Schutzniveaus gewährleisten und die Einfuhr des ausländischen Produkts nicht ausnahmsweise den inländischen *ordre public* gefährdet. Anderenfalls sind im Sinne der Verhältnismäßigkeit bei beschränkenden Maßnahmen zumindest die ausländischen Zertifikate und vorgelegten Prüfergebnisse bei der Beurteilung im Einfuhrstaat zu berücksichtigen, um doppelte Kontrollen derselben Schutzaspekte zu vermeiden.[348] Kontrollen sind dann lediglich stichprobenartig zulässig, um zu überprüfen, ob die Bestimmungen des Herkunftsstaates eingehalten wurden, oder bei konkreten Verdachtsmomenten, dass die ausländischen Waren den Sicherheitsanforderungen nicht genügen.

Fraglich ist im nicht harmonisierten Bereich allerdings noch, ob es ausreicht, dass die verschiedenen nationalen Rechtsvorschriften gleichwertigen Regelungszielen dienen oder ob das konkret gewährleistete Schutzniveau vergleichbar sein muss. Im Einklang mit der überwiegenden Meinung in der Literatur hat sich der Europäische Gerichtshof für letzteres entschieden.[349] Daher steht es den Staaten frei, mit welchen technischen Anforderungen sie das geforderte Schutzniveau erreichen wol-

---

346 BLECKMANN, JZ 1985, S. 1072 (1074f.).

347 EuGH, Rs. C–5/94, Slg. 1996, S. I–2553, (Ziffer 18ff.).

348 Zusammenfassend BLECKMANN, JZ 1985, S. 1072 (1076); LINKE, S. 191 m.w.N. zur Rechtsprechung zu doppelten Kontrollen, zusammenfassend S. 193f.

349 EuGH, Rs. 188/84, Slg. 1986, S. 419 (Ziffer 17); LINKE, S. 184f. m.w.N.

len. Konkrete technische Anforderungen können vom Einfuhrstaat also nur verlangt werden, wenn anderenfalls das vergleichbare Schutzniveau nicht zu erreichen ist.

2. Freier Dienstleistungsverkehr, Art. 49 EGV (Art. 56 AEUV)

Art. 49 EGV bzw. nunmehr Art. 56 AEUV garantiert innerhalb des Binnenmarktes den freien grenzüberschreitenden Verkehr von Dienstleistungen und enthält neben einem Diskriminierungsverbot ein allgemeines Verbot für formal unterschiedslose staatliche Maßnahmen, die gleichwohl eine Beschränkung des freien Dienstleistungsverkehrs darstellen.[350] Verhältnismäßige Einschränkungen sind lediglich zum Schutz von Allgemeininteressen, zum Beispiel aus Gründen der Qualitätssicherung oder des Gesundheits- und Verbraucherschutzes, zulässig.[351] Wenn diese Regelungsziele bereits im Ursprungsstaat sichergestellt wurden, müssen die Ausübung einer Dienstleistung betreffende Genehmigungen und ähnliche Hoheitsakte anderer Mitgliedstaaten im Zielstaat anerkannt werden. Es gilt also ebenso wie bei der Warenverkehrsfreiheit, dass fremde Hoheitsakte im harmonisierten Bereich, in dem ein vergleichbares Schutzniveau aller Mitgliedstaaten gewährleistet ist, im Zielstaat anerkannt werden müssen.[352] Das gemeinschaftsweite Regelungsziel bzw. der angestrebte Schutzstandard werden dann nämlich bereits durch die Genehmigung im Ursprungsstaat sichergestellt. Eine dennoch erfolgende Verweigerung würde eine unzulässige, da nicht erforderliche und damit nicht verhältnismäßige Einschränkung der Dienstleistungsfreiheit darstellen. Dies bedeutet aber keine automatische, bedingungslose Anerkennungspflicht für alle Dienstleistungsarten, da die Harmonisierung der Schutzniveaus innerhalb der Europäischen Gemeinschaften noch nicht in allen Tätigkeitsbereichen ausreichend fortgeschritten ist.

3. Niederlassungsfreiheit, Arbeitnehmerfreizügigkeit, Art. 39, 43 EGV (Art. 45, 49 AEUV)

Im Bereich der in Art. 39, 43 EGV bzw. nunmehr Art. 45, 49 AEUV verbrieften Arbeitnehmerfreizügigkeit und Niederlassungsfreiheit gilt ähnliches wie bei den übrigen Grundfreiheiten: In harmonisierten Bereichen ist grundsätzlich Raum für eine Anerkennungspflicht für Berufsabschlüsse, Zeugnisse, Befähigungsnachweise und ähnliche nationale Hoheitsakte. Vom Europäischen Gerichtshof, der auch aus der Arbeitnehmerfreizügigkeit neben einem Diskriminierungsverbot ein weitreichendes Verbot auch mittelbarer und faktischer Diskriminierungen ableitet,[353] wurde dies zum Beispiel für den Bereich der Zulassung zur Berufsausübung entschieden. Aus-

350 EuGH, Rs. 33/74, Slg. 1974, S. 1299 (Ziffer 10/12).

351 EuGH, Rs. C.58/98, Slg. 2000, S. I–7919 (Ziffer 38).

352 EuGH, Rs. C–158/96, Slg. 1998, S. I–1931 (Ziffer 45ff.); MICHAELS, S. 249; FRENZ, GewArch 2007, S. 10 (13).

353 Streitig, vgl. die Formulierung des EuGH in Rs. C–79/01, Slg. 2002, S. I–8923 (Ziffer 26).

ländische Kenntnis- und Befähigungsnachweise müssen dementsprechend in den nationalen Vorschriften zur Berufsausübung berücksichtigt werden.[354] Allerdings steht dem Zielstaat ein Überprüfungsrecht zu, ob die ausländischen Befähigungsnachweise unter Berücksichtigung der jeweiligen Besonderheiten im Ausstellungsstaat im Vergleich zu den nationalen Nachweisen gleichwertig sind.[355] Das Ergebnis dieser Gleichwertigkeitsprüfung, die auch objektiven Unterschieden zwischen den Mitgliedstaaten Rechnung tragen soll, ist gerichtlich voll überprüfbar.

Im Bereich der Niederlassungsfreiheit unterliegen Anerkennungspflichten im Vergleich zur Dienstleistungsfreiheit etwas engeren Voraussetzungen, da sich der Betroffene ja dauerhaft im Zielstaat niederlassen will und sich dementsprechend dauerhaft seiner Territorialhoheit unterwerfen muss. Dementsprechend steht dem Zielstaat ein größeres Ermessen zu, ob er die ausländischen Nachweise als gleichwertig anerkennen will oder ob er seine nationalen Vorgaben für ausreichend wichtig erachtet, um auf deren Einhaltung zu bestehen.[356] Wenn die Voraussetzungen für die Ausübung der Niederlassungsfreiheit aber bereits gemeinschaftsrechtlich harmonisiert sind, haben die Mitgliedstaaten keinen Ermessensspielraum mehr und können die Zulassung zu einem bestimmten Beruf grundsätzlich nicht ablehnen, es sei denn, sie können sich auf gemeinschaftsrechtlich vorgegebene Ausnahmetatbestände berufen.[357] In diesem Rahmen müssen ausländische Befähigungsnachweise dann auch nach den oben genannten Grundsätzen anerkannt werden, um eine ungerechtfertigte Beschränkung der Niederlassungsfreiheit zu verhindern.

4. Grundsatz der Gemeinschaftstreue, Art. 10 EGV (Art. 4 Abs. 3 EUV)

Vereinzelt wird vertreten, dass sich aus dem in Art. 10 EGV (nunmehr Art. 4 Abs. 3 EUV) enthaltenen Grundsatz der Gemeinschaftstreue Anerkennungspflichten für Hoheitsakte anderer Mitgliedstaaten, mit denen Gemeinschaftsrecht vollzogen wird, ergeben, bzw. dass diese Vorschrift im Zuge der fortschreitenden Integration ab einem gewissen Punkt so ausgelegt werden kann.[358] Begründet wird dies mit einer im Gemeinschaftsrecht angelegten Angleichung der in den nationalen Rechtsordnungen statuierten Schutzinteressen, die das Anerkennungsermessen reduzieren soll. Dagegen spricht aber schon vom Ergebnis her, dass dann eine unbeschränkte Anerkennungspflicht für alle im Vollzug von Gemeinschaftsrecht ergangenen nationalen Hoheitsakte bestünde und das im Prinzip der Europäischen Union als Staatenverbund ebenfalls angelegte Nebeneinander der nationalen Rechtsordnungen hinfällig würde.

---

354 EuGH, Rs. 340/89, Slg. 1991, I–2357, Rn. 15f.; Rs. C–313/01, Slg. 2003, S. I–13467 (Ziffer 62ff.); FRENZ, GewArch 2007, S. 10 (12).

355 EuGH, aaO Rn. 17.

356 MICHAELS, S. 272.

357 Zum Ganzen FRENZ, GewArch 2007, S. 10ff.

358 BLECKMANN, JZ 1985, S. 1072 (1077) zu Art. 5 Abs. 2 EWG-Vertrag.

Nach herkömmlicher Lesart lässt sich aus Art. 10 EGV zwar eine Pflicht der Mitgliedstaaten zur gegenseitigen Rücksichtnahme und zur loyalen Zusammenarbeit ableiten, um die Ziele des Gemeinschaftsrechts nicht zu gefährden.[359] Gleichzeitig müssen die Mitgliedstaaten untereinander und im Verhältnis zu den Gemeinschaftsorganen die jeweiligen Interessen der anderen wahren, die durch das Gemeinschaftsrecht geschützt werden.[360] Damit lässt sich der Grundsatz der Gemeinschaftstreue von der Intensität her zwischen dem völkerrechtlich als Mindeststandard zum Umgang der Staaten miteinander konzipierten völkerrechtlichen Missbrauchsverbot und dem auch im deutschen Verfassungsrecht bekannten Prinzip der Bundestreue im Bundesstaat verorten.[361]

Um eine unmittelbare Anerkennungspflicht begründen zu können, müsste Art. 10 EGV bzw. Art. 4 Abs. 3 EUV aber unmittelbar gegenüber dem einzelnen Mitgliedstaat Rechte und Pflichten begründen können. Der Wortlaut der Vorschrift ist allerdings zu weit und zu unbestimmt, um den Umfang eventueller verbindlicher Rechte und Pflichten klar erkennen zu lassen. Eine hinreichend bestimmte und unbedingte Verpflichtung der Mitgliedstaaten zu einem konkreten Tun oder Unterlassen lässt sich daraus nicht ableiten. Sie wäre wegen der Unbestimmtheit der Norm auch gar nicht justitiabel.[362] Aus demselben Grund kann die Vorschrift aber auch nicht ausschließlich in Fällen eines auf Null reduzierten Anerkennungsermessens Pflichten der Mitgliedstaaten begründen,[363] da die Reduzierung eines Anerkennungsermessens auf Null zwangsläufig voraussetzt, dass ein solches aus einer Anerkennungspflicht folgendes Ermessen überhaupt erst durch eine Rechtsvorschrift begründet ist, und Art. 10 EGV bzw. Art. 4 Abs. 3 EUV wiederum keine solchen Rechtspflichten begründen kann. Allerdings hat der Europäische Gerichtshof eine mit der Niederlassungsfreiheit begründete Anerkennungspflicht für gleichwertige ausländische Diplome für Berufe, für die noch keine gemeinschaftsrechtlichen Harmonisierungsvorschriften erlassen wurden, auch mit Hinweis auf die die Mitgliedstaaten verpflichtende Gemeinschaftstreue bejaht.[364] Ähnlich dem verfassungsrechtlichen Prinzip der Bundestreue im Bundesstaat[365] kann Art. 10 EGV daher nur im Zusammenhang mit anderen, im Primär- oder Sekundärrecht unbedingt und hinreichend bestimmt begründeten Rechten und Pflichten diese verstärken und

---

359 CALLIESS/ RUFFERT/ KAHL, Art. 10 EGV Rn. 2, 6 m.w.N zur Rechtsprechung des EuGH.

360 CALLIESS/ RUFFERT/ KAHL, Art. 10 EGV Rn. 71.

361 LINKE, S. 212.

362 LINKE, S. 216.

363 So aber CALLIESS/ RUFFERT/ KAHL, Art. 10 EGV Rn. 16.

364 EuGH, Rs. C–340/89, Slg. 1991, S. I–2357 (Ziffer 19).

365 Vgl. für die Bundesrepublik Deutschland DEGENHART, Staatsrecht I, Rn. 176ff, v.a. Rn. 191: Das Prinzip der Bundestreue kann verfassungsrechtliche Kompetenzen nur inhaltlich ausgestalten, modifizieren oder deren Ausübung einschränken, nicht aber eigenständig Kompetenzen von Bund oder Ländern begründen.

im Sinne einer Auslegungshilfe konkretisieren.[366] Eine unmittelbare Anerkennungspflicht für alle in Vollzug von Gemeinschaftsrecht erlassenen nationalen Hoheitsakte kann durch den Grundsatz der Gemeinschaftstreue ohne das Zusammenwirken mit anderen Anerkennungsvorschriften dagegen nicht begründet werden.

Allerdings lassen sich aus Art. 10 EGV Pflichten zur Kooperation, Solidarität und Rücksichtnahme unter den Mitgliedstaaten ableiten.[367] Generell sind die Mitgliedstaaten untereinander verpflichtet, die Anwendung gemeinschaftsrechtlicher Normen zu erleichtern und auf in diesem Zusammenhang durchgeführte Kontroll- und Sanktionsmaßnahmen anderer Mitgliedstaaten vertrauen.[368] Dies bedeutet aber nicht, dass sie gleichzeitig jeden in Umsetzung von Gemeinschaftsrecht ergangenen Rechtsakt anderer Mitgliedstaaten anerkennen müssten, solange nicht anderweitig begründete Anerkennungspflichten aus europäischem Primär- oder Sekundärrecht greifen.[369]

5. Allgemeines Diskriminierungsverbot, Art. 12 Abs. 1 EGV (Art. 18 AEUV)

Art. 12 Abs. 1 EGV (nunmehr Art. 18 AEUV) verbietet den Mitgliedstaaten allgemein jegliche Diskriminierung aus Gründen der Staatsangehörigkeit,[370] wobei die spezielleren Diskriminierungsverbote aus den Grundfreiheiten in ihrem jeweiligen Anwendungsbereich als vorrangige Regelungen der Vorschrift vorgehen. Eine solche Diskriminierung kann allerdings im Einzelfall gerechtfertigt sein, wobei hier oftmals zwischen einer formellen (an die Staatsangehörigkeit direkt anknüpfenden) und einer materiellen (versteckten, sich allerdings regelmäßig nur auf Staatsangehörige anderer Länder auswirkenden) Diskriminierung unterschieden wird.[371] Nach der Rechtsprechung des Europäischen Gerichtshofs ist ein rechtfertigender Grund

---

366 CALLIESS/ RUFFERT/ KAHL, Art. 10 EGV Rn. 16; vergleiche zur parallelen Auslegung des deutschen verfassungsrechtlichen Prinzips der Bundestreue die ständige Rechtsprechung des Bundesverfassungsgerichts, siehe nur BVerfGE 42, 103 (117), 95, 250 (266), 103, 81 (88): „akzessorische" Natur des Grundsatzes der Bundestreue.

367 EuGH, Rs. C–251/89, Slg. 1991, I–2797, Rn. 57, zur Vorgängernorm des Art. 5 EWG; CALLIESS/ RUFFERT/ KAHL, Art. 10 EGV Rn. 16, 77.

368 EuGH, Rs. C–5/94, Slg. 1996, I–2553, 2. Leitsatz und Rn. 19, zur Vorgängernorm des Art. 5 EWG.

369 Anders zum Teil BLECKMANN, JZ 1985, S. 1072 (1076f.), für den Bereich der Grundfreiheiten, der mit Hinblick auf die fortschreitende Integration innerhalb der europäischen Gemeinschaften auch eine generelle Anerkennungspflicht in Zukunft für möglich hält.

370 Die unter dem Stichwort der „Inländerdiskriminierung" bekannte Schlechterstellung der eigenen Staatsangehörigen gegenüber den Bürgern anderer Mitgliedstaaten wird von diesem Verbot nicht erfasst, wenn und soweit es sich um rein nationale Sachverhalte ohne grenzüberschreitenden Bezug handelt, vgl. HERDEGEN, Europarecht, § 7 Rn. 18 und unter C.VIII im 4. Kapitel dieser Arbeit.

371 Vlg. zum Meinungsstand CALLIESS/ RUFFERT/ EPINEY, Art. 12 EGV Rn. 37ff.

durch objektive Umstände jedenfalls für eine versteckte Diskriminierung denkbar.[372]

Die Nichtanerkennung eines ausländischen Hoheitsaktes kann zwar gegenüber dem ausländischen Staatsangehörigen eine mittelbare Diskriminierung darstellen, da sie die eigenen Staatsangehörigen, die typischerweise nicht Adressaten fremder Hoheitsakte sind, in der Regel nicht treffen wird. Eine daraus folgende generelle Anerkennungspflicht würde die Regelungsbefugnisse der Mitgliedstaaten aber zu sehr einschränken. Sie kann aber bejaht werden, wenn für eine im Anwendungsbereich des EGV erfolgende Ungleichbehandlung im Einzelfall kein rechtfertigender Grund im Sinne des Gemeinschaftsrechts gegeben ist, insbesondere, wenn die Voraussetzungen für den ausländischen Hoheitsakt gleichwertig mit denen für inländische Hoheitsakte auf demselben Regelungsgebiet sind.[373] Dies dürfte im Bereich des harmonisierten Gemeinschaftsrechts regelmäßig der Fall sein, allerdings dürften die meisten dieser Fälle bereits von den oben dargestellten, spezielleren Grundsätzen zu Anerkennungspflichten im Bereich der Grundfreiheiten erfasst sein. Unmittelbar aus Art. 12 Abs. 1 EGV bzw. Art. 18 AEUV folgende Anerkennungspflichten wären daher nur von geringer praktischer Bedeutung.

6. Gemeinschaftsrechtliche Umweltschutzbestimmungen, Art. 174 EGV (Art. 191 AEUV)

Primärrechtlich ist der Umweltschutz auf Gemeinschaftsebene in den bereits dargestellten Art. 174ff. EGV (nunmehr Art. 191 ff. AEUV) geregelt, die im Zusammenhang mit der eher als politisches Programm angelegten Querschnittsklausel des Art. 6 EGV (nunmehr Art. 11 AEUV) gelesen werden müssen. Diese umweltschutzrechtlichen Kompetenztitel wurden in das europäische Primärrecht erst mit der Einheitlichen Europäischen Akte[374] in den Zuständigkeitsbereich der Gemeinschaften aufgenommen, nachdem es zuvor schon sekundärrechtliche Regelungsansätze in umweltrelevanten Bereichen gab.[375] Der Einfluss des gemeinschaftsrechtlichen Umweltschutzes auf die nationalen Rechtsordnungen ist mittlerweile erheblich, insbesondere in Staaten, die vor Erlass der europäischen Regelungen nicht über ein ausdifferenziertes System zum nationalen Umweltschutz verfügten.[376]

Art. 174 EGV benennt zunächst allgemeine Ziele und Grundsätze der europäischen Umweltpolitik. Absatz 4 ermächtigt die Europäische Gemeinschaft zum Abschluss von umweltrechtlichen Abkommen mit Drittstaaten. Art. 175 EGV be-

372 EuGH, Rs. C–398/92, Slg. 1994, S. I–467 (Ziffer 17).

373 LINKE, S. 225f.

374 Einheitliche Europäische Akte (EEA) vom 28. Februar 1986, in Kraft getreten am 1. Juli 1987, Abl. L 169 S. 1ff, Art. 130r bis 130t.

375 Vgl. die Nachweise bei VON DER GROEBEN/ SCHWARZE/ KRÄMER, Art, 174 EGV Rn. 2f.

376 Zur Entwicklung des europäischen Umweltschutzrechts VON DER GROEBEN/ SCHWARZE/ KRÄMER, Vorbemerkung zu Art. 174 bis 176 EGV Rn. 1ff, Rn. 12.

stimmt das Verfahren zum Erlass umweltrechtlicher Regelungen, die in der Regel mit Mehrheitsentscheidung beschlossen werden. Die Maßnahmen werden in der Regel von den Mitgliedstaaten umgesetzt. Art. 174ff. EGV haben aber keine unmittelbare Rechtswirkung und beinhalten auch kein direkt wirkendes Verbot der Umweltverschmutzung, sondern bedürfen zu ihrer Umsetzung sekundärrechtlicher Rechtsakte, die dann von den Mitgliedstaaten vollzogen werden.[377] Es besteht dagegen keine allgemeine und unmittelbare Pflicht der Mitgliedstaaten, ihre auf unterschiedlichen Schutzstandards aufbauenden nationalen Umweltschutzvorschriften an die Ziele und Vorgaben des EGV bzw. nunmehr des AEUV anzupassen.

Nach Art. 176 EGV können die Mitgliedstaaten schließlich ein höheres nationales Umweltschutzniveau einführen oder beibehalten, sofern sich die nationalen Regelungen auf eine nach Art. 175 EGV erlassene gemeinschaftsrechtliche Maßnahme beziehen und mit dem EGV vereinbar sind. Es besteht eine Notifizierungspflicht zur Kommission. Streitig ist, ob dies auch gilt, wenn die einschlägige gemeinschaftsrechtliche Maßnahme auf eine vollständige Harmonisierung abzielt.[378] Jedenfalls dürfte eine Anerkennung ausländischer Hoheitsakte in diesem Bereich abweichender nationaler Umweltschutzvorschriften dann nur möglich sein, wenn die strengeren nationalen Vorgaben ebenfalls erfüllt sind.

Hervorzuheben ist im Rahmen des europäischen Umweltrechts im vorliegenden Kontext die Richtlinie über die integrierte Vermeidung und Verminderung der Umweltverschmutzung aus dem Jahr 1996,[379] nach der nationale Genehmigungen für größere industrielle Neuanlagen seit 1999 und Altanlagen seit 2007 bestimmten Anforderungen an die technischen Standards und die einzuhaltendem Emissionsgrenzwerte genügen müssen (vgl. Art. 3, 18 der Richtlinie). Art. 7 sieht ein gemeinsames Konzept der Mitgliedstaaten zur Koordinierung der nationalen Genehmigungsverfahren und -auflagen vor, bei dem aber auch die örtlichen und betriebswirtschaftlichen Besonderheiten in den Mitgliedstaaten berücksichtigt werden können, so dass es im Einzelfall zu unterschiedlichen Genehmigungen für vergleichbare Anlagen kommen kann. Diese Koordinierung spricht gegen eine weitergehende Rechtsangleichung der entsprechenden nationalen Rechtsvorschriften im Bereich des Umweltrechts.[380] Unmittelbare Pflichten zur Anerkennung einer im Ursprungsstaat genehmigten umweltbeeinträchtigenden Tätigkeit als rechtmäßig lassen sich daraus aber nicht ableiten.

377 VON DER GROEBEN/ SCHWARZE/ KRÄMER, Art. 175 EGV Rn. 56.

378 Ablehnend VON DER GROEBEN/ SCHWARZE/ KRÄMER, Art. 176 EGV Rn. 13f. m.w.N.

379 Richtlinie 96/61/EG über die integrierte Vermeidung und Verminderung der Umweltverschmutzung vom 24.09.1996, Abl. L 257 S. 26ff.

380 VON DER GROEBEN/ SCHWARZE/ KRÄMER; Vorbemerkung zu Art. 174 bis 176 EGV Rn. 22; Rn. 57 für Emissionen durch Anlagen.

G. Anerkennungspflichten aus dem Sekundärrecht

Wie bereits dargestellt, ist die Europäische Kommission in vielen Regelungsbereichen im Rahmen der „Neuen Strategie“ dazu übergegangen, lediglich europarechtlich verbindliche Mindeststandards zu formulieren und die Regelungen im Übrigen den Mitgliedstaaten zu überlassen, die die daraufhin ergehenden Hoheitsakte dann jeweils anerkennen müssen. Solche Anerkennungspflichten finden sich dann auf europarechtlicher Grundlage in den nationalen Regelungen wieder. Als Beispiel sei das Pflanzenschutzrecht genannt: Nach § 11 Abs. 1 PflSchG[381] sind Pflanzenschutzmittel zulassungspflichtig. Die in einem anderen Mitgliedstaat erteilte Zulassung für Stoffe, die den Anforderungen der zugrundeliegenden Richtlinie 91/414/EWG[382] entspricht und die nicht den nach nationalem Recht aus Gründen des Umwelt- oder Gesundheitsschutzes zulässigen Anwendungsverboten unterfällt, wird nach § 11 Abs. 3 PflSchG von deutschen Behörden anerkannt. Auf Antrag stellt das in Deutschland zuständige Bundesamt für Verbraucherschutz und Lebensmittelsicherheit fest, dass das ausländische Pflanzenschutzmittel in Zusammensetzung und Wirkung einem in Deutschland zugelassenen Mittel entspricht (§ 11 Abs. 3 Satz 1 Nr. 2 PflSchG).

Eine vergleichbare Regelung findet sich für die Zulassung von Produkten mit gentechnisch veränderten Organismen: Nach Art. 19 Abs. 1 der RL 2001/18/EG[383] gilt eine in einem Mitgliedstaat entsprechend der Richtlinie erteilte Zulassung für das Inverkehrbringen von Produkten mit gentechnisch veränderten Organismen in allen Mitgliedstaaten der Europäischen Union und des EWR. Eine entsprechende Regelung wurde in das nationale Recht in § 14 Abs. 5 GenTG[384] übernommen. Diese beiden Beispiele verdeutlichen das Prinzip, dass fremde Genehmigungen in allen europäischen Staaten anerkannt werden müssen, wenn sie den Mindestsicherheitsstandards innerhalb der Europäischen Gemeinschaften entsprechen und damit ein vergleichbares Schutzniveau gewährleistet ist. Allerdings gibt es derzeit auf europäischer Ebene wohl keine sekundärrechtlichen Vorschriften, die ausdrücklich die Anerkennung von Anlagengenehmigungen anderer Mitgliedstaaten vorsehen.

381 Pflanzenschutzgesetz (PflSchG) vom 14. Mai 1998, zuletzt geändert am 29. Juli 2009.

382 Richtlinie 91/414/EWG des Rates vom 15. Juli 1991 über das Inverkehrbringen von Pflanzenschutzmitteln, ABl. L 230 S. 1ff.

383 Richtlinie 2001/18/EWG über die absichtliche Freisetzung gentechnisch veränderter Organismen in die Umwelt und zur Aufhebung der Richtlinie 90/220/EWG vom 12. März 2001; zu diesem Beispiel SYDOW, DÖV 2006, S. 66 (69).

384 Gentechnikgesetz (GenTG) in der Fassung der Bekanntmachung vom 16. Dezember 1993, zuletzt geändert am 29. Juli 2009.

H. Anerkennungspflichten aus den europäischen Grundrechten

Im Folgenden soll untersucht werden, ob sich Anerkennungspflichten auch aus den europäischen Grundrechten, wie sie insbesondere in der europäischen Grundrechtecharta[385] verbrieft sind, herleiten lassen. Um Anerkennungspflichten der Mitgliedstaaten und einen korrespondierenden Anerkennungsanspruch des Genehmigungsinhabers zu begründen, müsste den Grundrechten neben der inhaltlichen Anwendbarkeit aber auch ein entsprechender subjektiv-rechtlicher Gehalt gegenüber den Mitgliedstaaten zukommen.

I. Entwicklung der europäischen Grundrechte und derzeitiger Stand

Die europäischen Grundrechte sind zunächst vom Europäischen Gerichtshof aus einer Zusammenschau der nationalen Verfassungen und von völkerrechtlichen Verträgen der Mitgliedstaaten, insbesondere der Europäischen Menschenrechtskonvention[386], entwickelt worden. Später wurde die Beachtung der richterrechtlich entwickelten, ungeschriebenen Grundrechte in Art. 6 EUV[387] festgeschrieben. Die Europäische Grundrechtecharta wurde am 7. Dezember 2000 von den Gemeinschaftsorganen proklamiert, ist jedoch derzeit als rein politische Erklärung rechtlich nicht verbindlich. Als Erkenntnismittel für die europäische Rechtsprechung begründet sie aber schon seit längerer Zeit eine Art Selbstbindung des Europäischen Gerichtshofs, der aktiv an ihrer Entwicklung beteiligt war und die so gewonnenen, in der Grundrechtecharta niedergelegten Rechtsgrundsätze mit zur Grundlage seiner Rechtsprechung macht.

Der Europäische Gerichtshof hat die europäischen Grundrechte in seiner Rechtsprechung aus einer Zusammenschau der nationalen Grundrechte und der EMRK, eingepasst in die Strukturen und Ziele des Gemeinschaftsrechts, entwickelt. Die vorhandenen nationalen Grundrechte wurden auf der Grundlage der gemeinsamen Verfassungstraditionen und der EMRK konkretisiert und gemeinschaftsautonom unter Einfluss gemeinschaftsspezifischer Wertungen weiterentwickelt.[388] Durch die weitgehend unveränderte Aufnahme in Teil II des Verfassungsentwurfs für die Europäische Union[389] sollte den nunmehr ausformulierten Grundrechten zu rechtlicher

385 Charta der Grundrechte der Europäischen Union (GRCh) vom 18.12.2000, Abl. C 364 S. 1ff.

386 Konvention zum Schutze der Menschenrechte und Grundfreiheiten (Europäische Menschenrechtskonvention – EMRK) vom 4. November 1950 in der Fassung des Protokolls Nr. 11 vom 11. November 1998, abrufbar unter http://conventions.coe.int/Treaty/ger/Treaties/Html/005.htm.

387 Vertrag über die Europäische Union vom 7. Februar 1992, konsolidierte Fassung 2008, Abl. C 115 S. 1ff.

388 Zu Entwicklung und Stand der europäischen Grundrechtsdogmatik siehe VON BOGDANDY/KÜHLING, S. 583ff.

389 Entwurf für einen Vertrag über eine Verfassung für Europa, ABl. 2004 C 310 S. 1ff.

Verbindlichkeit verholfen und der gerichtliche Schutz der Grundrechte gestärkt werden. Nach dem Scheitern des Verfassungsentwurfes werden in Art. 6 EUV in der Fassung des Reformvertrags von Lissabon die in einigen Punkten leicht abgeänderte Grundrechtecharta in Bezug genommen und für verbindlich erklärt sowie die Voraussetzung für einen Beitritt der Europäischen Union zur EMRK geschaffen, ohne dass die Grundrechte im Einzelnen im EUV aufgezählt werden.[390] Damit ist die Grundrechtecharta nunmehr den europäischen Verträgen gleichgestelltes verbindliches Recht innerhalb der Europäischen Union.

Ähnlich wie im deutschen Verfassungsrecht können die europäischen Grundrechte aus Gründen des Allgemeinwohls eingeschränkt werden, es gelten in vergleichbarer Weise der Verhältnismäßigkeitsgrundsatz und eine Art Wesensgehaltsgarantie.[391] Die Grundrechtsdogmatik ist auf europäischer Ebene zwar noch nicht so weit ausdifferenziert, wie dies zum Beispiel im deutschen Verfassungsrecht der Fall ist. Dennoch lässt sich der ständigen Rechtsprechung des Europäischen Gerichtshofs entnehmen, dass Einschränkungen der europäischen Grundrechte nur aufgrund einer gesetzlichen Ermächtigungsgrundlage zulässig sind und die Einschränkung einem legitimen Zweck beziehungsweise Gemeinwohlziel dienen und verhältnismäßig sein muss, was insbesondere zu einer Abwägung der betroffenen Interessen führt.

Allerdings besteht auf europäischer Ebene im Vergleich etwa zum ausdifferenzierten, gewachsenen System des deutschen Verfassungsrechts eine erheblich zurückgenommene Kontrolldichte. In dieser Hinsicht räumt der Europäische Gerichtshof dem gemeinschaftsrechtlichen Gesetzgeber einen weiten Beurteilungsspielraum ein und beschränkt sich oft auf eine reine Evidenzkontrolle, ob Gemeinschaftsrechtsakte die Grundrechte nicht offensichtlich unverhältnismäßig einschränken.[392] Es bleibt abzuwarten, ob die Grundrechtecharta, sollte sie in ihrer jetzigen Form verbindlich werden, zu einer Vertiefung und Konkretisierung der europäischen Grundrechtsdogmatik führen wird.

1. Subjektivrechtlicher Gehalt der Grundrechte

Grundsätzlich verpflichten die europäischen Grundrechte als Normadressaten die Organe der Europäischen Union und der Europäischen Gemeinschaften sowie, in allerdings umstrittenem Umfang, deren Mitgliedstaaten, nicht jedoch private natürliche oder juristische Personen. Diese sind vielmehr im Geltungsbereich des Gemeinschaftsrechts Grundrechtsberechtigte. Für juristische Personen des Privatrechts

---

390 Ausführlich zu der durch den Vertrag von Lissabon eingeführten neuen Grundrechtestruktur in der Europäischen Union PACHE/ RÖSCH, EuZW 2008 S. 519ff.

391 SCHWEITZER, Staatsrecht III, Rn. 401ff.

392 Kritisch CALLIESS/ RUFFERT/ CALLIESS, Art. 1 GRCh Rn. 4, 17f. m.w.N aus der Rechtsprechung vor allem zu wirtschaftspolitischen Maßnahmen im Rahmen der Gemeinsamen Agrarpolitik.

gilt dies allerdings nur, soweit das betreffende Grundrecht von seinem Inhalt her auf sie anwendbar ist. Rechtserhebliche Maßnahmen der genannten Grundrechtsverpflichteten können somit an den Grundrechten gemessen und auf ihre Vereinbarkeit damit geprüft werden. Aus Art. 1 Satz 2 GRCh lässt sich dementsprechend eine Verpflichtung der Mitgliedstaaten und der europäischen Organe ableiten, die im Folgenden näher genannten Grundrechte zu achten und zu schützen. Daraus entstehen Abwehrrechte und Schutzansprüche zugunsten der Unionsbürger gegenüber den Mitgliedstaaten, denen durchaus ein subjektiv-rechtlicher Gehalt zukommt.[393]

Der Europäische Gerichtshof geht in seiner Rechtsprechung ebenfalls neben einer objektiv-rechtlichen Schutzpflicht der Mitgliedstaaten von einer subjektivrechtlichen Tendenz der europäischen Grundrechte aus, die sich über die Drittwirkung der Grundrechte auch zu einem Schutzgewähranspruch verdichten kann. Allerdings ist nach dem derzeitigen Stand von Rechtsprechung und Literatur noch umstritten, ob diese gerichtliche Kontrolle auch unmittelbar für Maßnahmen der Mitgliedstaaten gilt. Der Europäische Gerichtshof bejaht dies zumindest dann, wenn der in Rede stehende Sachverhalt in den Anwendungsbereich des Gemeinschaftsrechts fällt.[394] Dafür spricht, dass die Mitgliedstaaten in diesem Fall in Umsetzung von Gemeinschaftsrecht handeln (indirekter Vollzug des Gemeinschaftsrechts) und Ausnahmen und Schrankenregelungen für Sachverhalte im Anwendungsbereich der europäischen Grundrechte auch im Lichte dieser Normen ausgelegt werden müssen.[395] Die im Einzelnen noch ausstehende Konkretisierung grundrechtsrelevanter Rechte und Pflichten der Mitgliedstaaten bleibt daher auch nach Inkorporierung der Grundrechtecharta in das europäische Primärrecht der Rechtsprechung des Europäischen Gerichtshofs überlassen.

2. Umweltschutzbestimmung, Art. 37 GRCh

Die Bestimmung zum Unweltschutz in Art. 37 GRCh wird allgemein eher als „staatszielartige" politische Vorgabe eingeordnet, die nur begrenzt Raum für Anknüpfungspunkte für hoheitliche Handlungs- oder Unterlassungspflichten lässt.[396] Dementsprechend begründet diese Vorschrift keine unmittelbaren subjektiven Rechte der Grundrechtsberechtigten. Sie ist vielmehr als lediglich objektivrechtliche Vorgabe für die Unionspolitik einzuordnen und bringt gegenüber den bislang in Art. 6 und 174 EGV (nunmehr Art. 11, 191 AEUV) verankerten Zielbestimmungen für ein hohes Umweltschutzniveau im europäischen Raum wohl keine Neuerungen. Aus dieser Zielvorgabe können sich daher keine unmittelbaren Rechtsfolgen für grenzüberschreitend wirkende umweltbeeinträchtigende Handlungen und deren nationale Genehmigungen ergeben.

393 CALLIESS/ RUFFERT/ CALLIESS, Art. 1 GRCh Rn. 13.

394 EuGH, Rs. C–260/89, Slg. 1991, S. I–2925 (Ziffer 42).

395 VON BOGDANDY/ KÜHLING, S. 605.

396 CALLIESS/ RUFFERT/ CALLIESS, Art. 37 GRCh Rn. 1, VON BOGDANDY/ KÜHLING, S. 603.

3. Berufsfreiheit und Recht zu arbeiten, Art. 15 GRCh, und Unternehmerfreiheit, Art. 16 GRCh

Das in Art. 15 GRCh verankerte Grundrecht auf Berufsfreiheit und das in Art. 16 GRCh enthaltene Grundrecht auf Unternehmerfreiheit, das beim Betrieb einer umweltbeeinträchtigenden Anlage wohl mit Hinblick auf das für den Betrieb verantwortliche Unternehmen eher relevant sein dürfte, gewährleisten beide eine umfassende wirtschaftliche Betätigungsfreiheit und unterscheiden sich nur in der Voraussetzung einer unselbständigen beziehungsweise selbständigen wirtschaftlichen Tätigkeit. Beide Grundrechte könnten bei entsprechender rechtlicher Verbindlichkeit eine Pflicht der Mitgliedstaaten zur Anerkennung ausländischer Genehmigungen begründen, soweit eine Nichtanerkennung einen unverhältnismäßigen und damit nicht gerechtfertigten Eingriff in das jeweils anwendbare Grundrecht darstellen würde. Grundsätzlich sind entsprechend Art. 52 Abs. 1 GRCh nämlich nur Eingriffe in die europäischen Grundrechte mit gesetzlicher Grundlage zum Wohle der Allgemeinheit oder zum Schutz der Rechte anderer zulässig, wenn sie den Wesensgehalt der Grundrechte unberührt lassen und der Grundsatz der Verhältnismäßigkeit gewahrt ist.

Interessant ist bei der Unternehmerfreiheit, dass nach Art. 16 GRCh auch die „einzelstaatlichen Rechtsvorschriften und Gepflogenheiten" bei den Rechtfertigungsgründen für einen Eingriff berücksichtigt werden sollen. Zum Teil wird diese Formulierung dahingehend interpretiert, dass sie den Mitgliedstaaten in begrenztem Umfang weitergehende Einschränkungen durch ihre nationalen Rechtsordnungen erlaube, als nach Art. 52 GRCh normalerweise zulässig wäre.[397] Eine differenziertere Grenzziehung dürfte sich aber erst im Laufe der Zeit aus der Rechtsprechung der europäischen Gerichte ergeben.

II. Verhältnis der europäischen Grundrechte zu den Grundfreiheiten

Unklar ist derzeit, wie sich die europäischen Grundrechte zu den Grundfreiheiten verhalten. Insbesondere bei der Berufs- und Unternehmerfreiheit ergeben sich Überschneidungen mit den Grundfreiheiten des EGV bzw. des AEUV, wenn die betreffenden Tätigkeiten grenzüberschreitend ausgeübt werden. Angesichts der überragenden Bedeutung der Grundfreiheiten zur Entwicklung der europäischen Integration und dem entsprechend ausdifferenzierten Schutz, den sie vor ungerechtfertigten Beschränkungen wirtschaftlicher Tätigkeit bieten, dürften diese in ihrem Anwendungsbereich derzeit noch als speziellere Regelungen den Grundrechten vorgehen.[398] Es bleibt abzuwarten, ob sich dieses Verhältnis mit fortschreitender Entwicklung einer europäischen Grundrechtsdogmatik und der nunmehr erfolgten

397 CALLIESS/ RUFFERT/ ders., Art. 16 GRCh Rn. 5.
398 CALLIESS/ RUFFERT/ ders., Art. 16 GRCh Rn. 26f.

Aufnahme der Grundrechtecharta in das europäische Primärrecht umkehrt oder ob die Grundfreiheiten in den Gewährleistungen der Grundrechte dergestalt aufgehen, dass die Behinderung grenzüberschreitender wirtschaftlicher Tätigkeit lediglich einen Unterfall der Grundrechtseinschränkung darstellt.

I. Anerkennungspflichten gegenüber anderen Mitgliedstaaten aus der Verbundenheit in der Europäischen Union

Mit Hinblick auf Anerkennungspflichten zwischen den Mitgliedstaaten gilt zunächst, dass die Mitgliedstaaten innerhalb der Europäischen Union auch im Verhältnis untereinander völkerrechtlich jeweils ihre volle staatliche Souveränität behalten haben. Der völkerrechtliche Territorialitätsgrundsatz bleibt dementsprechend in vollem Umfang anwendbar. Daher und wegen des völkerrechtlichen Grundsatzes der Gleichheit der Staaten kann zunächst kein Mitgliedstaat den anderen verpflichten, seine Hoheitsakte als rechtsverbindlich anzuerkennen, wenn dafür keine besondere gesetzliche oder vertragliche Verpflichtung besteht.[399] Fraglich ist allerdings, ob dieser aus der völkerrechtlich definierten Souveränität der Staaten abgeleitete Begründungsansatz uneingeschränkt auch bei nationalen Hoheitsakten gilt, die in Umsetzung einer gemeinschaftsweit geltenden europarechtlichen Norm erfolgen, ohne dass sich aus dem Gemeinschaftsrecht unter den oben unter F. dargestellten Voraussetzungen eine Anerkennungspflicht begründen ließe.

1. Bundesstaatsparallele

Angesichts der fortgeschrittenen Integration könnte man vertretenen, dass die Europäische Union inzwischen Parallelen zu einem Bundesstaat aufweist und sich daraus eine automatische und vorbehaltlose gemeinschaftsweite Geltung von Hoheitsakten der Mitgliedstaaten ergibt, die aufgrund gemeinschaftsweit geltenden Rechts erlassen wurden. Eine Anerkennung dieser Hoheitsakte wäre dann lediglich deklaratorischer Natur. In einem Bundesstaat wie der Bundesrepublik Deutschland erscheint es selbstverständlich, dass von Landesbehörden im Vollzug von Bundesrecht erlassene Rechtsakte bundesweit gelten. Dies folgt schon aus dem bundesweiten Geltungsanspruch der vollzogenen Bundesnorm.[400]

Voraussetzung für eine solche Analogie wäre aber eine originäre Geltung des Gemeinschaftsrechts, aus der der gemeinschaftsweite und vor allem vom Willen der Mitgliedstaaten unabhängige Geltungsanspruch begründet werden kann. Folge wäre

---

399 Wie bereits dargestellt, gibt es im Gemeinschaftsrecht aber zahlreiche Regelungen über solche Anerkennungspflichten insbesondere in Sachbereichen, in denen gemeinschaftsrechtlich eine Harmonisierung stattgefunden hat.

400 So schon BVerfGE 11, S. 6 (19); ausführlich BLECKMANN, NVwZ 1986, S. 1ff.

eine automatisch eintretende europaweite Wirkung von gemeinschaftsrechtlich begründeten Hoheitsakten, die mit der angenommenen autonomen Rechtsetzungsbefugnis der Gemeinschaftsorgane zu begründen wäre. Bestätigt zu werden scheint diese Ansicht durch die mittlerweile gefestigte Erkenntnis, dass das Gemeinschaftsrecht eine eigenständige, von seinen völkerrechtlichen Grundlagen zu differenzierende Rechtsordnung ist, die in ihrem Anwendungsbereich den einschlägigen nationalen Regelungen vorgeht.[401]

II. Übertragbarkeit auf die Europäischen Gemeinschaften – Europäische Rechtsordnung als Rechtsordnung sui generis auf völkerrechtlicher Grundlage

Nach wie vor wird aber den Europäischen Gemeinschaften beziehungsweise der Europäischen Union keine Staatsqualität zuerkannt. Trotz der hohen, über eine normale völkerrechtliche Organisation hinausgehenden Integrationsdichte und der teilweisen, im EGV bislang als nicht rückholbar angelegten Abtretung von Hoheitsbefugnissen an die Europäische Union hat das Gemeinschaftsrecht nur eine von den Mitgliedstaaten abgeleitete Geltung. Dementsprechend konnte sich auch die Lehre vom Geltungsvorrang, nach der Gemeinschaftsrecht als übergeordnete Rechtsordnung entgegenstehende nationale Normen im Gegensatz zum Anwendungsvorrang unwirksam werden lässt,[402] nicht durchsetzen. Es ist derzeit auch nicht erkennbar, dass die Mitgliedstaaten eine Integration hin zu einem echten bundesstaatlichen Gefüge anstreben und ihre Souveränität dadurch in Frage stellen würden. Jedenfalls nach dem deutschen Verfassungsrecht wäre der Beitritt der Bundesrepublik Deutschland zu einem europäischen Bundesstaat und die damit verbundene Aufgabe der völkerrechtlichen Souveränität Deutschlands auf Grundlage der geltenden Verfassung und deren Integrationsbestimmungen auch unzulässig. Ein solcher Schritt wäre allein dem deutschen Volk als verfassungsgebende Gewalt möglich.[403] Dementsprechend scheinen sich die Europäischen Gemeinschaften als neues, neben den klassischen völkerrechtlichen internationalen Organisationen und den souveränen Staaten angesiedeltes Organisationsgefüge dauerhaft zu etablieren.

Zur Wahrung der Souveränität der Mitgliedstaaten und auch aus Gründen der Rechtssicherheit gilt zur Kompetenzabgrenzung zwischen der Europäischen Union und den Mitgliedstaaten weiterhin unbestritten das Prinzip der begrenzten Einzelermächtigung, nach dem diese nur rechtsetzend tätig werden kann, wenn und soweit

---

401 EuGH, Rs. 6/64 (Costa / ENEL), Slg. 1964, S. 1251ff., 1269ff.; zur herrschenden Meinung auch in der Literatur siehe zum Beispiel HERDEGEN, Europarecht; § 11 Rn. 1ff.; SCHWEITZER, Rn. 45ff. m.w.N. zur Entwicklung der Rechtsprechung.

402 Vergleiche für den deutschen Bundesstaat Art. 31 GG, nach dem Landesrecht durch das übergeordnete Bundesrecht gebrochen wird und auch nicht wieder auflebt, wenn das übergeordnete Bundesrecht seine Wirksamkeit verliert, hierzu SACHS/ HUBER, Art. 31 GG Rn. 23.

403 BVerfG, Urteil vom 30. Juni 2009, BVerfGE 123, 267 ff., Ziffer 228.

sie ausdrücklich und für den jeweiligen Bereich zur Ausübung hoheitlicher Kompetenzen ermächtigt wurde. Erst durch die Zustimmung der Mitgliedstaaten zu den Gründungs- bzw. Änderungsverträgen wird also die Kompetenz der Europäischen Union zur Rechtsetzung gegenüber den Mitgliedstaaten und deren Bürgern begründet, in deren Vollzug die Mitgliedstaaten wiederum gemeinschaftsrechtlich begründete Hoheitsakte erlassen.

Zwar gelten die Gemeinschaftsverträge nach Art. 312 EGV (nunmehr Art. 356 AEUV) auf unbestimmte Zeit. Dennoch dürfte es den Mitgliedstaaten ungeachtet der politischen Konsequenzen wegen ihrer weiterhin unangefochtenen völkerrechtlichen Souveränität auch bislang schon rechtlich möglich sein, aus völkerrechtlich anerkannten Gründen jederzeit aus den Gemeinschaften auszutreten oder einzelne Integrationsschritte zurückzunehmen.[404] Der Reformvertrag von Lissabon sieht einen solches (angesichts der fortbestehenden Souveränität der Mitgliedstaaten wohl eher als deklaratorisch einzuordnendes) Austrittsrecht in Art. 50 EUV ohne nähere Begründung ebenso wie der gescheiterte Entwurf eines Vertrages über die Verfassung für Europa sogar ausdrücklich vor. Der Europäischen Union kommt daher keine mit einem Staat vergleichbare, originäre Souveränität zu, so dass das Gemeinschaftsrecht und dessen verbindliche Wirkung weiterhin von den Mitgliedstaaten abgeleitetes Recht bleibt.[405] Folglich ist stets im Einzelfall eine ausdrückliche Anerkennungsentscheidung beziehungsweise eine gesetzliche Grundlage für eine gemeinschaftsrechtlich begründete Anerkennung von Hoheitsakten anderer Mitgliedstaaten erforderlich.[406] Diese liegt regelmäßig in den Zustimmungsgesetzen der Mitgliedstaaten zu den Gründungs- und Änderungsverträgen des europäischen Primärrechts, aus denen sich deren Rechtsetzungskompetenzen ableiten, und der darin begründeten Übertragung von Hoheitsrechten auf die Europäische Union.[407] Sie kann aber nur die Bereiche erfassen, in denen den Gemeinschaftsorganen jeweils[408] Rechtsetzungskompetenzen zugewiesen werden.

---

404 CALLIESS/ RUFFERT/ SCHMALENBACH, Art. 312 EGV Rn. 4. Im Gegensatz dazu sieht der Entwurf eines Vertrages über die Verfassung für Europa in Art. I–60 eine ohne besonderen Grund mögliche Austrittsmöglichkeit aus der Europäischen Union für die Mitgliedstaaten vor.

405 MICHAELS, S. 211; und jüngst zum Ganzen dezidiert die Entscheidung des Bundesverfassungsgerichts vom 30. Juni 2009 zum Lissabon-Vertrag, BVerfGE 123, 267 ff.

406 BLECKMANN, JZ 1985, S. 1072 (1074).

407 Die Zustimmungsgesetze und die darin enthaltene Hoheitsrechtsübertragung ergehen in Deutschland inzwischen auf Grundlage von Art. 23 Abs. 1 Satz 2 GG als lex specialis zu Art. 24 Abs. 1 GG, vergleiche dazu ausführlich im 4. Kapitel unter C.III.

408 Wegen des Prinzips der begrenzten Einzelermächtigung sind Kompetenzzuweisungen im jeweiligen Einzelfall erforderlich.

J. Exkurs: Der transnationale Verwaltungsakt und andere dogmatische Begründungskonzepte für Rechtswirkungen ausländischer Hoheitsakte in anderen Mitgliedstaaten[409]

Im Folgenden Abschnitt sollen zwei neuere Instrumente des deutschen Verwaltungsrechts besonders untersucht werden, mit denen gemeinschaftsrechtlich begründete Anerkennungspflichten neben ausdrücklichen, einzelfallbezogenen Anerkennungsentscheidungen für den deutschen Rechtsraum gesetzestechnisch umgesetzt werden können. Dabei handelt es sich um den transnationalen Verwaltungsakt und Gleichwertigkeitsklauseln im nationalen Recht, die beide dazu führen, dass ein in einem anderen Mitgliedstaat erlassener Hoheitsakt in der Regel gemeinschaftsweit und damit auch für deutsches Hoheitsgebiet Geltung erlangt. Als Begründung für die Notwendigkeit einer grenzüberschreitenden Wirkung transnationaler Verwaltungsakte wird das gemeinschaftsrechtliche Prinzip der Mindestharmonisierung bei gleichzeitiger gegenseitiger Anerkennung herangezogen. Wie bereits dargestellt, ermöglicht diese Rechtsfigur den Abbau von Hemmnissen für den grenzüberschreitenden Handel, ohne zugleich die betroffenen Rechtsordnungen vollständig angleichen und harmonisieren zu müssen.[410] In vergleichbarer Weise dienen auch Gleichwertigkeitsklauseln im nationalen Recht dem Abbau von Handelshemmnissen innerhalb des europäischen Binnenmarktes.

I. Der transnationale Verwaltungsakt in der deutschen Rechtsordnung

Mitte der neunziger Jahre des vergangenen Jahrhunderts wurde in der europarechtlichen Literatur der Begriff des transnationalen Verwatungsakts geprägt, um eine dogmatische Grundlage für die im Zuge der europäischen Integration zunehmenden transnationalen Wirkung ausländischer Verwaltungsakte zu schaffen. Unter den Begriff des transnationalen Verwaltungsakts werden Verwaltungsakte einer nationalen Behörde subsumiert, die innerhalb der Gemeinschaft und daher über die nationalen Grenzen des Erlassstaates hinaus wirken. Das völkerrechtliche Territorialitätsprinzip wird insoweit durchbrochen.[411] So bestimmt zum Beispiel der bereits dargestellte Art. 19 Abs. 1 der Richtlinie 2001/18/EG, dass Produkte mit gentechnisch veränderten Organismen, die in einem Mitgliedstaat der Europäischen Union

---

409 Weiterführend zu neuen Ansätzen des internationalen Verwaltungsrechts für neue Kooperationsverfahren zwischen den Staaten, die über herkömmliche, nationalstaatlich geformte Verwaltungsformen und nationale kollisionsrechtlichte Regelungen hinausgehen und auch die Interessen anderer Staaten oder Kollektive einbeziehen FISCHER-LESCANO, JZ 2008, S. 373ff., der als Ziel ein globales transnationales Verwaltungsrecht als „Recht zur Etablierung polyzentrischer Administrationsstrukturen" formuliert (aaO S. 383).

410 BECKER, DVBl 2001, S. 855 (856); NEßLER, NVwZ 1995, S. 863 (865).

411 SCHMIDT-AßMANN, DVBl. 1993, S. 924 (935); SYDOW, JuS 2005, S. 202 (204).

oder des EWR zum Markt zugelassen wurden, in allen anderen Mitgliedstaaten verkehrsfähig sind.[412] Eine vergleichbare Regelung findet sich in Art. 6 Abs. 2 der Dual-Use-Verordnung EG 1334/2000 für Ausfuhrgenehmigungen von Mitgliedstaaten der Europäischen Union für Dual Use-Güter.

Der betreffende Verwaltungsakt wird allerdings nicht als nationaler Verwaltungsakt in den Mitgliedstaaten fingiert, in denen er außerhalb des Erlassstaates Wirkung entfalten soll. Er behält vielmehr seinen Charakter als fremder Hoheitsakt. Wegen der unmittelbaren und vorrangigen Geltung der gemeinschaftsrechtlichen Vorgaben kommt ihm aber auch in den anderen Mitgliedstaaten uneingeschränkte, unmittelbare und gegenüber nationalen Verwaltungsakten vorrangige Wirkung zu, ohne dass im Einzelfall noch eine konstitutive Anerkennungsentscheidung durch die nationalen Behörden erforderlich wäre.[413] Als Kompensation für den Verlust von Entscheidungsrechten für das eigene Hoheitsgebiet wird den anderen Mitgliedstaaten in der Regel das Recht eingeräumt, sich an dem Verwaltungsverfahren im Ursprungsstaat zu beteiligen und die Verwaltungsentscheidung entsprechend zu beeinflussen; in diesem Fall sieht das Gemeinschaftsrecht auch korrespondierende Informationspflichten des Erlassstaates vor.

Bei einer solchen automatisch eintretenden grenzüberschreitenden Wirkung von Genehmigungen stellen sich aber zum Teil noch ungelöste Rechtsschutzfragen, insbesondere wenn ein Staatsangehöriger des Wirkungsstaates gegen eine solchen transnationalen Verwaltungsakt vor den Gerichten seines Heimatstaats vorgehen will. Die Mitgliedstaaten dürfen aber nach dem völkerrechtlichen Prinzip der Staatensouveränität und -immunität grundsätzlich nicht über Hoheitsakte anderer Staaten richten und können für deren rechtswidrige Hoheitsakte auch nicht haftbar gemacht werden. Hinzu kommt, dass die Rechtmäßigkeit eines transnationalen Verwaltungsakts im Grundsatz ausschließlich am Recht des Erlassstaats zu messen ist, da anders die angestrebte, europaweit einheitliche Geltung des fremden Hoheitsakts gar nicht zu erreichen wäre. Die Gerichte des Wirkungsstaats müssten sich also erst Kenntnisse über die fremde Rechtsordnung aneignen, ehe sie Rechtsschutz gewähren und über die Rechtmäßigkeit eines transnationalen Verwaltungsakts urteilen könnten.[414] Es stellt sich daher die Frage, ob ein Staatsangehöriger des Wirkungs-

---

412 Zu diesem Beispiel HERDEGEN, Europarecht, § 11 Rn. 49.

413 BECKER, aaO S. 856f.; OHLER, S. 55, 158.

414 Im Zuge der fortschreitenden Integration der nationalen Rechtsordnungen auf europäischer Ebene gibt es inzwischen auch gemeinschaftsrechtlich determinierte Regelungen, die die Überprüfung einer Tätigkeit am Rechtmäßigkeitsmaßstab einer fremden Rechtsordnung ausdrücklich vorsehen: So unterliegt eine in Deutschland durchgeführte Datenverarbeitung durch ein Unternehmen mit Sitz in einem anderen Mitgliedstaat der Europäischen Union oder des EWR nach § 1 Abs. 5 Satz 1 BDSG (Bundesdatenschutzgesetz (BDSG) in der Fassung der Bekanntmachung vom 14. Januar 2003, zuletzt geändert am 14. August 2009), der auf Art. 4 der RL 95/46/EG vom 24. Oktober 1995 zum Schutz natürlicher Personen bei der Verarbeitung personenbezogener Daten und zum freien Warenverkehr zurückgeht, ausschließlich den Datenschutzregelungen des Sitzstaates (Sitzlandprinzip), während für die Überwachung der

staats – mit allen nachteiligen Konsequenzen, die eine fremde Rechtsordnung und eine andere Gerichtssprache für den klagenden Bürger mit sich bringen – auf den Rechtsweg im Ursprungsstaat verwiesen werden kann.[415] Aus völkerrechtlicher Sicht kann die Verwerfungskompetenz jedenfalls nur den nationalen Behörden und Gerichten des Erlassstaats zustehen, so dass transnationale Verwaltungsakte nur vor dessen Gerichten angegriffen werden könnten.[416] Für die Beurteilung ist dementsprechend das nationale Recht des Erlassstaats maßgeblich, das freilich großteils auf gemeinschaftsrechtlichen Vorgaben beruhen wird.[417] Im Einzelnen ist die Frage des Rechtsschutzes gegen transnationale Verwaltungsakte, auch mit Hinblick auf die in den einzelnen Staaten zu findenden verfassungsrechtlichen Rechtsschutzgarantien, aber noch weitgehend ungeklärt.

Im deutschen Verwaltungsrecht kann man die Bindungswirkung eines solchen ausländischen beziehungsweise transnationalen Verwaltungsakts mit der verwaltungsrechtlichen Tatbestandswirkung beschreiben, wie sie auch für einen nationalen bestandskräftigen Verwaltungsakt gilt.[418] Die Tatbestandswirkung geht dabei über die Bestandskraft im jeweiligen Verwaltungsrechtsverhältnis hinaus und hat zur Folge, dass jede staatliche Behörde die in einem bestandskräftigen, nicht nichtigen Verwaltungsakt getroffene Regelung ihren Entscheidungen als „Tatbestand" zugrunde legen muss, ohne dessen Rechtmäßigkeit erneut überprüfen zu können. Etwas anderes gilt nur, wenn der Verwaltungsakt wegen Nichtigkeit oder zum Beispiel nach Rücknahme oder Widerruf durch die dafür zuständige Behörde nach § 43 VwVfG nicht oder nicht mehr wirksam ist.[419]

datenschutzrechtlich relevanten Tätigkeit nach § 38 Abs. 1 BDSG weiterhin die nach deutschem Recht zuständige nationale Überwachungsbehörde zuständig ist. Die deutsche Aufsichtsbehörde muss sich also zunächst Kenntnisse in dem jeweils anwendbaren ausländischen Datenschutzrecht aneignen, um die Tätigkeit ausländischer Unternehmen in Deutschland überwachen und ggf. Sanktionen verhängen zu können.

415 GROß, JZ 1994, S. 596 (601f.) für das bereits näher dargestellte Bankaufsichtsrecht; ERICHSEN/ EHLERS/ RUFFERT, § 14 Rn. 51.

416 HERDEGEN, § 11 Rn. 49; SYDOW, JuS 2005, S. 202 (208); NEßLER, NVwZ 1995, S. 863 (865) mit der Einschränkung, dass nach dem Recht des Erlassstaates nichtige Verwaltungsakte von deutschen Behörden ohne eine ausdrückliche ausländische Gerichtsentscheidung ignoriert werden können.

417 SYDOW, JuS 2005, S. 202 (204).

418 BECKER, aaO S. 857.

419 MAURER, Allgemeines Verwaltungsrecht, § 11 Rn. 8; von der Tatbestands- ist die Feststellungswirkung zu unterscheiden, die staatliche Stellen auch die eine Regelung tragenden Gründe und Feststellungen bindet. Eine solche Feststellungswirkung muss gesetzlich ausdrücklich angeordnet sein.

1. Begründungsansätze für eine grenzüberschreitende Wirkung transnationaler Verwaltungsakte: Staatliche Souveränität des Erlassstaates

NEßLER begründet die grenzüberschreitende Wirkung eines transnationalen Verwaltungsakts für die deutsche Rechtsordnung mit der Souveränität des Erlassstaates und damit aus dem Verwaltungsakt selbst heraus, unabhängig von einer die grenzüberschreitende Wirkung beziehungsweise die Anerkennung anordnenden nationalen oder gemeinschaftsrechtlichen Rechtsvorschrift. Transnationale Verwaltungsakte sollen dementsprechend unmittelbar in den anderen Mitgliedstaaten gelten, ohne dass eine gesonderte Anordnung dieser Wirkung im nationalen Recht der anderen Mitgliedstaaten erforderlich wäre. Nationale Regelungen, die zur Umsetzung europarechtlich begründeter Anerkennungspflichten ergehen, sollen daher gleichzeitig den anderen Mitgliedstaaten insoweit Hoheitsgewalt übertragen, als sie mit unmittelbarer Wirkung für das Staatsgebiet eines anderen Staates transnationale Verwaltungsakte erlassen können.[420] Die Bindungswirkung gemeinschaftsrechtlich begründeter Hoheitsakte anderer Mitgliedstaaten geht nach dieser Konzeption also aufgrund einer gemeinschaftsrechtlich vermittelten Hoheitsrechtsübertragung über das eigene Staatsgebiet des Erlassstaats hinaus und erstreckt sich auch auf die anderen Mitgliedstaaten.

Problematisch an dieser Konstruktion ist aber, dass jedenfalls das deutsche Verfassungsrecht nach herrschender Meinung in der staatsrechtlichen Literatur eine Übertragung von Hoheitsrechten auf andere Staaten gar nicht oder zumindest nicht auf Grundlage der Art. 23, 24 GG zulässt.[421] Art. 23 Abs. 1 Satz 2 GG gestattet dies nur mit Hinblick auf die Europäische Union als einem Sonderfall zwischenstaatlicher Kooperation. Art. 24 Abs. 1 GG ermöglicht die Übertragung von Hoheitsrechten dagegen lediglich auf zwischenstaatliche, Art. 24 Abs. 1a GG auf grenznachbarliche Einrichtungen. BECKER geht sogar noch weitergehend davon aus, dass im Fall von direkt durch unmittelbar anwendbares Europarecht begründeten Anerkennungspflichten die Europäische Union Hoheitsrechte ihrer Mitgliedstaaten auf andere Mitgliedstaaten übertrage.[422] Dagegen spricht aber, dass die Europäische Union aufgrund des Prinzips der begrenzten Einzelermächtigung nur nach Übertragung entsprechender Kompetenzen durch die Mitgliedstaaten tätig werden kann und die postulierte Übertragung von Hoheitsrechten durch die Europäische Union letztlich wieder auf der vorangegangenen Hoheitsrechtsübertragung der Mitgliedstaaten auf die Europäische Union durch die nationalen Zustimmungsgesetze zum europäischen Primärrecht beruht.

---

420 NEßLER, S. 79ff.

421 SACHS/ STREINZ, Art. 24 GG Rn. 20 m.w.N.; anders mit Einschränkungen Nessler, S. 81f.; siehe ausführlich zu Hoheitsrechtsübertragungen unter C.II im vierten Kapitel dieser Arbeit.

422 BECKER, DVBl 2001, S. 855 (858).

2. Bindungswirkung von Verwaltungsakten im deutschen Verwaltungsrecht

Um die grenzüberschreitende Wirkung eines transnationalen Verwaltungsakts unabhängig von einer verfassungsrechtlich problematischen Hoheitsrechtsübertragung auf andere Mitgliedstaaten zu begründen, muss zunächst die Frage nach dessen Geltungsgrund beantwortet werden: Gilt ein transnationaler Verwaltungsakt aus sich heraus, oder bedarf es einer entsprechenden Anordnung durch eine Rechtsnorm?

Früher ging die Verwaltungsrechtslehre davon aus, dass ein Verwaltungsakt als Teil der öffentlichen Gewalt aus sich selbst heraus Geltung beansprucht, soweit keine gesetzlichen Schranken für die beabsichtigten Rechtswirkungen bestehen.[423] Im Ergebnis läuft diese Sicht auf eine vorrechtliche, originäre und autonome Befugnis der Verwaltung zum Erlass von Hoheitsakten hinaus, die aber dem modernen Staatsverständnis einer repräsentativen Demokratie nicht mehr angemessen erscheint. Daher besteht heute in der Verwaltungsrechtslehre Einigkeit darüber, dass ein Verwaltungsakt ähnlich einer privatrechtlichen Willensäußerung zu seiner Wirksamkeit einer Geltungsanordnung in der Rechtsordnung bedarf.[424] Nur so kann vor dem Hintergrund des Art. 20 Abs. 2 GG sichergestellt werden, dass die Verwaltung gegenüber dem Bürger nur auf der Grundlage von Gesetzen mit hinreichender demokratischer Legitimation hoheitlich tätig werden und in deren Rechte, namentlich die grundrechtlich geschützten Freiheiten, eingreifen kann.

Nach BECKER findet sich die Geltungsanordnung gegenüber den Adressaten und sonstigen Betroffenen eines Verwaltungsakts in § 43 VwVfG. Gegenüber der Erlassbehörde bzw. der für den Erlass zuständigen Behörde ordnen die §§ 48, 49 VwVfG konkludent die Wirksamkeit eines Verwaltungsakts an, da ansonsten kein Bedürfnis für eine gesetzliche Regelung für eine Rücknahme oder einen Widerruf eines Verwaltungsakts bestünde.[425]

Klärungsbedürftig ist allerdings noch, aus welchem Rechtsgrund sich die Geltung gegenüber anderen, am Verwaltungsverfahren nicht beteiligten Behörden und den Gerichten ergibt. Die Frage lässt sich anhand der Funktion der Bindungswirkung von Verwaltungsakten gegenüber anderen staatlichen Stellen im deutschen Verwaltungsrecht beantworten: Die Bindung der Verwaltung an eine einmal getroffene Entscheidung dient neben der Rechtssicherheit für den Adressaten auch der Arbeitserleichterung der Behörden und dem Zweck, dass eine möglichst sachkundige Behörde über eine Angelegenheit in ihrem Sachgebiet entscheidet. Es soll also nur eine Behörde für alle anderen staatlichen Stelen einen bestimmten Sachverhalt abschließend regeln können. Daraus ergibt sich gleichzeitig, dass die Reichweite der Bindungswirkung auf den Kompetenzbereich der Erlassbehörde begrenzt ist und andere Behörden bei *ultra vires*-Akten der Erlassbehörde nicht an deren Ent-

---

423 MAYER, S. 97; für Gesetze ist die Wirkung aus sich selbst heraus dagegen allgemein anerkannt, da sie in einem demokratischen Staat durch den Willen des Volkes legitimiert sind.

424 BECKER, DVBl 2001, S. 855 (858) m.w.N; ERICHSEN/ EHLERS/ RUFFERT, § 21 Rn. 27, 29.

425 BECKER, aaO S. 859.

scheidungen gebunden sein können. Letztlich dient das Institut der Bindungswirkung in der deutschen Rechtsordnung also auch dazu, das verfassungsrechtlich vorgegebene System der gesetzlichen Kompetenz- und Aufgabenzuordnung zu wahren und die Kompetenzbereiche verschiedener Behörden gegeneinander abzugrenzen. Dementsprechend stellt sich die Bindungswirkung im deutschen Verwaltungsrecht zugleich als Ausdruck und Folge der staatlichen Kompetenzordnung dar.[426] Gegenüber Gerichten ist die Tatbestandswirkung zusätzlich Ausdruck der verfassungsrechtlich garantierten Gewaltenteilung zwischen Exekutive und Judikative.[427]

3. Folgerungen für die Bindungswirkung von Verwaltungsakten auf europäischer Ebene

Auf die Ebene eines europaweit Geltung beanspruchenden transnationalen Verwaltungsakts übertragen, ist ebenfalls eine gesetzliche Anordnung für eine solche grenzüberschreitende Wirkung erforderlich. Eine grenzüberschreitende Wirkung kann einem transnationalen Verwaltungsakt jedenfalls im deutschen Rechtsraum aus den oben genannten Gründen und aufgrund der Tatsache, dass die Europäische Union nicht mit einem Bundesstaat verglichen werden kann, nicht von sich aus zukommen. Die gesetzliche Anordnung der europaweiten Bindungswirkung geschieht vielmehr durch die nationalen Regelungen, die die europarechtlich begründeten Anerkennungspflichten umsetzen, oder durch unmittelbar in den Mitgliedstaaten geltendes Gemeinschaftsrecht, das auf Grundlage einer vorangegangenen Hoheitsrechtsübertragung von den Gemeinschaftsorganen erlassen wurde und entsprechende Anerkennungsklauseln enthält.[428] Die gemeinschaftsweite Wirkung transnationaler Verwaltungsakte lässt sich also mit den bereits dargestellten antizipierten, gesetzlich formulierten Anerkennungsentscheidungen im europäischen Rechtsraum vergleichen: Eine Anerkennungsentscheidung der nationalen Verwaltungsbehörden im Einzelfall ist dann nicht mehr erforderlich, wenn die in unmittelbar anwendbarem Gemeinschaftsrecht oder in nationalem Vollzugsrecht gesetzlich normierten Anerkennungsvoraussetzungen erfüllt sind. Der fremde Verwaltungsakt gilt daher also nicht kraft der Souveränität des anderen Mitgliedstaates, die durch die Übertragung von Hoheitsrechten auf das Gebiet anderer Mitgliedstaaten erweitert würde.[429] Vielmehr wird seine Geltung, die zunächst wie bei jedem nationalen Hoheitsakt auf das Staatsgebiet des Erlassstaates beschränkt ist, erst durch den nationalen Rechtsakt zur Umsetzung europarechtlicher Anerkennungspflichten beziehungsweise

---

426 BECKER, aaO S. 860.

427 ERICHSEN/ EHLERS/ RUFFERT, § 21 Rn. 22.

428 SYDOW, Jus 2005, S. 202 (204); BECKER, DVBl 2001, S. 855 (860f.), der aus diesem Grund den Begriff einer „europäischen Tatbestandswirkung" oder „europäischen Bindungswirkung" ablehnt und darauf hinweist, dass die transnationale Wirkung in bestimmten Fällen, zum Beispiel bei bestehenden Schutzklauseln, Einschränkungen unterliegen kann.

429 So aber NEßLER, S. 10ff., 79ff.

durch sekundärrechtliche Normen des Gemeinschaftsrechts in den übrigen Mitgliedstaaten begründet.[430] Mit diesem Begründungsansatz stellt sich auch die Problematik einer nach dem deutschen Verfassungsrecht nicht vorgesehenen Übertragung von Hoheitsrechten auf fremde Staaten nicht, da die nationalen Behören nur aufgrund einer nationalen Regelung beziehungsweise einer vorangegangenen Hoheitsrechtsübertragung auf die Europäische Union an den transnationalen Verwaltungsakt gebunden sind. Gleichzeitig bedeutet das Erfordernis einer gesetzlichen Grundlage für die transnationale Wirkung von Verwaltungsakten, dass es kein die nationalen Rechtsordnungen überlagerndes Rechtsinstitut eines aus sich heraus grenzüberschreitend wirkenden Verwaltungsakts gibt.[431] Insoweit wird also auch die Souveränität der Mitgliedstaaten, deren Mitwirkung jeweils zur Begründung einer grenzüberschreitenden Wirkung von Hoheitsakten anderer Mitgliedstaaten erforderlich ist, gewahrt.

II. Gleichwertigkeitsklauseln im nationalen Recht

Ein weiteres rechtstechnisches Instrument, europarechtlich begründete Anerkennungspflichten in nationales Recht umzusetzen, stellen sogenannte Gleichwertigkeitsklauseln dar. Solche Regelungen finden sich vornehmlich im Bereich technischer und gesundheitsbezogener Sicherheitsanforderungen an Produkte, die im europäischen Binnenmarkt hergestellt und vertrieben werden. Sinngemäß haben diese Klauseln zum Inhalt, dass Produkte aus anderen europäischen Staaten, die dort für den Vertrieb zugelassen sind, in Deutschland unabhängig davon vertrieben werden dürfen, ob sie den deutschen Sicherheitsvorschriften im Einzelnen entsprechen. So dürfen zum Beispiel nach § 54 Abs. 1 LFGB[432] Lebensmittel, kosmetische Mittel und Bedarfsgegenstände aus anderen Mitgliedstaaten der Europäischen Union oder des EWR auch dann in Deutschland in den Verkehr gebracht werden, wenn sie den Vorschriften des deutschen Rechts nicht entsprechen, es sei denn, ihre Beschaffenheit würde zwingenden Verbotsnormen des deutschen Rechts zum Schutz der Gesundheit widersprechen.[433] Eine Ausnahmegenehmigung für den Vertrieb in Deutschland ist für diese Produkte dann nicht mehr erforderlich. Hintergrund einer solchen Regelung ist, dass der Gesetzgeber aufgrund eines europaweit harmonisierten und gemeinschaftsrechtlich festgelegten Sicherheitsniveaus davon ausgehen darf, dass solche Produkte, auch wenn sie in einzelnen Punkten von den deutschen

430 ERICHSEN/ EHLERS/ RUFFERT, § 21 Rn. 71f.; OHLER, S. 158f.

431 BECKER, aaO.

432 Lebensmittel-, Bedarfsgegenstände- und Futtermittelgesetzbuch (LFGB) in der Fassung der Bekanntmachung vom 24. Juli 2009, zuletzt geändert am 3. August 2009.

433 VON BORRIES/ PETSCHKE, DVBl. 1996, S. 1343 (1346) zur Vorgängernorm des § 47a LMBG (Lebensmittel- und Bedarfsgegenständegesetz (LMBG) in der Fassung der Bekanntmachung vom 9. September 1997, Stand vom 8. August 2002).

Anforderungen abweichen, doch den deutschen Sicherheitsstandards entsprechen und somit eine Gefährdung der Verbraucher und Nutzer durch die Zulassung ausländischer Produkte für den deutschen Markt ausgeschlossen werden kann.

Umstritten ist allerdings, ob die Europäische Kommission entsprechend der bereits dargestellten, aus der *Cassis de Dijon*-Rechtsprechung hervorgegangenen „Neuen Strategie“ von einem Mitgliedstaat die Aufnahme von Gleichwertigkeitsklauseln in das nationale Recht sogar verlangen und bei Nichtbefolgung ein entsprechendes Vertragsverletzungsverfahren vor dem Europäischen Gerichtshof einleiten kann, wenn ein europaweit vergleichbares Schutzniveau durch entsprechendes Sekundärrecht gewährleistet ist. Dafür spricht, dass die Schutzvorschriften im europäischen Rechtsraum inzwischen weitgehend vereinheitlicht wurden beziehungsweise im nicht harmonisierten Bereich nicht derart unterschiedlich sind, dass ein Festhalten an den nationalen Standards erforderlich wäre. Gleichwertigkeitsklauseln würden lediglich die für den Binnenmarkt bereits geltende Rechtslage, dass nationale Schutzstandards den innergemeinschaftlichen Handel grundsätzlich nicht behindern dürfen, wenn sie nicht durch „zwingende Erfordernisse“ gerechtfertigt sind, transparent machen und den Marktteilnehmern verdeutlichen, dass innerhalb des Binnenmarkts keine erneute Produktzulassung erforderlich ist.[434] Daraus ergibt sich auch der deklaratorische Charakter von Gleichwertigkeitsklauseln, die letztlich nur die europarechtliche Rechtslage wiedergeben und das nationale Recht entsprechend klarstellen.

Darüber hinaus lässt sich für eine Kompetenz der Europäischen Kommission, das Einfügen von Gleichwertigkeitsklauseln in die nationalen Rechtsordnungen der Mitgliedstaaten zu verlangen, anführen, dass die Kommission nach Art. 211 1. Spiegelstrich EGV (nunmehr Art. 17 Abs. 1 EUV) als „*Hüterin der Verträge*“ die Einhaltung des europäischen Primärrechts überwacht und sich die Pflicht zur gegenseitigen Anerkennung unmittelbar aus den Grundfreiheiten des Gemeinschaftsrechts und der entsprechenden Rechtsprechung des Europäischen Gerichtshofs ergibt. Wenn die Verwirklichung des Binnenmarktes durch gemeinschaftsrechtlich nicht zulässige Unterschiede in den nationalen Vorschriften verhindert wird, wären die Mitgliedstaaten wegen der Vorrangwirkung des Gemeinschaftsrechts also verpflichtet, Gleichwertigkeitsklauseln in ihre Rechtsordnung aufzunehmen, um diese Hemmnisse für den gemeinschaftsweiten Handel zu beseitigen. Daher ist die Kommission sowohl unter rechtlichen als auch unter politischen Gesichtspunkten zu einer entsprechenden Einflussnahme auf die Mitgliedstaaten berechtigt.[435] Dadurch kann gewährleistet werden, dass die gemeinschaftsrechtlichen Grundfreiheiten auch im innerstaatlichen Recht umgesetzt und effektiv zur Geltung gebracht werden. Auch der Europäische Gerichtshof ist dieser Ansicht gefolgt. So hat das Gericht

---

434 Ausführlich VON BORRIES/ PETSCHKE, DVBl. 1996, S. 1343 (1344), auch zur Frage, wer die Gleichwertigkeit darlegen und beweisen muss.

435 VON BORRIES/ PETSCHKE, DVBl. 1996, S. 1343 (1348).

zum Beispiel in der Rechtssache *Dundalk*[436] eine Vertragsverletzung durch den irischen Gesetzgeber festgestellt, weil im Zuge einer öffentlichen Ausschreibung für Trinkwasserrohre ein Nachweis des irischen Normungsinstituts zur Übereinstimmung ausländischer Produkte mit den irischen Vorschriften gefordert wurde. Aus den oben genannten Gründen hätte diese nationale Regelung aber eine entsprechende Gleichwertigkeitsklausel für den Nachweis der Konformität mit den Sicherheitsbestimmungen anderer Mitgliedstaaten enthalten müssen.

K. Zwischenergebnis

Da das Europarecht inzwischen als eigene Rechtsordnung etabliert und die Europäische Union unabhängig von ihren völkerrechtlichen Wurzeln als eigenständiger Staatenverbund anerkannt ist, ist eine eigenständige Untersuchung dieser Rechtsordnung geboten. Das europäische Primärrecht erstreckt sich inzwischen mit dem Kompetenztitel in Art. 174 EGV und der Querschnittsklausel in Art. 6 EGV (Art. 11, 191 AEUV), durch die Umweltschutzziele auch auf andere Rechtsbereiche des Gemeinschaftsrechts ausstrahlen, auch auf den Umweltschutz.

Die gemeinschaftsrechtlich begründete Anerkennung von Hoheitsakten anderer Mitgliedstaaten geschieht sowohl antizipiert in unmittelbar anwendbarem Gemeinschaftsrecht oder in nationalen Umsetzungsgesetzen zu gemeinschaftsrechtlichen Regelungen als auch durch einzelfallbezogene Entscheidungen der nationalen Behörden auf gemeinschaftsrechtlicher Ermächtigungsgrundlage. Entsprechende Anerkennungspflichten können primärrechtlich oder sekundärrechtlich begründet sein. Insbesondere lassen sich primärrechtlich begründete Anerkennungspflichten aus den Grundfreiheiten herleiten: Ausgehend von der *Cassis de Dijon*-Rechtsprechung, nach der die Staaten den grenzüberschreitenden Warenverkehr nur aus zwingenden Gründen des Allgemeinwohls unter strikter Beachtung des Verhältnismäßigkeitsgrundsatzes beschränken dürfen, hat die Kommission in ihrem Weißbuch von 1985 mit der „Neuen Strategie" ein Prinzip der gegenseitigen Anerkennung nationaler Schutzstandards formuliert. In Verbindung mit der Vorgabe einheitlicher Mindestschutzstandards auf europäischer Ebene soll dieses sogenannte Herkunftslandsprinzip die oft politisch aufwendige und zeitintensive Vollharmonisierung dort ersetzen, wo diese nicht zwingend zur Erreichung der Binnenmarktziele erforderlich ist. Danach muss die Verkehrsfähigkeit grenzüberschreitend vertriebener Waren von den Mitgliedstaaten anerkannt werden, wenn sich die jeweils einschlägigen nationalen Regelungen hinsichtlich der Zielsetzung und der Schutzstandards in angemessener Weise entsprechen. Dieses Regelungsprinzip kann auf grenzüberschreitend wirkende umweltbeeinträchtigende Tätigkeiten beziehungsweise deren Genehmigung übertragen werden, wenn die Tätigkeiten ebenfalls durch die Grundfreiheiten ge-

436 EuGH, Rs. 45/87, Slg. 1988, S. 4929ff. (2. Leitsatz, Ziffer 22, 25).

schützt sind und gemeinschaftsweit entsprechende Mindestanforderungen an die Anlagensicherheit und den Umweltschutz bestehen.

Ob sich solche Anerkennungspflichten auch aus den europäischen Grundrechten, insbesondere aus Art. 15 und 16 der europäischen Grundrechtecharta ableiten lassen, kann noch nicht abschließend geklärt werden. Abgesehen von der derzeit noch bestehenden rechtlichen Unverbindlichkeit der Grundrechtecharta bedarf das Verhältnis der europäischen Grundrechte zu den europäischen Grundfreiheiten weiterer Klärung.

Dogmatisch lassen sich die dargestellten Anerkennungspflichten zum Beispiel durch das Konzept des transnationalen Verwaltungsakts oder durch Gleichwertigkeitsklauseln in den nationalen Rechtsordnungen umsetzen. Beide Konzepte bewirken, dass eine umweltbeeinträchtigende Tätigkeit beziehungsweise die zugrundeliegende Genehmigung auch im Wirkungsstaat als rechtmäßig gilt und der Genehmigungsinhaber deswegen nicht ordnungs- oder zivilrechtlich belangt werden kann.

Kapitel 4: Deutsches Recht

Im folgenden Kapitel zum deutschen Recht sollen Begründung und Grenzen für die Anerkennung ausländischer Hoheitsakte nach dem deutschen Verfassungsrecht dargestellt werden. Gemäß des Untersuchungsgegenstands werden vor allem ausländische Genehmigungen anderer Staaten für grenzüberschreitend umweltbeeinträchtigend wirkende Anlagen beziehungsweise Tätigkeiten untersucht und die Frage gestellt, ob und unter welchen Voraussetzungen diese von deutschen Verwaltungsbehörden als für die deutsche Rechtsordnung verbindlich anerkannt werden müssen. Daher wird zunächst ein kurzer Überblick über das thematisch für solche Genehmigungen einschlägige deutsche Umweltrecht auf verfassungsrechtlicher und einfachgesetzlicher Ebene gegeben. Im Anschluss daran werden in Teil B dieses Kapitels verfassungsrechtliche Begründungsansätze untersucht, nach denen ausländische Hoheitsakte für die deutsche Rechtsordnung beachtlich sind und von deutschen Verwaltungsbehörden – zum Teil erst nach Erlass einschlägiger Gesetze – als rechtsverbindlich anerkannt werden müssen. In Teil C werden schließlich die verfassungsrechtlichen Grenzen für eine solche Anerkennung ausländischer Hoheitsakte innerhalb der deutschen Rechtsordnung dargestellt.

A. Überblick über das deutsche Umweltrecht, insbesondere das Umweltverfassungsrecht

I. Staatszielbestimmung zum Schutz der natürlichen Lebensgrundlagen, Art. 20a GG

Der Schutz der natürlichen Lebensgrundlagen wurde in das deutsche Grundgesetz erst mit Gesetz vom 27. Oktober 1994 eingefügt.[437] Hintergrund waren das in den siebziger und achtziger Jahren des letzten Jahrhunderts geschärfte Umweltbewusstsein und zunehmende Diskussionen in Politik und Gesellschaft darüber, wie ein höheres Umweltschutzniveau sichergestellt werden kann. Der damals neu eingefügte Art. 20a GG lautet:

„Der Staat schützt auch in Verantwortung für die künftigen Generationen die natürlichen Lebensgrundlagen und die Tiere im Rahmen der verfassungsmäßigen Ordnung durch die Gesetzgebung und nach Maßgabe von Gesetz und Recht durch die vollziehende Gewalt und die Rechtsprechung.“

437 Gesetz zur Änderung des Grundgesetzes vom 27. Oktober 1994, BGBl. I S. 3146; ausführlich zur Entstehungsgeschichte und der verfassungspolitischen Diskussion MICHEL, S. 37ff.

Vom Wortlaut wie auch von der systematischen Stellung außerhalb des Grundrechtskatalogs her stellt Art. 20a GG eine klassische Staatszielbestimmung dar.[438] Als solche bindet sie alle Staatsgewalten und verpflichtet das staatliche Handeln als Richtlinie und Programmsatz auf das Ziel eines hohen Umweltschutzniveaus, ohne jedoch die konkreten Maßnahmen dafür vorzugeben.[439] Ähnlich der Querschnittsklausel des Art. 6 EGV (Art. 11 AEUV) fordert der Umweltschutz Beachtung in allen Politikbereichen und ist im Rahmen der jeweiligen Kompetenzen der staatlichen Organe in deren Handeln zu integrieren.

Der Schutz der natürlichen Lebensgrundlagen beinhaltet den schonenden Umgang mit den natürlichen Ressourcen im Sinne einer nachhaltigen Entwicklung, wie er bereits im 2. Kapitel dieser Arbeit mit Bezug auf den *sustainable-development*-Grundsatz für das Umweltvölkerrecht dargestellt wurde. Dazu zählt auch, dass der Eintrag schädlicher Stoffe in die Umwelt die Aufnahmekapazität der natürlichen Ressourcen nicht überschreiten darf. Die Verbesserung der Umweltsituation ist generell als ein Ziel staatlichen Handelns zu beachten, so dass umweltbeeinträchtigende Maßnahmen durch den Staat gerechtfertigt werden müssen.[440]

Verpflichtungsadressaten sind alle drei Staatsgewalten, wobei aufgrund der Weite und Unbestimmtheit der Zielbestimmung primär der Gesetzgeber gefordert ist, den Umweltschutz regulatorisch auszugestalten. Dabei besteht aber ein weites, im Grundsatz nicht justitiables Ermessen des Staates, mit welchen konkreten Maßnahmen der Schutz der natürlichen Lebensgrundlagen verwirklicht werden soll. Dieses „Untermaßverbot“ fordert vom Staat ein hinreichend detailliertes, an ausreichenden Mindeststandards orientiertes Schutzkonzept, dessen praktische Umsetzung einen effektiven Schutz der natürlichen Lebensgrundlagen gewährleisten kann.[441] Zugleich darf der Staat nicht aktiv Umweltbeeinträchtigungen als solche fördern.[442] Von der Verfassung wird also ein Gestaltungsauftrag erteilt, ohne ein bestimmtes Schutzniveau vorzugeben. Eine vollständige Verweigerung von Schutzmaßnahmen wäre allerdings wegen Verletzung des Zielkerns der Staatszielbestimmung verfassungswidrig.[443]

Gleichzeitig ist die Staatszielbestimmung zum Schutz der natürlichen Lebensgrundlagen in die verfassungsmäßige Ordnung eingebettet und wird von dieser begrenzt.[444] Dazu gehören nach dem Willen des Gesetzgebers alle Normen des

438 Begründung zum Gesetzentwurf vom 20. Januar 1994, S. 6f.

439 SCHMIDT-BLEIBTREU/ KLEIN/ SANNWALD, Art. 20a Rn. 5.

440 Näher im Einzelnen SACHS/ MURSWIEK, Art 20a Rn. 41ff.

441 BVerfGE 88, 203 (254f.) zum Schutz des ungeborenen Lebens im Rahmen der Regelungen zum Schwangerschaftsabbruch; BVerfG NJW 1995, 2343; 96, 651; JARASS/ PIEROTH/ JARASS, Art. 20a Rn. 18; BRONNEKE, S. 272f.

442 SACHS/ MURSWIEK, Art. 20a Rn. 34.

443 SCHMIDT-BLEIBTREU/ KLEIN/ SANNWALD, Art. 20a Rn. 9, 15; SACHS/ MURSWIEK, Art. 20a Rn. 17, 41.

444 BRONNEKE, S. 297, der den Hinweis auf die Begrenzung durch die verfassungsmäßige Ordnung in Art. 20a GG jedoch für rein deklaratorisch hält.

Grundgesetzes.[445] Zielkonflikte, zum Beispiel mit ökonomischen Interessen an einer wirtschaftlichen Ressourcennutzung, sollen und können gesamtwirtschaftlich durch die Förderung einer umweltverträglichen Wirtschaft gelöst werden. Das Staatsziel des Art. 20a GG enthält zwar ein Optimierungsgebot, den Schutz der natürlichen Lebensgrundlagen so weit wie möglich zu realisieren, fordert aber im Sinne eines Ausgleichs der verfassungsrechtlich vorgegebenen öffentlichen und privaten Interessen nicht, dass durch Umweltschutzmaßnahmen andere staatliche Aufgaben unmöglich gemacht werden.[446] Neuere Regelungsansätze im Umweltbereich zielen dementsprechend auf ökonomische Anreize zur Vermeidung von Umweltbeeinträchtigungen, ohne die beeinträchtigende, in der Regel ökonomisch motivierte Tätigkeit an sich zu untersagen.[447]

Wie alle Staatszielbestimmungen ist Art. 20a GG eine objektiv-rechtliche Vorschrift, die den Staat vor allem auf ein bestimmtes verfassungsrechtliches Ziel verpflichtet, ohne subjektive Rechte zu gewähren.[448] Allerdings hat die Staatszielbestimmung als Auslegungs- und Wertungskriterium einen weitreichenden, sowohl verstärkenden als auch begrenzenden Einfluss auf die deutsche Rechtsordnung und insbesondere auf die Grundrechte, der nachfolgend unter A.III. näher dargestellt werden soll.

II. Einfach-gesetzliches Umweltrecht

Das deutsche umweltschutzbezogene Fachrecht konkretisiert den verfassungsrechtlichen Auftrag zum Schutz der natürlichen Lebensgrundlagen in zahlreichen Einzelgesetzen, die sich zum Großteil auf den Schutz bestimmter Medien beziehen oder an bestimmte umweltbeeinträchtigende Tätigkeiten anknüpfen.[449] Diese enthalten klassischerweise Genehmigungsvorschriften für Tätigkeiten, die die geschützten Medien zum Beispiel durch Luft- oder Wasserverunreinigungen beeinträchtigen. Daneben existieren auch Fachgesetze für einzelne, besonders umweltgefährdende Stoffe[450] und Querschnittsgesetze zum Umweltrecht.[451] Im Zusammen-

---

445 Die Begründung zum Gesetzentwurf vom 20. Januar 1994 verweist auf die Definition der verfassungsmäßigen Ordnung in Art. 20 Abs. 3 GG, vgl. Bt-Drs. 12/6633, S. 7.

446 SACHS/ MURSWIEK, Art. 20a Rn. 53.

447 Z. B. das Instrument des Emissionshandels, mit dem die Unternehmen, die ihren Kohlendioxidausstoß reduzieren, nicht benötigte Emissionsrechte verkaufen und damit wirtschaftlich verwerten können. Damit sollen Anreize geschaffen werden, in umweltfreundlichere Anlagen zu investieren, vgl. auch das Treibhausgas-Emissionshandelsgesetz (TEHG) vom 8. Juli 2004, zuletzt geändert am 16. Juli 2009.

448 SACHS/ MURSWIEK, Art. 20a Rn. 12; BVerwG NVwZ 1998, S. 398 (399); S. 1080; siehe auch die Begründung zum Gesetzentwurf vom 20. Januar 1994, Bt-Drs. 12/6633 S. 6f.

449 z.B. WHG, BImSchG.

450 z. B. Chemikaliengesetz (ChemG) in der Fassung der Bekanntmachung vom 2. Juli 2008.

451 z. B. BNatSchG.

hang mit dem hier untersuchten Betrieb grenzüberschreitend emittierender industrieller Anlagen sind vor allem die Vorschriften des BImSchG für die Genehmigung und den Betrieb umweltbeeinträchtigender Anlagen interessant: Nach § 4 Abs. 1 Satz 1 BImSchG bedürfen Anlagen, die in erheblicher Weise schädliche Umwelteinwirkungen hervorrufen oder die Allgemeinheit oder die Nachbarschaft erheblich belästigen können, einer Genehmigung. Anlagen mit geringerem Schädigungspotential sind nach § 22 Abs. 1 BImSchG zwar nicht genehmigungsbedürftig, müssen aber so betrieben werden, dass erhebliche schädliche Umwelteinwirkungen so weit wie möglich vermieden werden.

Die das deutsche Umweltrecht traditionell prägenden Grundsätze gelten zum Großteil auch im allgemeinen Gefahrenabwehrrecht: So ist jeder ordnungsrechtlich verantwortliche Störer verpflichtet, Gefahren für und Störungen von geschützten Rechtsgütern zu vermeiden. Dazu gehört als Sekundärpflicht auch, entstandene Schäden auszugleichen oder zu sanieren.[452] Im Einzelnen zählen zu den Pflichten des ordnungsrechtlich verantwortlichen Zustands- oder Handlungsstörers Vermeidungspflichten, Schadensbegrenzungspflichten, Sanierungspflichten[453] und Informations- und Kooperationspflichten.[454]

Seit längerem laufen gesetzgeberische Bemühungen, die unübersichtlichen Umweltschutzgesetze zu einem einheitlichen Gesetzeswerk zusammenzufassen. Nach der Änderung der Gesetzgebungskompetenz für den Umweltschutz durch die am 1. September 2006 in kraft getretene Föderalismusreform wurde dafür erneut ein Referentenentwurf für ein einheitliches Umweltgesetzbuch 2009 (UGB-E 2009)[455] erarbeitet und im Mai 2008 den Ländern und Verbänden zur Anhörung überwiesen.[456] Zuletzt scheiterte dessen Umsetzung aber erneut an parteipolitischen Differenzen mit der Folge, dass das UGB-E 2009 dem Bundestag zunächst nicht zur Beschlussfassung übermittelt werden soll.[457] Im nach der Wahl zum 17. Deutschen Bundestag geschlossenen Koalitionsvertrag der Regierungsparteien wird der UGB-Entwurf nicht mehr erwähnt, so dass hier bis auf Weiteres wohl keine Änderungen zu erwarten sind.

---

452 BECKER, NVwZ 2007 S. 1105 (1109).

453 Vgl. zum Beispiel §§ 6, 8 USchadG, § 4 Abs. 3 BBodSchG (der auch Sanierungspflichten für den Eigentümer, früheren Eigentümer oder Besitzer eines Grundstücks begründet, ohne dass dieser für den Schaden durch sein Handeln verantwortlich ist), § 22a Abs. 2 WHG, § 21a Abs. 4 BNatSchG.

454 Vgl. zum Beispiel § 15 BImSchG.

455 Text abrufbar beim Bundesministerium für Umwelt, Naturschutz und Reaktorsicherheit (BMU) unter http://www.bmu.de/umweltgesetzbuch/downloads/doc/40448.php.

456 Pressemittelung des BMU vom 23. Mai 2008, abrufbar unter http://www.bmu.de/presse mitteilungen/aktuelle_pressemitteilungen/pm/41529.php; Besprechung des Entwurfs zum Beispiel bei GUCKELBERGER, NVwZ 2008, S. 1161, mit kritischen Anmerkungen zur vorgesehenen sukzessiven Ergänzung des UGB als „Dauerbaustelle".

457 Siehe KONRAD MRUSEK, Umweltgesetzbuch – Die unendliche Reform-Geschichte, Frankfurter Allgemeine Zeitung vom 2. Februar 2009.

Mit dem vorgelegten Entwurf soll das hier untersuchte Problem grenzüberschreitender Umweltbeeinträchtigungen zumindest teilweise geregelt werden: Das UGB-E enthält in seinem ersten Buch zum neuen Genehmigungsinstrument der integrierten Vorhabengenehmigung (§ 105ff. UGB I (Entwurf) – grenzüberschreitende Beteiligung) auch Regelungen für grenzüberschreitende Regelungskonzepte, Kooperationspflichten und Mitwirkungsrechte, zum Beispiel eine Beteiligung betroffener ausländischer Bürger und grenzüberschreitende Behördenbeteiligungen. Generell werden Ausländer unabhängig von der Existenz entsprechender Regelungen zugunsten deutscher Staatsbürger im Ausland, also losgelöst vom sonst im Völkerrecht vorherrschenden Prinzip der Gegenseitigkeit, im Rahmen umweltrechtlicher Genehmigungsverfahren den deutschen Staatsbürgern gleichgestellt. Da das UGB ausweislich § 1 UGB I (Entwurf) den Schutz von Umweltgütern nicht auf natürliche Ressourcen innerhalb des deutschen Staatsgebietes beschränkt, werden deutsche Staatsorgane konsequenterweise programmatisch auch auf den Erhalt internationaler Umweltgüter verpflichtet.[458]

III. Verhältnis von Art. 20a GG zu anderen Normen und Rechtsordnungen

Im Folgenden soll untersucht werden, wie sich die Staatszielbestimmung zum Schutz der natürlichen Lebensgrundlagen auf andere Verfassungsbestimmungen und das einfache nationale Umweltrecht, das zum Teil ja auch schon vor Einführung des Art. 20a GG existierte, auswirkt. Ein weiterer Abschnitt ist der Beziehung der Staatszielbestimmung Umweltschutz zum europäischen und zum völkerrechtlichen Umweltrecht gewidmet.

1. Objektiv-rechtliche Verfassungsnormen, insbesondere Staatszielbestimmungen

Die Staatszielbestimmung des Art. 20a GG reiht sich in die anderen objektivrechtlichen Staatszielbestimmungen des Grundgesetzes und die übrige verfassungsmäßige Ordnung ein, ohne dass zwischen diesen verfassungsrechtlichen Wertungen ein generelles Rangverhältnis bestünde.[459] Abstrakt sind von den Staatsgewalten also alle Staatszielbestimmungen gleichermaßen zu beachten. Da es aber im Einzelfall zu widerstreitenden Wertungen kommen kann, hat der Staat ein relativ weites Ermessen, welchem der verfassungsrechtlichen Werte er im Einzelfall den Vorzug geben will, solange nicht der verfassungsrechtlich gebotene Mindeststandard unterschritten wird. Das Nebeneinander der verschiedenen Staatszielbestim-

---

458 Überblick bei DURNER, Internationales Umweltverwaltungsrecht, in: MÖLLERS/ VOẞKUHLE/ WALTER, Internationales Verwaltungsrecht, S. 149ff.

459 SCHMIDT-BLEIBTREU/ KLEIN/ SANNWALD, Art. 20a Rn. 8.

mungen und die daraus entstehenden Zielkollisionen fordern also einen ständigen verhältnismäßigen Ausgleich der öffentlichen Interessen.[460]

2. Grundrechte[461]

Als Staatszielbestimmung kann Art. 20a GG die Grundrechte zwar nicht unmittelbar einschränken.[462] Dies gilt schon deshalb, weil ein Staatsziel der Konkretisierung durch ein Gesetz bedarf, das dann erst grundrechtseinschränkend wirkt und im Lichte des Staatsziels auszulegen ist. Staatliche Maßnahmen, die zur Realisierung des Staatsziels Umweltschutz ergehen, sind aber wie alles staatliche Handeln an den Grundrechte zu messen und von diesen beeinflusst.[463] Andererseits können die grundrechtlichen Gewährleistungen im Rahmen der Verfassungsordnung eingeschränkt werden, um auch anderen öffentlichen oder privaten Interessen zur Durchsetzung zu verhelfen. Dies betrifft vor allem die für den Betrieb einer industriellen Anlage typischerweise einschlägigen Grundrechte aus Art. 12 Abs. 1, 14 und 2 Abs. 1 GG. Wegen dieser Wechselwirkung beeinflusst die Staatszielbestimmung Umweltschutz die Grundrechte also auf gegenläufige Weise:[464]

Zunächst kann Art. 20a GG auf die grundrechtlichen Gewährleistungen und deren abwehrrechtlichen Gehalt einen verstärkenden Einfluss haben. Grundrechtsbeschränkende Gesetze sind grundsätzlich neben den grundrechtsspezifischen Schrankenbestimmungen auch an den objektiven Verfassungsnormen zu messen.[465] Verstößt ein solches Gesetz also gegen das Staatsziel zum Schutz der natürlichen Lebensgrundlagen, ist die Grundrechtsbeschränkung nicht gerechtfertigt und damit verfassungswidrig. Da der Staat aber ein relativ weites Ermessen hat, wie eine Staatszielbestimmung umgesetzt werden soll, dürfte dies praktisch nur sehr selten vorkommen.

Daneben kann die Staatszielbestimmung den Grundrechtsschutz auch verstärken, indem der Staat bei schweren Umweltbeeinträchtigungen aus Art. 2 Abs. 2 Satz 1 GG im Einzelfall zu konkreten Schutz- und Abwehrmaßnahmen zum Schutz von Leben und körperlicher Unversehrtheit betroffener Dritter verpflichtet ist.[466]

460 Begründung zum Gesetzentwurf vom 20. Januar 1994, S. 7.

461 Ausführlich zum Verhältnis der Staatszielbestimmung Umweltschutz zu den Grundrechten STEINBERG, NJW 1996, S. 1985ff.

462 BVerfGE 59, 231 (262f.) zum Sozialstaatsprinzip. Die Rechtsprechung dürfte auch auf andere Staatsziele übertragbar sein, da alle Staatsziele erst durch Gesetze konkretisiert werden müssen, vgl. MICHEL, S. 287.

463 MICHEL, S. 283.

464 MICHEL, S. 285ff., der in diesem Zusammenhang von einem „interpretatorischen Effekt" der Staatszielbestimmung Umweltschutz auf die Grundrechte und andere Normen spricht; ausführlich zum Folgenden BRONNEKE, S. 299ff.

465 Grundlegend BVerfGE 6, 32 (41).

466 SCHMIDT-BLEIBTREU/ KLEIN/ SANNWALD, Art. 20a Rn. 7; STEINBERG, NJW 1996, S. 1985 (1987ff.), kritisch zu von den Grundrechten abgeleiteten Leistungsrechten MICHEL, S. 291.

Allerdings dürfte dies nur bei existentiellen Gefahr- oder Mangellagen der Fall sein, wenn also durch unzureichende Umweltschutzmaßnahmen die Grundrechte in ihrem Kernbestand bedroht sind und die natürlichen Lebensgrundlagen nicht mehr ihre Funktion als Voraussetzung für ein menschenwürdiges, selbstbestimmtes menschliches Leben erfüllen können.[467] Die Maßnahmeschwelle dürfte hier auch angesichts der generellen Zurückhaltung, aus eigentlich abwehrrechtlich gestalteten Grundrechten konkrete staatliche Handlungs- und Schutzpflichten abzuleiten,[468] hoch anzusetzen sein.

Demgegenüber kann eine Staatszielbestimmung als auslegungs- und verfassungsrechtliches Wertungskriterium, zum Beispiel im Rahmen von Planungsentscheidungen, auch ein Gesichtspunkt sein, um Grundrechtseinschränkungen zu rechtfertigen.[469] Staatliche grundrechtseinschränkende Maßnahmen sind dann in einem weiteren Maße zulässig, als dies ohne die Verpflichtung des Staates auf den Schutz der natürlichen Lebensgrundlagen möglich wäre. Dies gilt insbesondere unter Berücksichtigung der auch grundrechtssichernden Funktion des Umweltschutzes: Ohne eine nachhaltige, langfristige Schutzpolitik können die grundrechtlichen Gewährleistungen, die zu ihrer Entfaltung auch der natürlichen Lebensgrundlagen bedürfen, nicht dauerhaft sichergestellt werden.[470] Bei der Prüfung der Verhältnismäßigkeit einer staatlichen Maßnahme wird Art. 20a GG daher bei der Abwägung der grundrechtlich gewährleisteten Freiheiten mit entgegenstehenden Gemeinwohlbelangen beachtlich. Auch wenn die Staatszielbestimmung des Art. 20a GG also allein keine Ermächtigungsgrundlage für eine Grundrechtseinschränkung beinhaltet, kann sie doch als Abwägungsgesichtspunkt herangezogen werden, um eine Grundrechtseinschränkung zu rechtfertigen.

Schließlich kann die Staatszielbestimmung des Art. 20a GG wiederum durch einzelne Grundrechte in ihrer Reichweite beschränkt werden.[471] Zu denken wäre etwa an den Fall, dass eine grundrechtliche Gewährleistung eine Zurücknahme von umweltschutzbezogenen Regelungen erfordert, da anderenfalls in unverhältnismäßiger, nicht mehr gerechtfertigter Weise in den Schutzbereich des Grundrechts eingegriffen würde.

---

467 MICHEL, S. 299f., zur „Impulsfunktion" der Staatszielbestimmung Umweltschutz für staatliches Handeln, der allerdings die Staatszielbestimmung Umweltschutz schon im Grundsatz der Menschenwürde, im Sozialstaatprinzip und in anderen Grundrechten implizit verankert sieht und daher auf eine Verletzung dieser verfassungsrechtlichen Wertentscheidungen abstellt; anders dagegen der Gesetzgeber, vgl. Bt-Drs. 12/6633, S. 6.

468 SACHS/ ders., vor Art. 1 Rn. 49 m.w.N.

469 BVerwG NJW 1995, 2648 (2649); BVerwG NuR 1996, 201f. zur Einschränkung der in Art. 5 Abs. 3 Satz 1 GG gewährleisteten Kunstfreiheit durch Umweltschutzbelange.

470 BRONNEKE, S. 304, der im Zusammenhang mit der Einführung von Art. 20a GG sogar von einer „explizite(n) Positivierung eines weit verstandenen Grundrechtsvoraussetzungsschutzes" spricht.

471 JARASS/ PIEROTH/ JARASS, Art. 20a Rn. 16.

3. Einfach-gesetzliches Umweltrecht

Die Staatszielbestimmung des Art. 20a GG beeinflusst das einfach-gesetzliche Umweltrecht vor allem bei der Auslegung und Anwendung von unbestimmten Rechtsbegriffen, die in besonderem Maße offen für Wertentscheidungen des Grundgesetzes sind.[472] Spätestens[473] mit der ausdrücklichen Aufnahme des Staatsziels Umweltschutz in das Grundgesetz hat dieses öffentliche Interesse Verfassungsrang und muss von allen staatlichen Organen bei der Gesetzgebung und Gesetzesanwendung beachtet werden. Die Staatszielbestimmung ist dabei als Richtlinie und Zielbestimmung für staatliches Handeln im Sinne einer Abwägungs- und Auslegungshilfe für den staatlichen Rechtsanwender verbindlich.[474] Dies kann dazu führen, dass im Rahmen einer verfassungskonformen Auslegung von einfachen Gesetzen der staatliche Rechtsanwender im Rahmen seines Ermessens derjenigen Interpretation einer Norm den Vorzug geben muss, die Umweltschutzbelange bestmöglich zur Geltung bringt.

Im Rahmen der Rechtsanwendung können Umweltschutzbelange gleichzeitig als eine der Zielvorgaben bei der Ermessensausübung wirken wie auch die Ermessensausübung selbst beschränken, wenn zum Beispiel eine ansonsten verhältnismäßige Maßnahme dem öffentlichen Interesse am Umweltschutz nicht hinreichend Rechnung tragen würde. Aufgrund der einer Staatszielbestimmung immanenten Weite und Unbestimmtheit des Art. 20a GG dürfte sich eine Ermessensreduktion aus Umweltschutzgründen zugunsten nur einer staatlichen Maßnahme oder Gesetzesauslegung aber nur bei offensichtlichem, krassen Unterlaufen des zum Schutz der natürlichen Lebensgrundlagen erforderlichen Mindeststandards oder existentiellen Mangellagen, die auch die Umsetzung grundrechtlicher Freiheiten erschweren oder gar unmöglich machen, ergeben.[475] Dasselbe gilt auch für Abwägungs- und Planungsentscheidungen, in die private und öffentliche Belange, zu denen kraft Verfassung auch der Schutz der natürlichen Lebensgrundlagen gehört, einfließen. Der Verfassungsrang des Staatsziels Umweltschutz dürfte diesem öffentlichen Interesse in der Abwägungsentscheidung zu einem größeren Gewicht verhelfen, ohne ihm aber einen absoluten Vorrang vor anderen öffentlichen und privaten Interessen einzuräumen.

---

472 MICHEL, S. 297.

473 MICHEL ist der Ansicht, dass der Schutz der natürlichen Lebensgrundlagen, die ein selbstbestimmtes und menschenwürdiges Leben erst ermöglichen, bereits mit den Grundrechten und dem Sozialstaatsprinzip in der Verfassung verankert sei und daher eine Positivierung in einer Staatszielbestimmung nicht erforderlich sei, vgl. MICHEL, S. 264ff. Durch die Positivierung sei aber zu erwarten, dass der Umweltschutz als verfassungsrechtliche Wertentscheidung an Bedeutung gewinnt.

474 MICHEL, S. 302, 304.

475 BRONNEKE, S. 414ff.

4. Umweltvölkerrecht und europäisches Umweltrecht

Das deutsche Umweltrecht wird zunehmend sowohl hinsichtlich der materiellen Schutzstandards als auch hinsichtlich des Verfahrens, zum Beispiel durch Einführung einer verpflichtenden Umweltverträglichkeitsprüfung für bestimmte umweltbeeinträchtigende Großanlagen,[476] durch internationales und europäisches Umweltrecht vorgeprägt. Dies dürfte an dem im Umweltrecht relativ häufig anzutreffenden gemeinsamen Interessen mehrer Staaten liegen, die durch einen umweltbezogenen Sachverhalt betroffen sind, zum Beispiel bei grenzüberschreitenden Umweltbeeinträchtigungen oder der Nutzung gemeinsamer natürlicher Ressourcen.[477] Insoweit sind auch die deutschen Gesetzgebungsorgane neben den verfassungsrechtlichen an internationale Umweltschutzvorgaben gebunden.[478] Oft werden völkerrechtliche begründete Rechte und Pflichten über europarechtliche Regelungen umgesetzt, die dann ihrerseits in nationales Recht umgesetzt werden müssen. Dadurch entstehen gleichsam drei Ebenen des Umweltrechts, die aber untereinander nicht deckungsgleich sind, sondern unterschiedliche Regelungsbereiche und -intensitäten und Schutzstandards aufweisen.[479] BRONNEKE vertritt wegen dieser weitgehenden wechselseitigen Beeinflussung sogar die These, das europäische Umweltrecht entspreche inzwischen den deutschen nationalen umweltrechtlichen Anforderungen, da beide Rechtskreise dieselbe Zielrichtung verfolgten und Art. 176 EGV auch im harmonisierten Bereich weitgehend strengere nationale Umweltschutzvorschriften zulasse, sofern diese mit den europäischen Verträgen vereinbar seien.

Dem Umweltvölkerrecht kommt dagegen nach BRONNEKE nur eine geringe praktische Bedeutung zu. Sofern nicht von der Möglichkeit des Art. 24 GG Gebrauch gemacht wird, Hoheitsrechte im Zusammenhang mit dem Umweltschutz auf zwischenstaatliche Einrichtungen zu übertragen, bleibe das Umweltverfassungsrecht (nicht jedoch zwingend auch das einfach-gesetzliche Umweltrecht) vom Umweltvölkerrecht unberührt.[480] Auf jeden Fall haben internationale Verträge und völkerrechtliche Vorgaben auch außerhalb des Gemeinschaftsrechts einen zunehmenden Einfluss auf das deutsche Umweltverwaltungsrecht, das insoweit „internationalisiert" wird.[481] Hinzu kommt, dass das Verbot erheblicher grenzüberschreitender Umweltbeeinträchtigungen, wie in Kapitel 2 dieser Arbeit dargestellt, völ-

---

476 Vgl. §§ 3a) ff UVPG und die zugrundeliegende Richtlinie 337/85/EWG vom 27. Juni 1985 über die Umweltverträglichkeitsprüfung bei bestimmten öffentlichen und privaten Projekten.

477 DURNER, Internationales Umweltverwaltungsrecht, in: MÖLLERS/ VOẞKUHLE/ WALTER, Internationales Verwaltungsrecht, S. 123 spricht von einer „Internationalisierung des nationalen Umweltverwaltungsrechts", siehe auch S. 135ff. zur Besonderheit dieses Rechtsgebiets im internationalen Kontext.

478 SACHS/ MURSWIEK, Art. 20a Rn. 55a.

479 ROSSI, Europäisiertes Internationales Umweltverwaltungsrecht, in: MÖLLERS/ VOẞKUHLE/ WALTER, Internationales Verwaltungsrecht, S. 170f.

480 BRONNEKE, S. 410 Fn. 6.

481 Beispiele bei TIETJE, S. 415ff.

kergewohnheitsrechtlich anerkannt ist und daher über Art. 25 GG unmittelbar in der deutschen Rechtsordnung gilt. Je nach Interpretation des unten näher dargestellten Art. 25 GG gehen die allgemeinen Regeln des Völkerrechts als Bestandteil des Bundesrechts unstreitig dem einfachen Recht vor, so dass dieser Rechtssatz bei der Auslegung des deutschen Umweltrechts beachtet werden muss und wohl auch einen verstärkenden Einfluss auf das Umweltverfassungsrecht hat. Durch die Vermittlung des Art. 25 GG kann das Verbot erheblicher grenzüberschreitender Umweltbeeinträchtigungen daher den sich aus der Staatszielbestimmung des Art. 20a GG ergebenden Gestaltungs- und Schutzauftrag verstärken und konkretisieren.

Umgekehrt können ausländische hoheitliche Stellen durch die Staatszielbestimmung des Art. 20a GG grundsätzlich nicht direkt verpflichtet werden. Dennoch hat die Norm bei grenzüberschreitenden Umweltbeeinträchtigungen einen gewissen übernationalen Geltungsanspruch, wenn ein spezieller Anknüpfungspunkt für die Geltung deutschen Verfassungsrechts vorliegt. Dies können Auswirkungen von umweltbeeinträchtigenden Tätigkeiten auf deutschem Hoheitsgebiet im Ausland oder umweltschädigende Einwirkungen aus dem Ausland auf deutsches Gebiet sein. Unter Umständen reicht zum Beispiel auch die Unterstützung von nur regional umweltschädlichen Projekten im Ausland mithilfe von deutschen Entwicklungshilfemitteln, um einen hinreichenden Anknüpfungspunkt für deutsches Verfassungsrecht und entsprechende Schutzpflichten für den deutschen Staat zu begründen.[482]

Im ersten Fall ist der deutsche Staat voll an den Schutzauftrag des Art. 20a GG gebunden, der sich, auch um ein friedliches Zusammenleben der Völker[483] zu fördern, bei der Erhaltung der natürlichen Lebensgrundlagen nicht auf das deutsche Staatsgebiet beschränkt. Solche Tätigkeiten oder deren staatliche Genehmigung müssen also unter Art. 20a GG gerechtfertigt beziehungsweise mit den auch in Deutschland zulässigen rechtlichen Mitteln untersagt werden.

Beim „Export" von Umweltbeeinträchtigungen, also dem Eintrag von umweltbeeinträchtigenden Emissionen aus dem Ausland in deutsches Hoheitsgebiet, muss der deutsche Staat kraft seiner Schutzpflicht vor allem mit politischen Mitteln darauf hinwirken, dass der ausländische Staat die zugrundeliegenden Tätigkeiten unterlässt oder untersagt. Im Rahmen der internationalen Umweltpolitik ist der deutsche Staat zu einem angemessenen Beitrag verpflichtet, um dem grundgesetzlichen Gestaltungs- und Schutzauftrag gerecht zu werden. Im Einzelfall ist der deutsche Staat auch verpflichtet, Kompensationsmaßnahmen auf deutschem Staatsgebiet zu ergreifen. Wenn die aus dem Ausland herrührende Umweltbeeinträchtigung aber trotz solcher Bemühungen nicht beeinflusst werden kann, kann dadurch gleichzeitig

482 Beispiele bei BRONNEKE, S. 424f.

483 Der verfassungsrechtliche Auftrag, das friedliche Zusammenleben der Völker zu fördern und zu sichern, ergibt sich aus der Präambel des Grundgesetzes und aus Art. 23 bis 26 GG, vgl. SACHS/ HUBER, Präambel, Rn. 46, der auch die Art. 9 Abs. 2 und 87a GG zur Begründung dieser Staatszielbestimmung heranzieht.

die unter Art. 20a GG eigentlich unzulässige bzw. rechtfertigungsbedürftige Verschlechterung der Umweltsituation in Deutschland gerechtfertigt werden.

B. Verfassungsrechtliche Begründung für die Beachtlichkeit ausländischer Hoheitsakte in der deutschen Rechtsordnung

Im folgenden Abschnitt soll untersucht werden, auf Grundlage welcher Normen des Verfassungsrechts eine Pflicht zur Anerkennung ausländischer Hoheitsakte durch deutsche Verwaltungsbehörden begründet werden kann. Im deutschen Verwaltungsrecht gibt es auf einfachgesetzlicher Ebene Normen, die (zum Teil unter einschränkenden Voraussetzungen) ausdrücklich eine Anerkennung ausländischer Hoheitsakte anordnen.[484] Meist werden diese Normen in Umsetzung eines völkerrechtlichen Vertrags oder von Gemeinschaftsrecht erlassen und stehen unter einem *ordre-public*-Vorbehalt, die Anerkennung kann also ausnahmsweise verweigert werden, wenn wichtige Allgemeininteressen entgegenstehen. Insoweit dienen die Anerkennungstatbestände des deutschen Rechts der Umsetzung der in den vorangegangenen Kapiteln dargestellten völkerrechtlichen und gemeinschaftsrechtlichen Anerkennungspflichten. Entsprechend der dort vorgenommenen Differenzierungen kennt das deutsche Recht sowohl antizipierte, gesetzlich formulierte Anerkennungsentscheidungen in abstrakten Rechtsätzen, deren Rechtsfolgen von einer Behörde lediglich deklaratorisch festgestellt werden können, als auch die Möglichkeit, eine Anerkennung aufgrund einer entsprechenden gesetzlichen Ermächtigungsgrundlage erst durch eine Einzelfallentscheidung der zuständigen Behörde auszusprechen. Beide Arten von Anerkennungsentscheidungen beruhen also auf einer einfachgesetzlichen Grundlage. Daneben kommen aber auch originär verfassungsrechtliche Begründungsansätze für eine Anerkennung ausländischer Hoheitsakte, die sich insbesondere aus den Grundrechten ergeben können, in Betracht. Die verfassungsrechtliche Begründung für solche Anerkennungspflichten sollen hier näher untersucht werden, während die Grenzen, die das Grundgesetz einer Anerkennung ausländischer Hoheitsakte setzt, nachfolgend unter C. dargestellt werden.

I. Territorialitätsprinzip im deutschen Recht

Im deutschen Recht gilt grundsätzlich das Territorialitätsprinzip. Danach ist die hoheitliche Tätigkeit deutscher Behörden auf das deutsche Staatsgebiet beschränkt.

484 Siehe zum Beispiel den bereits dargestellten § 25b Abs. 2 Satz 1 AMG für die Zulassung von Arzneimitteln in anderen Mitgliedstaaten der Europäischen Union, weitere Beispiele bei LINKE, S. 131f. Allerdings existieren derzeit wohl keine einfachgesetzlichen Normen, die ausdrücklich eine Anerkennung ausländischer Genehmigungen für Anlagen mit grenzüberschreitend umweltbeeinträchtigenden Emissionen anordnen.

Umgekehrt entfalten ausländische Hoheitsakte in Deutschland keine Rechtswirkung, wenn eine solche Geltungserstreckung nicht durch eine Anerkennung herbeigeführt wird. Es gibt zunächst auch keinen Rechtsschutz gegen ausländische Verwaltungsakte, da diese nicht von deutschen Behörden erlassen wurden. Allerdings muss das Handeln deutscher Behörden, auch wenn es unter Beachtung ausländischen Rechts erfolgt, wegen Art. 19 Abs. 4 GG immer der deutschen Gerichtsbarkeit unterliegen.[485] Daher unterliegt die Anerkennungsentscheidung als solche als hoheitliches Handeln deutscher staatlicher Stellen der deutschen Gerichtsbarkeit. Maßstab und Umfang dieser Nachprüfungsbefugnis werden nachfolgend unter C.VI näher dargestellt.

Auch die Rechtsprechung deutscher Gerichte ging zunächst vom hergebrachten Grundsatz der Territorialität aus und versagte ausländischen Genehmigungen eine Beachtlichkeit im Verwaltungsverfahren.[486] Etwas anderes soll nur gelten, wenn eine inländische Norm, die etwa der Umsetzung eines völkerrechtlichen Vertrags dient, ausdrücklich die Beachtlichkeit ausländischer Normen und Genehmigungen auch auf deutschem Hoheitsgebiet anordnet.[487] Begründet wird dies neben dem Hinweis auf das Territorialitätsprinzip vor allem damit, dass ausländische Genehmigungsvorschriften in der Regel dem öffentlichen Interesse fremder Staaten dienen. Allerdings hat das Bundesverwaltungsgericht zum Beispiel im Fall von grenzüberschreitenden Emissionen eines im Ausland genehmigten und betriebenen Flughafens ein grenzüberschreitendes Abstimmungsgebot formuliert, wenn der Betrieb ohne die Inanspruchnahme deutschen Luftraums nicht möglich ist.[488] Der Inhaber der ausländischen Genehmigung hat dann einen Anspruch darauf, dass seine Belange von den deutschen Behörden bei der Festlegung von Flugrouten über deutschem Hoheitsgebiet berücksichtigt werden. Dem luftverkehrsrechtlichen Abwägungsgebot kommt damit eine grenzüberschreitende drittschützende Wirkung zu, die letztlich dem völkerrechtlichen Nachbarrecht entspringt.[489] Dies bedeutet aber noch nicht, dass die ausländische Genehmigung vollumfänglich als rechtsverbindlich anerkannt werden muss, solange die Interessen des Genehmigungsinhabers ausreichend berücksichtigt werden.

---

485 KOPP/ SCHENKE, VwGO, § 1 Rn. 27.

486 BVerwGE 123, 322 (329f.); BVerwGE 75, 285 (286ff.); BGHZ 31, 367 (371); BGH DVBl 1979, 226f., insbesondere Rn. 13; kritisch KLOEPFER/ KOHLER, S. 166ff. mit dem Hinweis auf die tatsächlichen Schwierigkeiten, ein Unterlassungsurteil gegen einen ausländischen Anlagenbetreiber im Ausland zu vollstrecken.

487 BVerfGE 72, 66 (69, 78).

488 BVerwGE 123, 322 (331); bestätigt in BVerwG NVwZ 2009, S. 452 (454).

489 BVerwG aaO.

II. Durchbrechungen des Territorialitätsprinzips und die Begründung von Anerkennungspflichten im deutschen Recht

Derzeit ist in der deutschen Rechtsordnung keine Norm ersichtlich, die hinsichtlich der inländischen Geltung der Genehmigung einer im Ausland betriebenen umweltbeeinträchtigenden Anlage ausdrücklich auf die Beachtung der ausländischen Genehmigungsvorschriften oder Genehmigungen verweist. Auch der Vorschrift des § 14 BImSchG, nach der eine wirksame Genehmigung für eine emittierende Anlage Unterlassungsansprüche betroffener Dritter ausschließt, kann eine solche Wirkung nicht entnommen werden, da sich der Geltungsbereich auf nach deutschem Recht erlassene Genehmigungen beschränkt.[490]

Dennoch wird von einigen Autoren vertreten, dass rechtswirksame ausländische Normen und Genehmigungen, die überwiegend privatrechtsgestaltenden Charakter haben und keine staatspolitischen Zielsetzungen verfolgen, dann beachtlich seien, wenn das Genehmigungsverfahren einschließlich der Beteiligungsmöglichkeiten für ausländische Betroffene und die tatbestandlichen Voraussetzungen und ihre Rechtsfolgen insbesondere hinsichtlich der Sicherheitsstandards dem einschlägigen deutschen Recht im Wesentlichen vergleichbar seien. Die ausländische Genehmigung muss in den wesentlichen Funktionen einer nach deutschem Recht erlassenen Genehmigung kongruent sein.[491] Zur Äquivalenz (nicht: Identität) der Genehmigungsverfahren zählen eine Beteiligungsmöglichkeit auch von ausländischen Betroffenen an einem rechtsstaatlich ausgerichtetem Genehmigungsverfahren, die Möglichkeit angemessenen Rechtsschutzes gegen dabei erlassene Hoheitsakte und die Wahrung von Verhältnismäßigkeitsvorgaben mit Hinblick auf Grundrechtseingriffe insbesondere betreffend das Leben und die körperliche Unversehrtheit sowie das Eigentum der von einer Genehmigung betroffenen Grundrechtsträger.[492] Als Grenze wird auf den deutschen *ordre public* und die Grundrechte verwiesen.[493] Anderenfalls käme es zu einer nicht gerechtfertigten Ungleichbehandlung deutscher und ausländischer Anlagenbetreiber, wobei letztere gegenüber inländischen Betroffenen automatisch schlechtergestellt würden, da sie immer auf Unterlassung in Anspruch ge-

---

490 FELDHAUS/ SPINDLER, § 14 BImSchG Rn. 150; zweifelnd KOTULLA/GUCKELBERGER, § 14 BImSchG Rn. 54; anders EuGH, Urteil vom 27. Oktober 2009, C–115/08, EuZW 2010, S. 26 ff.: Österreichische Behörden müssen bei der Entscheidung über Unterlassungsansprüche gegen ein in der Tschechischen Republik betriebenes und nach dortigem Recht genehmigtes Kernkraftwerk die Anlagengenehmigung berücksichtigen, da die im österreichischen Recht vorgesehene ausschließliche Berücksichtigung nationaler Genehmigungen eine unzulässige Diskriminierung aus Gründen der Staatsangehörigkeit darstelle.

491 BOTHE/ PRIEUR/ RESS, S. 190; LUMMERT, NuR 1982, 241 (244).

492 HOFMANN, S. 222f., m.w.N.; zur entsprechenden Rechtsprechung des Bundesverwaltungsgerichts zu den Beteiligungsmöglichkeiten ausländischer Betroffener am deutschen Genehmigungsverfahren siehe BVerwGE 75, 285 (286ff.) und nachfolgend unter C.VI.

493 Die sich daraus ergebenden Grenzen für eine Anerkennung ausländischer Hoheitsakte werden nachfolgend unter C.III beziehungsweise C.X näher dargestellt.

nommen werden könnten. Außerdem würde eine generelle Nichtbeachtung ausländischer Genehmigungen den Regelungszielen beider beteiligten Rechtsordnungen nicht gerecht werden.[494] Dies soll vor allem innerhalb der immer stärker zusammenwachsenden, sich in einem stetigen Integrationsprozess befindenden EU-Staaten gelten. Grundsätzlich ist eine Pflicht zur Anerkennung fremder Hoheitsakte also eher zu bejahen, je stärker die Integration zwischen den Hoheitsträgern und damit die Angleichung der Voraussetzungen für den Erlass des fraglichen Hoheitsakts angelegt beziehungsweise fortgeschritten ist.[495] Dabei stellt sich im Detail allerdings die Frage, wie sich die Voraussetzungen für eine solche Beachtlichkeit ausländischer Genehmigungen insbesondere mit Hinblick auf die Vergleichbarkeit der Genehmigungsverfahren und der Sicherheitsstandards bestimmen lassen. Zusätzlich ist unklar, ob dies innerstaatlich dieselbe Wirkung haben soll wie eine förmliche Anerkennung ausländischer Hoheitsakte als für die eigene Rechtsordnung verbindlich. Eine Pflicht zu einer so begründeten „Beachtung" ausländischer Genehmigungen lässt sich allerdings aus dem geltenden Völkerrecht nicht ableiten.[496] Im Gemeinschaftsrecht kann sie ebenfalls nicht vorbehaltlos, wohl aber auf gemeinschaftsrechtlicher Ebene unter den im 3. Kapitel dieser Arbeit dargestellten Voraussetzungen bejaht werden.

III. Anerkennungspflichten aus dem Völkerrecht

Wie im 2. Kapitel dieser Arbeit dargestellt, können Anerkennungspflichten zugunsten ausländischer Hoheitsakte anderer Staaten auf völkerrechtlicher Grundlage durch den Abschluss zwischenstaatlicher Vereinbarungen begründet werden. Geltungsgrund solcher Anerkennungspflichten ist innerstaatlich das nach Art. 59 GG erforderliche Zustimmungsgesetz zu dem zugrundeliegenden völkerrechtlichen Vertrag. Daneben wäre es auch denkbar, dass Hoheitsakte einer zwischenstaatlichen Einrichtung von deutschen staatlichen Stellen anerkannt werden müssen oder dass eine zwischenstaatliche Einrichtung durch eigene Regelung verbindliche Anerkennungspflichten für deutsche staatliche Stellen begründet, nachdem dieser auf Grundlage von Art. 24 Abs. 1 GG entsprechende Hoheitsrechte übertragen wurden. Auch in dieser Konstellation findet sich der Rechtsanwendungsbefehl für die deutsche Rechtsordnung in dem Zustimmungsgesetz nach Art. 59 Abs. 2 GG zu der

494 KLOEPFER/ KOHLER, S. 168ff.: Die strikte Territorialität privatrechtsgestaltender Genehmigungen sei nicht zuletzt angesichts der fortschreitenden europäischen Integration „schlechthin überholt" (S. 170); KLOEPFER, Umweltrecht, § 9 Rn. 147; SIEHR, RabelsZ 45 (1981), S. 377 (387).

495 BLECKMANN, Staatsrecht I, S. 489 Rn. 1088ff. und NVwZ 1986, S. 1(4) zur Situation im Bundesstaat, in dem die Bundesländer grundsätzlich ihre Hoheitsakte untereinander anerkennen müssen.

496 BOTHE/ PRIEUR/ RESS, Rechtsfragen grenzüberschreitender Umweltbelastungen, S. 188.

völkervertraglich vereinbarten Hoheitsrechtsübertragung, deren Voraussetzungen und Grenzen und deren Verhältnis zur Anerkennung ausländischer Hoheitsakte unten unter C.II näher dargestellt werden.

IV. Anerkennungspflichten aus dem Europarecht

Im 3. Kapitel dieser Arbeit wurde dargestellt, dass sich Anerkennungspflichten zugunsten ausländischer Hoheitsakte auch gemeinschaftsrechtlich begründen lassen. Geltungsgrund ist innerstaatlich wiederum das Zustimmungsgesetz nach Art. 23 Abs. 1 GG zu den europäischen Verträgen, auf deren Grundlage der europäische Gesetzgeber entsprechende, für deutsches Hoheitsgebiet unmittelbar verpflichtende Regelungen erlassen kann, beziehungsweise der nationale Umsetzungsakt zur Durchführung gemeinschaftsrechtlicher Rechtsakte in der deutschen Rechtsordnung.[497] Dem zugrunde liegt jeweils eine – unter C.II näher dargestellte – Übertragung von Hoheitsrechten auf die Europäische Union, kraft derer die Gemeinschaftsorgane berechtigt sind, gegenüber dem deutschen Staat verbindliche Regelungen zu erlassen und die Anerkennung von Hoheitsakten anderer Mitgliedstaaten anzuordnen.

V. Anerkennungspflichten aus den Grundrechten

Daneben könnten sich auch aus den Grundrechten Pflichten deutscher staatlicher Organe zur Anerkennung ausländischer begünstigender Hoheitsakte wie Genehmigungen ergeben.[498] Dabei sollen entsprechend der dogmatischen Struktur der Grundrechte Leistungsrechte und Abwehrrechte jeweils getrennt betrachtet werden.[499]

1. Leistungsgrundrechte

Vom Wortlaut her gibt es nur wenige Leistungsgrundrechte in der deutschen Verfassung, die einen subjektiven Anspruch gegen den Staat auf Schutz, Leistung, Teilhabe oder eine bestimmte Verfahrensgestaltung begründen. Zu nennen wären zum Beispiel das Grundrecht auf staatliche Fürsorge aus Art. 6 Abs. 4 GG oder die Rechtsschutzgewährleistung des Art. 19 Abs. 4 GG mit den Verstärkungen in

---

497 OHLER, S. 152.

498 Zum räumlichen Anwendungsbereich der Grundrechte im Zusammenhang mit grenzüberschreitenden Sachverhalten allgemein OHLER, S. 277ff.

499 Zu dieser für die juristische Dogmatik besonders bedeutsamen Möglichkeit der systematischen Einteilung der Grundrechte STERN, Staatsrecht III/1, S. 418ff.; ausführlich zur Grundrechtsdogmatik des deutschen Verfassungsrechts zum Beispiel HESSE, Rn. 277ff.

Art. 101 Abs. 1 Satz 2 und Art. 103 Abs. 1 GG. Eine konkrete staatliche Pflicht zur Förderung ergibt sich auch aus Art. 3 Abs. 2 Satz 2 GG, während der allgemeine Gleichheitssatz des Art. 3 Abs. 1 GG lediglich eine willkürliche Ungleichbehandlung verbietet und in diesem Sinne eher als Abwehrrecht wirkt. Die geringe Anzahl von Leistungsgrundrechten im geschriebenen Verfassungstext entspricht der ursprünglichen historischen Konzeption der Grundrechte als Abwehrrechte gegen staatliche Eingriffe in die bürgerliche Freiheit.[500] Vom Tatbestand her wäre keines der genannten Leistungsrundrechte für die Anerkennung einer ausländischen Genehmigung für eine grenzüberschreitend umweltbeeinträchtigend wirkende Tätigkeit im Ausland einschlägig.

2. Abwehrgrundrechte

Die Grundrechte des Grundgesetzes sind überwiegend als Abwehrrechte gegen den Staat konzipiert. In dieser Funktion gewähren sie dem Grundrechtsberechtigten ein subjektives Recht, staatliche Eingriffe in den Schutzbereich des einschlägigen Grundrechts abzuwehren, soweit diese nicht nach den verfassungsrechtlichen Schrankenbestimmungen gerechtfertigt sind. Als Rechtsfolge eines solchen Anspruchs ist der Staat verpflichtet, weitere Eingriffe in den Schutzbereich des Grundrechts zu unterlassen und die Folgen eines nicht gerechtfertigten Eingriffs zu beseitigen.[501] Dementsprechend hat der Grundrechtsberechtigte zunächst einen Anspruch gegen den Staat, einen Eingriff zum Beispiel in sein Recht auf Leben und körperliche Gesundheit aus Art. 2 Abs. 2 GG durch den Betrieb einer umweltbeeinträchtigenden Anlage zu unterlassen. Etwas anderes gilt allerdings, wenn die staatliche Genehmigung einer solchen Anlage bzw. das Nichteinschreiten des Staates verfassungsrechtlich gerechtfertigt ist. Dies könnte zum Beispiel nach Abwägung mit den Grundrechten des Anlagenbetreibers aus Art. 12 Abs. 1 und 14 GG der Fall sein, wenn – unter Berücksichtigung der ebenfalls mit Verfassungsrang ausgestatteten Umweltschutzbelange – der Staat dem Anlagenbetrieb im konkreten Fall den Vorzug geben durfte. Aus dieser klassischen abwehrrechtlichen Konzeption der Grundrechte ergibt sich aber noch kein Anspruch auf Anerkennung eines ausländischen Hoheitsakts.

Fraglich ist daneben, ob und inwieweit sich aus Abwehrrechten oder anderen, vom Wortlaut her nicht als Leistungsgrundrechte konzipierten Normen staatliche Pflichten zur Gewährung einer bestimmten Leistung ergeben können. Üblicherweise wird diese Frage unter dem Stichwort der staatlichen Schutzpflichten aus Grundrechten diskutiert.[502] Im Laufe der Zeit wurden im deutschen Rechtsraum neben der klassischen Dogmatik der Grundrechte als Abwehrrechte gegen den Staat andere

---

500 SACHS, Grundrechte, A 4 Rn. 16.

501 SACHS, Grundrechte, A 4 Rn. 16.

502 Ausführlich zur Entwicklung grundrechtlich begründeter staatlicher Schutzpflichten BLECKMANN, Staatsrecht II, Rn. 204ff.

Grundrechtstheorien insbesondere zu den zunehmend anerkannten Leistungs- und Teilhabegrundrechten, die als Anspruchsgrundlage gegen den Staat auf staatliches Handeln wirken können, und der objektiv-rechtlichen Funktion der Grundrechte als verfassungsrechtliche Wertentscheidung entwickelt, die der Staat schützen und beachten muss.[503]

Nach der Rechtsprechung des Bundesverfassungsgerichts können sich staatliche Schutzpflichten wegen des hohen Wertes der geschützten Güter unter anderem bei einer Bedrohung von Leben und körperlicher Unversehrtheit aus Art. 2 Abs. 2 Satz 1 GG in Verbindung mit Art. 1 Abs. 1 Satz 2 GG ergeben.[504] So ist der Staat zum Beispiel bei neuen technischen Entwicklungen verpflichtet, schützend einzuschreiten, wenn diese neue Gefahren für grundrechtlich geschützte Rechtsgüter schaffen, die (noch) nicht technisch beherrschbar sind. Solche Gefahren können auch von industriellen Anlagen ausgehen,[505] so dass der Staat in diesem Fall verpflichtet wäre, gegen den Betrieb dieser Anlagen vorzugehen. Hinsichtlich der konkret zu ergreifenden Maßnahmen hat der Staat aber ein weites Ermessen, wie solche Schutzpflichten zu erfüllen sind, solange die Maßnahmen nicht völlig ungeeignet oder unzulänglich sind oder erheblich hinter dem gebotenen Schutzniveau zurückbleiben. Insbesondere kommt dem Gesetzgeber aus Gründen der Gewaltenteilung ein breiter Ermessens- und Gestaltungsspielraum zu.[506] Gewisse Restrisiken sind vor allem bei neuen technischen Entwicklungen hinzunehmen, soweit alles technisch Mögliche zur Risikominimierung unternommen wurde.[507] Einen gänzlichen Ausschluss jeglichen Risikos zu fordern ließe dagegen die Beschränktheit der menschlichen Erkenntnis außer Acht.

Wegen des Gestaltungs- und Ermessensspielraums des Gesetzgebers kann es auch nur in Ausnahmefällen vorkommen, dass lediglich eine bestimmte staatliche Maßnahme dem verfassungsrechtlichen Schutzauftrag gerecht würde. Voraussetzung für die Begründung einer solchen Schutzpflicht ist jeweils, dass ein Zuwarten auf eine tatsächliche Grundrechtsverletzung zu irreparablen Schäden führen würde und die Gefahren nicht beherrschbar sind beziehungsweise vom einzelnen Grundrechtsberechtigten nicht beeinflusst werden können.[508]

Allerdings lässt sich der Gedanke einer staatlichen Schutzpflicht gegenüber dem ausländischen Anlagenbetreiber, der seine Genehmigung anerkannt wissen

---

503 BVerfGE 1, 97 (194), 49, 89 (140ff.), 53, 30 (57); allgemein zur Grundrechtsentwicklung in Deutschland STERN, Staatsrecht III/1, S. 165ff, insbesondere S. 168, 205; übergreifend zur Entwicklung der Grund- und Menschenrechte im internationalen und deutschen verfassungshistorischen Kontext MAURER, JZ 1999, S. 689ff.

504 BVerfGE 39, 1 (42); 88, 203 (251).

505 Vgl. zum Beispiel den der Entscheidung BVerfG NJW 1998, S. 3264 zugrundeliegenden Fall.

506 BVerfG NJW 1995, S. 651; NJW 1998, S. 3264 (3265); SACHS, Grundrechte, A 4 Rn. 22; A 5 Rn. 6.

507 BVerfGE 49, 89 (141).

508 Zum Ganzen PIEROTH/ SCHLINK, Rn. 94ff.

möchte, im vorliegenden Zusammenhang nicht fruchtbar machen. Eine grundrechtliche begründete staatliche Schutzpflicht ließe sich eher umgekehrt für die Situation denken, dass ein von einer grenzüberschreitend umweltbeeinträchtigenden Tätigkeit Betroffener vom Staat ein Vorgehen gegen diese im Ausland ausgeübte Tätigkeit verlangt, um ihn vor Gesundheitsgefahren zu schützen. In dieser Konstellation könnte die staatliche Schutzpflicht also nicht zur Begründung einer Anerkennungspflicht herangezogen werden, sondern würde vielmehr begrenzend auf eine Anerkennung ausländischer Hoheitsakte wirken.

3. Abwehrgrundrechte in leistungsrechtlicher Ausgestaltung

Neben den Leistungsgrundrechten und dogmatisch davon unterschieden können auch Abwehrgrundrechte, deren Ausübung in bestimmten Bereichen im Interesse des Gemeinwohls einem präventiven Verbot mit Erlaubnisvorbehalt unterliegen, einen Anspruch gegen den Staat auf eine bestimmte Leistung, nämlich die formale Erlaubnis zur Ausübung der grundrechtlich geschützten Tätigkeit, gewähren. So bedeutet zum Beispiel die Pflicht zur Genehmigung einer industriellen Anlage nach § 4 Abs. 1 Satz 1 BImSchG nichts anderes, als dass die unter Art. 12 Abs. 1, 14 GG eigentlich grundrechtlich geschützte Tätigkeit zunächst formell verboten ist, damit die Genehmigungsbehörde die Voraussetzungen für einen sicheren und umweltschonenden Anlagenbetrieb vor Betriebsbeginn überprüfen kann. Sind die – wiederum als Grundrechtsschranken am Grundgesetz zu messenden – immissionsschutzrechtlichen Voraussetzungen und sonstigen rechtlichen Anforderungen an den Anlagenbetrieb erfüllt, hat der Grundrechtsberechtigte einen subjektiven Anspruch auf Erteilung der Genehmigung zur Ausübung seiner grundrechtlich geschützten Tätigkeit. Die Behörde hat insoweit kein Ermessen mehr, ob die Anlage genehmigt werden soll. Rechtstechnisch besteht also ein Leistungsanspruch gegen den Staat, während das zugrundeliegende Grundrecht unverändert als Abwehrrecht zu qualifizieren ist.

Ein Leistungsanspruch gegen den Staat kann sich also immer dann ergeben, wenn das begehrte staatliche Handeln Voraussetzung für die Ausübung einer grundrechtlich geschützten Tätigkeit ist. Deutsche Gerichte haben dementsprechend je nach Einzelfall auf Grundlage der (Abwehr-) Grundrechte einen Anspruch auf Anerkennung eines ausländischen Hoheitsaktes bejaht. So ergibt sich zum Beispiel für das Führen eines im Ausland erworbenen akademischen Grades aus Art. 2 Abs. 1 GG ein Anspruch auf Anerkennung des ausländischen Verleihungsakts, wenn die Verleihung durch eine mit einer deutschen Hochschule vergleichbaren ausländischen Bildungsstelle erfolgte und eine Verwechslungsgefahr mit deutschen Abschlüssen zum Beispiel durch einen Herkunftszusatz vermieden wird.[509] Aus

509 VGH Baden-Württemberg, DVBl. 1984, S. 274; OVG Münster, OVGE 29, 131; BVerwGE 5, 291 (292); 39, 77 (81), 94, 73 (79); BVerwG NVwZ 1988, S. 365; hierzu ausführlich PRIEß, NVwZ 1991, S. 111 (114).

Art. 12 GG folgt ein solcher Anspruch, wenn im Ausland verliehene Diplome und ähnliche Nachweise zu Berufsabschlüssen für die Ausübung eines bestimmten Berufs in Deutschland erforderlich sind.[510] Der Adressat eines ausländischen begünstigenden Hoheitsakts kann in Deutschland also eine Verpflichtungsklage auf Anerkennung dieser Entscheidung erheben.[511] Das deutsche Gericht muss dann die Anerkennungsvoraussetzungen und die Gleichwertigkeit des ausländischen Hoheitsakts mit vergleichbaren inländischen Entscheidungen prüfen und bei deren Vorliegen die deutschen Behörden zum Erlass einer entsprechenden Anerkennungsentscheidung verpflichten.

Der Gedanke lässt sich auf die Ausübung einer umweltbeeinträchtigenden Tätigkeit durch einen deutschen Grundrechtsträger im Ausland übertragen, dessen ausländische Anlagengenehmigung in Deutschland anerkannt werden soll: Auch in diesem Fall könnte sich aus den Grundrechten, typischerweise der Berufs- und der Eigentumsfreiheit, ein Anspruch des Grundrechtsträgers und Genehmigungsinhabers darauf ergeben, dass seine ausländische Genehmigung im Inland anerkannt und ihm letztlich die Ausübung seiner Tätigkeit im Ausland nicht dadurch erschwert wird, dass er nach der deutschen Rechtsordnung Sanktionen für sein im Ausland genehmigtes Handeln befürchten muss.

Voraussetzung ist allerdings, dass die Grundrechte auch auf eine Tätigkeit im Ausland anwendbar sind, den Grundrechten nach Art. 1 Abs. 3 GG verpflichtete deutsche staatliche Organe deren Genehmigung anerkennen sollen und der Anlagenbetreiber selbst Träger deutscher Grundrechte ist. Grundsätzlich verpflichten die deutschen Grundrechte nach Art. 1 Abs. 3 GG (nur) die deutsche Staatsgewalt bei der Ausübung öffentlicher Gewalt, soweit diese Auswirkungen auf Grundrechtsberechtigte hat.[512] Diese Verpflichtung gilt aber nur für die inländische Staatsgewalt,[513] nicht also für ausländische Behörden, die den anzuerkennenden ausländischen Hoheitsakt erlassen haben. Das heißt, die ausländische Genehmigung beziehungsweise die Entscheidung der ausländischen staatlichen Stellen über deren Erteilung oder Ablehnung ist nicht an den deutschen Grundrechten zu messen.

Dagegen unterliegt die Geltung der deutschen Grundrechte nach der Rechtsprechung des Bundesverfassungsgerichts keinen räumlichen Grenzen, soweit sie auf das Handeln deutscher Staatsgewalt angewandt werden sollen.[514] Maßgeblich ist nicht der territoriale Bezug des staatlichen Handelns, sondern dessen Rechtswir-

---

510 Zum Ganzen LINKE, S. 132f.

511 SYDOW, JuS 2005, S. 202 (208).

512 OHLER, S. 277, 286 m.w.N. unter Verweis auf das im Internationalen Privatrecht weitgehend anerkannte Wirkungsprinzip.

513 SACHS, Grundrechte, A 5 Rn. 6.

514 BVerfGE 6, 290 (295); 57, 9 (23); SACHS/ ders., vor Art. 1 Rn. 19; HOFMANN, S. 13ff. mit ausführlicher Darstellung der Anwendbarkeit deutscher Grundrechte auf Sachverhalte mit Auslandsbezug in der Rechtsprechung des Bundesverfassungsgerichts und der Lehre.

kungen in der deutschen innerstaatlichen Rechtsordnung.[515] Umgekehrt hat das Bundesverfassungsgericht entschieden, dass auch Hoheitsakte der Europäischen Gemeinschaft mit Wirkung auf deutschem Staatsgebiet, die Grundlage für ein hoheitliches Handeln deutscher Organe sind, für deutsche Grundrechtsträger grundsätzlich den Schutzbereich der Grundrechte eröffnen, auch wenn es diese Prüfung inzwischen angesichts des weitgehend entwickelten Grundrechtsschutzes auf europäischer Ebene dem Europäischen Gerichtshof überlässt. Insoweit erweitert sich der räumliche Anwendungsbereich der Grundrechte und der Vergleichsmaßstab für die Gleichheitsgrundrechte.[516] Auch Ausländer müssen sich, soweit sie grundrechtsberechtigt sind, auf die Grundrechte berufen können, wenn sie von einem Handeln deutscher staatlicher Stellen betroffen sind.[517] Hinzu kommt, dass nicht die ausländische Genehmigung selbst an den Grundrechten gemessen werden soll, sondern die Anerkennung (oder deren Verweigerung) durch die deutschen Behörden. Der deutsche Staat übt aber durch die Anerkennungsentscheidung eines ausländischen Hoheitsaktes hoheitliche Gewalt aus und ist insoweit an die Grundrechte gebunden. Daher ist die Entscheidung, ob eine ausländische Genehmigung anerkannt werden soll, an den Grundrechten überprüfbar, wenn der Genehmigungsinhaber selbst Träger von Grundrechte ist.[518] Dementsprechend kann sich auch aus den einschlägigen Abwehrgrundrechten, insbesondere aus Art. 12 Abs. 1, 14 Abs. 1 GG, unter Beachtung der Grundrechte von betroffenen Dritten, dem Gleichwertigkeitserfordernis und einschlägiger Staatszielbestimmungen, wie insbesondere dem Staatsziel Umweltschutz aus Art. 20a GG, ein Anspruch des Genehmigungsinhabers auf Aner-

---

515 Ausführlich WALTER, AöR 129 (2004), S. 39 (47ff.), der sich für eine „rechtsordnungsorientierte Anknüpfung" der Grundrechte ausspricht.

516 BVerfGE 89, 155 (174f.), 102, 147 (161ff.), 118, 79 (94ff.); jüngst bestätigt in BVerfG, Urteil vom 30. Juni 2009, abrufbar unter http://www.bverfg.de/entscheidungen/es20090630_2bve000208.html, Ziffer 337.

517 PIEROTH/ SCHLINK, Rn. 110.

518 Zur Möglichkeit für Ausländer, Träger deutscher Grundrechte zu sein, siehe zum Beispiel HOFMANN, S. 242f. Mit Hinblick auf die Deutschengrundrechte wird für Ausländer meist angenommen, dass diese für sie nicht gelten. Überwiegend wird diesen mit Hinblick auf in den Schutzbereich der Deutschengrundrechte fallende Sachverhalte der grundrechtliche Schutz der allgemeinen Handlungsfreiheit nach Art. 2 Abs. 1 GG zugesprochen. EU-Ausländer müssen aber wegen des gemeinschaftsrechtlichen Gleichbehandlungsgebots im Anwendungsbereich des Gemeinschaftsrechts mit Deutschen gleichgestellt werden, vgl. nur SACHS/ ders., vor Art. 1, Rn. 72f. m.w.N. Ausführlich zu den Theorien einer Anwendbarkeit deutscher Grundrechte auf Ausländer BLECKMANN, Staatsrecht II, S. 172ff. Problematisch ist dagegen eine Anwendung der deutschen Grundrechte (mit Ausnahme der Prozessgrundrechte) auf ausländische juristische Personen, da Art. 19 Abs. 3 GG sich nach allerdings bestrittener Ansicht nur auf inländische juristische Personen erstreckt, vgl. BVerfGE 21, 207; hierzu GEIGER, S. 263; kritisch, aber im Ergebnis zustimmend auch GUCKELBERGER, AöR 129 (2004), S. 618 (623ff.).

kennung der ausländischen Genehmigung für eine grenzüberschreitend wirkende Tätigkeit ergeben.[519]

Allerdings lassen sich keine allgemeinen Vorgaben machen, wann ein solcher Anspruch im Einzelfall begründet ist. Dies hängt maßgeblich davon ab, dass die Voraussetzung der Gleichwertigkeit (nicht: Identität) der Genehmigungsvoraussetzungen erfüllt ist. Dabei ist eine wertende Betrachtung der Vorschriften der ausländischen Rechtsordnung danach vorzunehmen, ob sie im Ergebnis ein vergleichbares Maß an Anlagensicherheit, Nachbar- und Umweltschutz gewährleisten. Die nationalen Emissionsgrenzwerte für die Genehmigung einer vergleichbaren Anlage können für diese Prüfung einen ersten Anhaltspunkt liefern. Im Falle einer im Ausland betriebenen industriellen Anlage, die in Deutschland nach § 4 Abs. 1 Satz 1 BImSchG genehmigungsbedürftig wäre, wären dies zum Beispiel die Emissionsgrenzwerte aus der einschlägigen BImSchV.

Nicht erforderlich ist dagegen, dass diese Regelungsziele im ausländischen Recht mit denselben technischen Vorgaben beziehungsweise denselben Emissionsgrenzwerten, wie sie für eine Genehmigung nach inländischem Recht gelten, erreicht werden. Ein solches Vorgehen wäre zu einseitig an den Regelungstechniken und Vorstellungen des deutschen Gesetzgebers orientiert, ohne zu berücksichtigen, dass andere Rechtsordnungen andere, aber gleich effektive Mittel zur Gewährleistung eines hohen Sicherheitsstandards und Umweltschutzniveaus kennen. Zusätzlich wäre es nach dem Grundsatz der Verhältnismäßigkeit, an den deutsche staatliche Stellen bei einem hoheitlichen Handeln stets gebunden sind, auch nicht erforderlich, um diese Ziele zu verwirklichen. Daher könnte die Anerkennung einer Genehmigung nicht mit dem Argument verweigert werden, dass die deutschen Genehmigungsvorschriften nicht beachtet werden, wenn auf andere Weise ein vergleichbarer Sicherheits- und Umweltschutzstandard durch die ausländischen Genehmigungsvorschriften gewährleistet ist.

Bei der Prüfung der Gleichwertigkeit ist stets auch die Staatszielbestimmung des Art. 20a GG zum Schutz der natürlichen Lebensgrundlagen zu beachten, die zwar der Anerkennung der Genehmigung für eine umweltbeeinträchtigende Tätigkeit nicht automatisch entgegensteht, wohl aber die Anerkennungsvoraussetzungen im Sinne eines höheren Umweltschutzniveaus beeinflussen kann. Selbst wenn aber diese Anerkennungsvoraussetzungen vorliegen und die ausländische Genehmigung als gleichwertig mit einem vergleichbaren inländischen Hoheitsakt bewertet werden kann, können sich aus kollidierenden Grundrechten Dritter und anderen Verfassungsbestimmungen aber Grenzen für eine solchen Anerkennung ergeben, die nachfolgend in Teil C. dieses Kapitels dargestellt werden.

---

519 Zu einem vergleichbaren Ergebnis kommt BLECKMANN bei der Frage einer Anerkennung von Hoheitsakten eines anderen Bundeslandes im Bundesstaat, vgl. BLECKMANN, NVwZ 1986, S. 1 (4f.) unter Hinweis auf die Rechtsprechung des EuGH zur Voraussetzung der Gleichwertigkeit mit inländischen Entscheidungen.

VI. Anerkennungspflichten aus dem verfassungsrechtlichen Grundsatz der offenen Staatlichkeit und der Völkerrechtsfreundlichkeit der deutschen Rechtsordnung

Schließlich wäre denkbar, dass ausländische Hoheitsakte schon allein aufgrund der verfassungsrechtlichen Wertentscheidung für eine offene Staatlichkeit und der Völkerrechtsfreundlichkeit der deutschen Rechtsordnung generell als auf deutschem Hoheitsgebiet verbindlich anerkannt werden müssen, ohne dass dazu eine gesonderte Anerkennungspflicht erforderlich wäre. Zu klären ist also, ob und inwieweit die völkerrechts- und integrationsbezogenen Verfassungsnormen unmittelbar Rechte und Pflichten für deutsche Staatsorgane erzeugen, auf die sich der Adressat eines ausländischen Hoheitsakts, etwa der Inhaber einer in begünstigenden ausländischen Anlagengenehmigung, im Rahmen der deutschen Rechtsordnung berufen kann.

Die verfassungsrechtliche Entscheidung für eine Öffnung des deutschen Staates für die internationale Zusammenarbeit, die Völkerrechtsfreundlichkeit des Grundgesetzes und die Eingliederung in die Staatengemeinschaft lässt sich einer systematischen Zusammenschau von Art. 23 bis 26 und Art. 9 Abs. 2, 59 GG entnehmen.[520] Diese Wertentscheidung für eine offene Staatlichkeit findet sich auch in der Präambel des Grundgesetzes wieder, in der es heißt:

„Im Bewusstsein seiner Verantwortung vor Gott und den Menschen, von dem Willen beseelt, als gleichberechtigtes Glied in einem vereinten Europa dem Frieden der Welt zu dienen, hat sich das Deutsche Volk kraft seiner verfassungsgebenden Gewalt dieses Grundgesetz gegeben."

Aus diesem Verfassungsauftrag zur europäischen Integration hat das Bundesverfassungsgericht jüngst neben den Grundsatz der Völkerrechts- den Grundsatz der Europarechtsfreundlichkeit des Grundgesetzes herausgestellt.[521] Insgesamt wird in diesen Verfassungsbestimmungen eine Wertentscheidung für eine Abkehr von der Idee des „geschlossenen Nationalstaats" und einem strikten staatlichen Souveränitätsdenken hin zu einer Eingliederung des deutschen Staates in die internationale Gemeinschaft bekräftigt.[522] Neben der grundsätzlichen Anerkennung des Völkerrechts als verbindliche Koordinationsrechtsordnung und Maßstab für internationale Interessenkonflikte sehen die völkerrechtsbezogenen Normen des Grundgesetzes zum Teil nur schwer von politischen Handlungsformen abgrenzbare Mechanismen vor, um die angestrebte Einbindung des deutschen Staates in die Staatengemeinschaft zu erreichen und dem als verbindlich anerkannten Völkerrecht zur Durchsetzung zu verhelfen.

---

520 Allgemein zu diesem Grundsatz BLECKMANN, DÖV 1979 S. 309ff.; grundlegend unter Darstellung der Entwicklung des historischen Staatsverständnisses VOGEL, Die Verfassungsentscheidung des Grundgesetzes für eine internationale Zusammenarbeit, S. 36, 42.

521 BVerfG, Urteil vom 30. Juni 2009, abrufbar unter http://www.bverfg.de/entscheidungen/es 20090630_2bve000208.html, Ziffer 225.

522 STERN, Staatsrecht I, S. 516f., 518.

1. Verfassungsrechtlicher Auftrag zur internationalen Zusammenarbeit

Insbesondere in Art. 23 Abs. 1, 24 GG wird der verfassungsrechtliche Auftrag zur internationalen Zusammenarbeit der Bundesrepublik Deutschland mit anderen Staaten deutlich. Dies soll vor allem durch völkerrechtliche Verträge und den Beitritt zu zwischenstaatlichen Einrichtungen beziehungsweise die Integration in die Europäische Union erreicht werden. In diesem Zusammenhang kann der deutsche Staat auch ihm originär zustehende Hoheitsrechte auf zwischenstaatliche Einrichtungen oder die Europäische Union übertragen. Um die Entscheidung des Grundgesetzes für eine internationale Zusammenarbeit nicht zu einer bloßen Leerformel werden zu lassen, hält es ROJAHN für geboten, in diesem Grundsatz mehr als nur eine programmatische Aussage und Ermächtigungsgrundlage zu sehen. Vielmehr seien die deutschen Staatsorgane verpflichtet, innerhalb eines weiten Gestaltungsermessens die internationale Zusammenarbeit zu fördern, wo dies sachgerecht und geboten sei, vor allem also bei grenzüberschreitenden Sachverhalten.[523] Das Bundesverfassungsgericht hat für die europäische Union ausdrücklich klargestellt, dass die Beteiligung Deutschlands an der europäischen Union nicht in das Belieben der staatlichen Organe gestellt ist.[524] STERN bezeichnet die Möglichkeiten zu einer Öffnung des deutschen Staates für eine Einbindung in zwischenstaatliche Einrichtungen und korrespondierende Hoheitsrechtsübertragungen als „supranationale Option". Diese sei zwar auch vom Integrationswillen anderer Staaten abhängig, enthalte über den Charakter als Ermächtigungsgrundlage hinaus aber auch ein zielgerichtetes verfassungsrechtliches Mandat für die internationale Zusammenarbeit, für deren Verwirklichung den staatlichen Organen allerdings ein weiter Ermessensspielraum zukommt.[525] Mit Hinblick auf die internationale Zusammenarbeit und die Eingliederung des deutschen Staates in die Staatengemeinschaft enthält das Grundgesetz in Art. 23 Abs. 1, 24 GG vergleichbar einer Staatszielbestimmung neben einer Ermächtigungsgrundlage also auch einen allgemeinen Gestaltungsauftrag an die staatlichen Organe, die internationale Zusammenarbeit zu fördern, ohne aber konkrete Integrationsschritte vorzugeben.[526] Wegen des weiten außenpolitischen Ermessens bei der Ausfüllung dieser Staatszielbestimmung ist dies aber eher als „Optimierungsgebot" zur Förderung der internationalen Zusammenarbeit im Rahmen des tatsächlich und rechtlich Möglichen zu verstehen.[527] Die Öffnung der deutschen Rechtsordnung durch eine Übertragung von Hoheitsrechten als wohl stärkste Form

523 VON MÜNCH/ KUNIG/ ROJAHN, Art. 24 Rn. 7f.; MAUNZ/ DÜRIG/ RANDELZHOFER, Art. 24 Rn. 19; anders wohl GEIGER, S. 2, der von einem bloßen „staatspolitischen Programm" zur europäischen Integration und internationalen Zusammenarbeit spricht.

524 BVerfG, Urteil vom 30. Juni 2009, abrufbar unter http://www.bverfg.de/entscheidungen/es 20090630_2bve000208.html, Ziffer 225.

525 STERN, Staatsrecht I, S. 519f.

526 So schon VOGEL, Die Verfassungsentscheidung des Grundgesetzes für eine internationale Zusammenarbeit, S. 46; TIETJE, S. 214f. m.w.N.

527 TIETJE aaO.

der internationalen Zusammenarbeit ist dagegen nach ganz herrschender Meinung nur gegenüber zwischenstaatlichen Einrichtungen oder der (supranationalen) Europäischen Union gestattet, nicht jedoch gegenüber anderen Staaten.[528] Allerdings lässt sich aus den völkerrechtsbezogenen Bestimmungen des Grundgesetzes kein subjektiver Anspruch Einzelner auf Anerkennung eines ausländischen Hoheitsakts herleiten.[529] Wie auch sonst bei Staatszielbestimmungen besteht vielmehr ein weites politisches und rechtliches Gestaltungsermessen, mit welchen Maßnahmen die Integration in die Völkerrechtsgemeinschaft gefördert werden soll.

2. Grundsatz der Völkerrechtsfreundlichkeit der deutschen Rechtsordnung

Der Grundsatz der Völkerrechtsfreundlichkeit bzw. Europarechtsfreundlichkeit[530] der deutschen Rechtsordnung ist bei der Auslegung und Anwendung deutschen Rechts, insbesondere den Verfassungsnormen mit Völkerrechtsbezug, als verfassungsrechtliche Wertentscheidung beachtlich.[531] Als „Konfliktvermeidungsregel" fordert er, dass von mehreren möglichen Deutungen einer nationalen Rechtsnorm diejenige zu wählen ist, die den Anforderungen des Völkerrechts am besten gerecht wird.[532] Er verpflichtet die deutschen Staatsorgane, verbindliches Völkerrecht zu befolgen und dessen Durchsetzung zu fördern und zu erleichtern. Dies gilt jedoch nicht für nicht rechtsverbindliche Völkerrechtssätze wie das Soft Law oder aus der völkerrechtlichen *comitas* entspringende Übungen.[533] Auch diese Auslegungsregel kann für sich genommen aber keine subjektiven Rechte oder konkreten Handlungspflichten deutscher staatlicher Organe begründen. Der Grundsatz der Völkerrechtsfreundlichkeit könnte aber unter Umständen dazu führen, dass andere Normen im Sinne einer Pflicht, ausländische Hoheitsakte anzuerkennen, auszulegen sind, wenn eine solche Auslegung möglich ist und die verfassungsrechtlichen Grenzen für die Anerkennung ausländischer Hoheitsakte gewahrt bleiben.

3. Grundsatz der offenen Staatlichkeit

Fraglich ist, ob sich dem Grundgesetz über die dargestellten einzelnen Normen mit Völkerrechtsbezug hinaus ein weitergehender verfassungsrechtlicher Grundsatz der offenen Staatlichkeit mit rechtsverbindlichen Pflichten für die deutschen Staatsorgane entnehmen lässt. Im Einzelnen ist vor allem die rechtliche Bindungs- und Ver-

---

528 MEESSEN, AöR 110 (1985), S. 398 (407ff.).

529 SACHS/ STREINZ, Art. 24 Rn. 10; allgemein zum weiten außenpolitischen Ermessen der Exekutive BVerfGE 68, 1 (87).

530 BVerfG, Urteil vom 30. Juni 2009, BVerfGE 123, 267 ff., Rn. 225.

531 BVerfGE 58, 1 (34); VOGEL, Die Verfassungsentscheidung des Grundgesetzes für eine internationale Zusammenarbeit, S. 51; STERN, Staatsrecht I, S. 475f.; GEIGER, S. 171.

532 VON MÜNCH/ KUNIG/ ROJAHN, Art. 24 Rn.3.

533 TOMUSCHAT, Die staatsrechtliche Entscheidung für die internationale Offenheit, in: HStR VII, § 172 Rn. 8.

pflichtungswirkung für die deutschen Staatsorgane und die Abgrenzung zu einer bloß politischen Forderung eines solchen Grundsatzes umstritten, insbesondere, ob dieser einen eigenen rechtlichen Gehalt aufweist oder sich lediglich im Rahmen der Einzelnormen des Grundgesetzes mit Völkerrechtsbezug niederschlägt.[534] So geht TOMUSCHAT davon aus, dass der Grundsatz von der Offenheit des Grundgesetzes nicht dem positiven Verfassungsrecht zuzurechnen ist, sondern lediglich den Verzicht des Grundgesetzes auf einen ausschließlichen staatlichen Herrschaftsanspruch zugunsten einer Eingliederung des deutschen Staates in die internationale Gemeinschaft bekräftigt.[535] Selbst wenn dem Grundsatz der offenen Staatlichkeit ein eigenständiger rechtlicher Gehalt zukommen würde, könnte er jedenfalls als einer Staatszielbestimmung vergleichbaren verfassungsrechtlichen Wertentscheidung keine eigenständige Anspruchsgrundlage auf Anerkennung ausländischer Hoheitsakte oder Anwendung ausländischen Rechts begründen, sondern allenfalls bei der Anwendung anderer Ermächtigungsgrundlagen herangezogen werden. Eine vorbehaltlose Öffnung der deutschen Rechtsordnung ohne eine eigenständige Begründung von Anerkennungspflichten ist auf dieser Grundlage jedenfalls nicht möglich.

Insgesamt kann also festgehalten werden, dass sich eine konkrete Pflicht zur Anerkennung ausländischer Hoheitsakte nicht allein aus der Entscheidung des Grundgesetzes für eine offene Staatlichkeit, dem verfassungsrechtlichen Grundsatz der Völkerrechtsfreundlichkeit und der Offenheit der deutschen Rechtsordnung für die internationale Zusammenarbeit herleiten lässt. Wenn Anerkennungspflichten auf völker- oder gemeinschaftsrechtlicher Basis begründet werden sollen, kann dies nur, wie bereits dargelegt, durch den Abschluss wirksamer völkerrechtlicher Verträge, durch Hoheitsrechtsübertragungen oder durch den Erlass gemeinschaftsrechtlicher Vorschriften mit entsprechenden Regelungen erfolgen. Bei der Auslegung und Anwendung derart begründeter Anerkennungspflichten können die genannten Wertentscheidungen der Verfassung allerdings verstärkend herangezogen werden und deren Gehalt und Reichweite mitbestimmen.

C. Verfassungsrechtliche Grenzen

Nachdem in Abschnitt B dieses Kapitels dargestellt wurde, auf welcher Geltungsgrundlage sich Pflichten zur Anerkennung ausländischer Hoheitsakte nach dem Grundgesetz begründen lassen, soll im folgenden Abschnitt untersucht werden, welche verfassungsrechtlichen Grenzen das Grundgesetz einer solchen Anerkennung ausländischer Hoheitsakte durch deutsche staatliche Stellen setzt. Es geht also

534 So VON MÜNCH/ KUNIG/ ROJAHN, Art. 24 Rn. 4, der vor einer „verfassungsrechtlichen Überhöhung" warnt; ähnlich TIETJE, S. 212f., der zunächst nur von einem „rechtssoziologischen Tatbestand" ausgeht, der normativ zu konkretisieren sei.

535 TOMUSCHAT, Die staatsrechtliche Entscheidung für die internationale Offenheit, in: HStR VII, § 172 Rn. 9.

um die Frage, wann eine Anerkennung trotz Vorliegens der dargestellten Anerkennungsvoraussetzungen nicht ausgesprochen werden darf.

Grundsätzlich unterliegt die Entscheidung über die Anerkennung ausländischer Hoheitsakte ebenso wie die zugrundeliegende gesetzliche Ermächtigungsgrundlage als Ausübung staatlicher Gewalt nach Art. 1 Abs. 3 GG den Grundrechten und den sonstigen verfassungsrechtlichen Grenzen für staatliches Handeln, wie sie sich insbesondere aus Art. 20 Abs. 3 GG und im Falle von Hoheitsrechtsübertragungen aus Art. 23 und 24 GG ergeben. Dies gilt auch für ein zur Begründung einer völkerrechtlichen oder gemeinschaftsrechtlichen Anerkennungspflicht nach Art. 59 Abs. 2 GG beziehungsweise Art. 23 Abs. 1 GG erforderliches Zustimmungsgesetz zu den zugrundeliegenden völkerrechtlichen Verträgen. Zusätzlich kommt bei einem Handeln deutscher Behörden die Rechtschutzgarantie des Art. 19 Abs. 4 GG zum Tragen. Im Einzelnen gilt es aber zu klären, inwieweit den Besonderheiten von Sachverhalten mit Auslandsbezug bei der Bestimmung verfassungsrechtlicher Grenzen von Anerkennungspflichten Rechnung zu tragen ist.

I. Verfassungsrechtliche Anforderungen und modifizierte Grundrechtsbindung bei Sachverhalten mit Auslandsbezug

Bevor auf einzelne verfassungsrechtliche Grenzen für eine Anerkennung ausländischer Hoheitsakte näher eingegangen werden soll, soll zunächst allgemein untersucht werden, ob die verfassungsrechtlichen Anforderungen an staatliches Handeln und die Grundrechtsbindung deutscher staatlicher Stellen im Einzelfall bei der Begründung von Anerkennungspflichten oder bei der Entscheidung über eine Anerkennung ausländischer Genehmigungen für Anlagen, deren Emissionen sich auch auf deutschem Hoheitsgebiet auswirken, im Vergleich zu rein innerstaatlichen Sachverhalten wegen des Auslandsbezugs modifiziert oder gar abgeschwächt werden können.

Wie bereits erwähnt, sind die ausländischen staatlichen Stellen, die den anzuerkennenden Hoheitsakt mit Gültigkeit für ihr Hoheitsgebiet erlassen haben, nicht an die Grundrechte und die sonstigen verfassungsrechtlichen Vorgaben des Grundgesetzes für staatliches Handeln gebunden. Etwas anderes gilt aber für die deutschen staatlichen Stellen bei ihrer Anerkennungsentscheidung, die als Ausübung staatlicher Gewalt den Vorgaben des Grundgesetzes unterliegt und den Geltungsbereich des Grundgesetzes grundsätzlich eröffnet. Daneben kann auch ein Zustimmungsgesetz zu einem völkerrechtlichen Vertrag nach Art. 59 Abs. 2 GG, mit dem zum Beispiel Anerkennungspflichten begründet oder Hoheitsrechte auf fremde Hoheitsträger übertragen werden, oder zu den europäischen Verträgen nach Art. 23 Abs. 1 GG die Grundrechte verletzten, wenn dadurch Rechte und Pflichten Einzelner begründet oder deren individuelle Rechtsposition auf andere Weise unmittelbar in verfassungsrechtlich nicht gerechtfertigter Weise beeinträchtigt wird.[536]

1. Grundsatz der Völkerrechtsfreundlichkeit und der offenen Staatlichkeit im Grundgesetz

Eine Modifikation des verfassungsrechtlichen Prüfungsmaßstabs für staatliches Handeln ließe sich vor allem mit dem bereits dargestellten, aus Art. 23 bis 26 und Art. 9 Abs. 2, 59 GG abgeleiteten Grundsatz der Völkerrechtsfreundlichkeit[537] und der offenen Staatlichkeit des Grundgesetzes begründen. Die durch diese verfassungsrechtliche Wertentscheidung vorgegebene Eingliederung des deutschen Staates in die Staatengemeinschaft und die insbesondere im wirtschaftlichen Bereich durch den grenzüberschreitenden Handel zunehmende Verflechtung der Staaten bedingt grundsätzlich die Rücksichtnahme auf fremde Rechtsordnungen und deren Wertentscheidungen, ohne dass dadurch die Geltung des Grundgesetzes auf deutschem Hoheitsgebiet in Frage gestellt würde. Darüber hinaus sehen diese Verfassungsnormen die Bildung öffentlicher Gewalt mit Einfluss auf die deutsche Rechtsordnung außerhalb der deutschen Verfassungsordnung ausdrücklich vor.[538]

Ausdrücklich ist eine solche Modifikation im Grundgesetz allerdings nur mit Hinblick auf den Schutzumfang der deutschen Grundrechte im Rahmen der europäischen Integration in Art. 23 Abs. 1 Satz 1 GG[539] geregelt. Dort heißt es:

> „Zur Verwirklichung eines vereinten Europas wirkt die Bundesrepublik Deutschland bei der Entwicklung der Europäischen Union mit, die demokratischen, rechtsstaatlichen, sozialen und föderativen Grundsätzen und dem Grundsatz der Subsidiarität verpflichtet ist und einen diesem Grundgesetz im wesentlichen vergleichbaren Grundrechtsschutz gewährleistet."

DREIER spricht in diesem Zusammenhang von der „integrationsbedingten Relativierung der Grundrechtsbindung" im Rahmen der europäischen Integration bei der Mitwirkung an der Entstehung und beim Vollzug von Gemeinschaftsrecht durch deutsche staatliche Stellen innerhalb der sich aus Art. 23 Abs. 1 GG ergebenden Grenzen. Er begründet dies mit der im Grundgesetz angelegten Öffnung der deutschen Rechtsordnung zugunsten des Gemeinschaftsrechts, die unter anderem auch Grund für den Vorrang des Gemeinschaftsrechts vor den nationalen Rechtsordnungen der Mitgliedstaaten ist. Werden zwingende gemeinschaftsrechtliche Vorgaben in nationales Recht umgesetzt, so darf diese Umsetzungspflicht nicht dadurch unter-

---

536 BVerfGE 40, 141 (165f.).

537 Grundlegend unter Darstellung der Entwicklung des historischen Staatsverständnisses VOGEL, Die Verfassungsentscheidung des Grundgesetzes für eine internationale Zusammenarbeit, S. 36, 42.

538 HESSE, Rn. 111.

539 Eine vergleichbare Regelung für das deutsche Internationale Privatrecht enthält Art. 6 EGBGB.

laufen werden, dass die nationalen Rechtsakte zur Umsetzung in vollem Umfang den Grundrechten entsprechen müssen. In jedem Fall müssen aber der Wesensgehalt der Grundrechte beziehungsweise die in Art. 79 Abs. 3 GG niedergelegten grundlegenden Wertentscheidungen des Grundgesetzes beachtet werden.[540] Lediglich wenn und soweit das Gemeinschaftsrecht den Mitgliedstaaten bei der Umsetzung gemeinschaftsrechtlicher Regelungen in nationales Recht einen gewissen Spielraum einräumt, sind deutsche staatliche Stellen bei der Umsetzung (nicht aber schon bei der Mitwirkung an der Entstehung) solchen vollzugbedürftigen Gemeinschaftsrechts in vollem Unfang an die Grundrechte gebunden.[541] Nach STREINZ können das europäische Gemeinwohl beziehungsweise das Interesse des deutschen Staates an der europäischen Integration auch als legitimes Ziel im Rahmen der Prüfung der Verhältnismäßigkeit eines Grundrechtseingriffs herangezogen werden, um Grundrechtseingriffe und die darin liegende „gemeinschaftsbedingte(n) Relativierungen" der Grundrechte im Einzelfall sachlich zu rechtfertigen.[542]

Dem entspricht die ständige Rechtsprechung des Bundesverfassungsgerichts, das die Überprüfung vom Gemeinschaftsrecht beziehungsweise in Umsetzung gemeinschaftsrechtlicher Vorgaben erlassenen nationalen Rechts inzwischen dem Europäischen Gerichtshof überlässt, solange und soweit auf europäischer Ebene ein dem vom Grundgesetz unabdingbar gebotenen Grundrechtsschutz im Wesentlichen vergleichbarer Schutzstandard verwirklicht ist.[543] Dies gilt für Verordnungen ebenso wie für Richtlinien und die entsprechenden nationalen Umsetzungsgesetze. Lediglich wenn und soweit dem nationalen Gesetzgeber ein Spielraum bei der Umsetzung von Gemeinschaftsrecht in die nationale Rechtsordnung eingeräumt wird, ist dieser Umsetzungsspielraum möglichst grundrechtsschonend auszufüllen. Dies wird

540 PIEROTH/ SCHLINK, Rn. 191.

541 DREIER/ ders., Art. 1 Abs. 3 GG Rn. 19ff.; KLEIN, VVDStRL 50 (1991), S. 56 (83).

542 STREINZ, Der Vollzug des europäischen Gemeinschaftsrechts durch deutsche Staatsorgane, in: HStR VII, § 182 Rn. 41.

543 BVerfGE 118, 79 (95); jüngst bestätigt im Urteil vom 30. Juni 2009, BVerfGE 123, 267 ff., Rn. 191, 337. Generell überprüft das Gericht derzeit den Vollzug von Gemeinschaftsrechtsakten nicht am Maßstab der deutschen Grundrechte, sondern überlässt diese Prüfung dem Europäischen Gerichtshof, da es auf europäischer Ebene einen den Maßstäben des Grundgesetzes im Wesentlichen gleichen Grundrechtsschutz verwirklicht sieht, vgl. BVerfGE 73, 339 (378, 387), 102, 147 (165). Es behält sich in „Kooperation" mit dem Europäischen Gerichtshof lediglich die Prüfung vor, ob auf Gemeinschaftsebene generell ein dem vom deutschen Grundgesetz als unabdingbar gebotenen Grundrechtsschutz im Wesentlichen vergleichbarer Grundrechtsschutz gewährleistet ist, dazu ausführlich SACHS, A 5 Rn. 21ff. Zustimmend auch KLEIN, VVDStRL 50 (1991), S. 56. (80f.): Wegen des Rechtsanwendungsbefehl in der Integrationsermächtigung des Grundgesetzes gelten die Grundrechte als Prüfungsmaßstab für das Gemeinschaftsrecht nur insoweit, als die Grenzen für eine Hoheitsrechtsübertragung überschritten sind und die Identität der deutschen Verfassungsordnung gefährdet ist. Innerhalb der Grenzen der Integrationsermächtigung kann daher auf eine Überprüfung des Gemeinschaftsrechts an den Grundrechten verzichtet werden.

543 PIEROTH/ SCHLINK, Rn. 110.

vom Bundesverfassungsgericht nach wie vor uneingeschränkt an den deutschen Grundrechten überprüft.[544] Durch diese gerichtliche Zurücknahme des Prüfungsumfangs spiegelt sich auch auf prozessualer Ebene wider, dass europäische Rechtsakte nicht in vollem Umfang dem Grundrechtsstandard, den das Grundgesetz für rein innerstaatliche Rechtsakte vorgibt, entsprechen müssen, solange der Grundrechtsschutz auf europäischer Ebene nicht unter einen verfassungsrechtlich unabdingbar gebotenen Mindeststandard absinkt. Es muss aber in jedem Fall gewährleistet sein, dass der „unantastbare Kerngehalt“ der Verfassung, wie er in Art. 23 Abs. 1 Satz 3, 79 Abs. 3 GG normiert ist und zu dem das Bundesverfassungsgericht auch die wesentlichen Wertentscheidungen, wie sie in den Grundrechten zum Ausdruck kommen, zählt, im Rahmen der europäischen Integration gewahrt bleibt.[545]

Fraglich ist, ob der Grundsatz der Völkerrechtsfreundlichkeit des deutschen Grundgesetzes und die verfassungsrechtliche Entscheidung für eine internationale Zusammenarbeit über die ausdrückliche Bestimmung des Art. 23 Abs. 1 GG hinaus generell bei Sachverhalten mit völker- oder europarechtlichem Bezug in gewissem Umfang eine Zurücknahme des deutschen Verfassungsrechts bei Sachverhalten mit Auslandsbezug erlaubt. Dies ließe sich begründen, wenn die deutschen staatlichen Stellen nach dieser verfassungsrechtlichen Wertentscheidung neben anderen verfassungsrechtlichen Bindungen auch verpflichtet sind, die Interessen und Werte der Rechtsordnungen anderer Staaten zu beachten und zu respektieren.[546] Die Wertentscheidung des Grundgesetzes zu einer offenen Staatlichkeit und einer völkerrechtsfreundlichen Rechtsordnung stünde dann einer einseitigen Durchsetzung der deutschen Grundrechte gegenüber anderen Staaten bei einem entsprechenden Auslandsbezug eines Sachverhalts entgegen und wäre nicht mit der Verpflichtung des deutschen Staates in Einklang zu bringen, den internationalen Rechtsfrieden zu wahren und zu fördern.[547] Auch nach der Rechtsprechung des Bundesverfassungsgerichts sind andere Rechtsordnungen zu respektieren.[548] Allerdings kann ihnen kein genereller Vorrang vor den deutschen Grundrechten zukommen.[549] Diese gel-

---

544 BVerfGE 118, 79 (94ff.).

545 Zuletzt BVerfG, Urteil vom 30. Juni 2009, BVerfGE 123, 267 ff., Rn. 240; ausführlich zur Integrationsschranke der Struktursicherungsklausel in Art. 23 Abs. 1 unter C.II.4.

546 So BLECKMANN, DÖV 1979 S. 303 (315) zu völkerrechtlichen Verträgen; WOLFRUM, DVBl. 1984, S. 493 (499) zum Grundsatz der offenen Staatlichkeit als Auslegungsprinzip im deutschen Recht; OHLER, S. 295f.; anders TOMUSCHAT, Die staatsrechtliche Entscheidung für die internationale Offenheit, in: HStR VII, § 172 Rn. 8, der die Pflicht, andere Rechtsordnungen zu respektieren, lediglich zur völkerrechtlichen comitas zählt. Sie sei daher auch nicht vom Grundsatz der Völkerrechtsfreundlichkeit des Grundgesetzes erfasst, der eine rechtsverbindliche Völkerrechtsnorm voraussetze.

547 DREIER/ ders. Art. 1 Abs. 3 GG Rn. 49; STERN, Staatsrecht III/1, S. 1228, der sich daher gegen einen „Grundrechtsoktroi“ gegenüber anderen Staaten ausspricht; GEIGER, S. 166ff.

548 BVerfGE 58, 1 (40f.) zu den aus Art. 19 Abs. 4 GG folgenden verfassungsrechtlichen Anforderungen an den Rechtsschutz gegen staatliches Handeln.

549 BVerfGE 18, 112 (121) unter Verweis auf das öffentliche Interesse des deutschen Staates an einem funktionierenden internationalen Rechtshilfeverkehr; BVerfGE 31, 58 (75f.).

ten nämlich auch bei grenzüberschreitenden Sachverhalten nach Art. 1 Abs. 3 GG für jedes dem deutschen Staat zurechenbare Handeln staatlicher Stellen, das Träger deutscher Grundrechte in ihrer Rechtsstellung beeinträchtigt. Dementsprechend hält das Bundesverfassungsgericht zum Beispiel im Zusammenhang mit Sachverhalten mit Auslandsbezug, die dem deutschen Internationalen Privatrecht unterliegen, eine „moderat verstandene Grundrechtsbindung" beziehungsweise eine „behutsame Grundrechtshandhabung" für erforderlich, aber auch ausreichend, wenn gewisse Mindestanforderungen an den Schutz der Grund- und Menschenrechte eingehalten werden.[550]

Darüber hinaus hat der Gesetzgeber nach der Rechtsprechung des Bundesverfassungsgerichts bei grenzüberschreitenden Sachverhalten, bei denen die Ausübung der Grundrechte auch Bereiche berührt, in denen nicht allein die deutsche Rechtsordnung Geltung beansprucht, einen größeren Gestaltungsspielraum bei grundrechtsrelevanten Regelungen als bei rein innerstaatlichen Sachverhalten. Insbesondere kann er dabei ausländische Gegebenheiten oder die zwischenstaatlichen Beziehungen berücksichtigen. Gleichzeitig ist der deutsche Staat verpflichtet, auch unter solchen, von ihm nicht beeinflussbaren, da im Ausland begründeten Umständen den Grundrechten zur größtmöglichen Geltung zu verhelfen. Geschieht dies, so ist je nach Einzelfall auch ein Absinken des Grundrechtsstandards gegenüber der Regelung rein nationaler Sachverhalte möglich, wenn anderenfalls die Grundrechte gar nicht zur Anwendung kämen.[551]

Nach dieser Rechtsprechung sind also die Wertentscheidungen fremder Rechtsordnungen von deutschen staatlichen Stellen zu respektieren. Gleichzeitig müssen bei der Regelung grenzüberschreitender Sachverhalte im Ausland begründete Umstände berücksichtigt werden, um eine Abstimmung mit den anderen beteiligten Rechtsordnungen zu erreichen.[552] Eine ausschließlich auf die deutsche Rechtsordnung zentrierte Rechtssicht wäre also nicht zulässig, da der deutsche Staat bei Sachverhalten mit Auslandsbezug nach der Grundentscheidung der Verfassung für eine offene Staatlichkeit in internationale Prozesse eingebunden ist und deren Eigenarten berücksichtigen muss. Ein deckungsgleicher Grundrechtsschutz ist daher nicht in jedem Fall erforderlich.[553] Je nach Wortlaut, Sinn und Zweck der jeweils

---

550 BVerfGE 31, 58 (70ff., 86).

551 BVerfGE 92, 26 (41f.) zum Grundrecht der Koalitionsfreiheit nach Art. 9 Abs. 3 GG.

552 BVerfGE 100, 313 (362f.); 92, 26 (41f.).

553 BVerfGE 75, 1 (17) zum Auslieferungsrecht; VON MÜNCH/ KUNIG/ ROJAHN, Art. 24 Rn. 73 mit Hinweis auf die verfassungsrechtliche Entscheidung für eine internationale Zusammenarbeit; MOSLER, Die Übertragung von Hoheitsgewalt, in: HStR VII, § 175 Rn. 66; GEIGER, S. 166, der dies auch damit begründet, dass bei der internationalen Integration immer nur ein Teilbereich der öffentlichen Gewalt betroffen sei und nicht die Grundrechtsverbürgung innerhalb einer umfassenden staatlichen Rechtsordnung in Frage stehe. Allerdings dürfte es für den Bereich des individuellen Grundrechtsschutzes keinen Unterschied machen, ob ein nicht gerechtfertigter Grundrechtseingriff durch staatliches Handeln nur in einem Teilbereich der Rechtsordnung erfolgt oder ob die gesamte Rechtsordnung einen nur unzureichenden Grund-

einschlägigen Verfassungsnorm können die verfassungsrechtlichen Anforderungen an staatliches Handeln bei Sachverhalten mit Auslandsbezug im Vergleich zu reinen Inlandssachverhalten also modifiziert werden.[554]

Dabei darf aber nicht verkannt werden, dass das Prinzip der Offenheit der deutschen Rechtsordnung und die verfassungsrechtliche Entscheidung für die internationale Zusammenarbeit in einem Spannungsverhältnis zu anderen Verfassungsprinzipien stehen, die gleichermaßen bei der Regelung von Sachverhalten mit Auslandsbezug Geltung beanspruchen. Daher müssen bei der Regelung auslandsbezogener Sachverhalte auch die anderen verfassungsrechtlichen Wertentscheidungen, insbesondere die Menschenwürdegarantie, der Schutz der Grundrechte, das Rechtsstaats- und das Demokratieprinzip, der Grundsatz effektiven Rechtsschutzes und im vorliegenden Zusammenhang auch das Staatsziel zum Schutz der natürlichen Ressourcen, beachtet werden.[555] Letztlich läuft eine solche „Prinzipienkollision" auf eine Abwägung der widerstreitenden, verfassungsrechtlich geschützten Interessen hinaus, um im Einzelfall eine im Rahmen der gesamten Verfassungsordnung vertretbare Lösung zu finden.[556] Eine vorbehaltlose Relativierung der verfassungsrechtlichen Vorgaben für staatliches Handeln bei der Anwendung ausländischen Rechts oder der Anerkennung oder Vollstreckung ausländischer Hoheitsakte ist jedenfalls auch unter Berufung auf den Grundsatz der offenen Staatlichkeit und die internationale Zusammenarbeit nicht möglich.[557] Vergleichbare Grenzen gibt das Grundgesetz, wie im Folgenden näher dargestellt werden soll, auch für eine Übertragung von Hoheitsrechten auf zwischenstaatliche Einrichtungen oder die Europäische Union vor. Entsprechend fordern die zu einer solchen Hoheitsrechtsübertragung ermächtigenden Art. 23 Abs. 1, 24 GG, dass die Institutionen, auf die Hoheitsrechte übertragen werden sollen, grundsätzlich in Übereinstimmung mit der Wertordnung des deutschen Grundgesetzes organisiert sein müssen.

Eine zwingend vorgegebene Untergrenze für eine Modifikation verfassungsrechtlicher Vorgaben lässt sich dem Rechtsgedanken des Art. 79 Abs. 3 GG entnehmen, indem wesentliche Grundprinzipien der Verfassung, unabdingbare verfassungsrechtliche Grundsätze der deutschen Rechtsordnung und insbesondere der für unabänderbar erklärte Grundrechtsstandard des Grundgesetzes auch bei Sachverhal-

---

rechtsschutz verbürgt. Im Rahmen des Individualrechtsschutzes kann ein Grundrechtseingriff immer nur für einen konkreten Einzelfall beurteilt werden.

554 BVerfGE 31, 58 (77, 86); BGHZ 60, 68 (78f.); DREIER, GG, Art. 1 Abs. 3 GG Rn. 49; TIETJE, S. 518f.; für den insoweit vergleichbaren Fall einer Anwendung ausländischen Rechts OHLER, S. 162f.; HOFMANN, S. 69.

555 TOMUSCHAT, Die staatsrechtliche Entscheidung für die internationale Offenheit, in: HStR VII, § 172 Rn. 63f.

556 TIETJE, S. 216f., 518f.

557 TOMUSCHAT, Die staatsrechtliche Entscheidung für die internationale Offenheit, in: HStR VII, § 172 Rn. 58.

ten mit Auslandsbezug gewahrt bleiben müssen.[558] Diese Grenze ergibt sich schon aus dem Prinzip der Einheit der Verfassung, da deren Entscheidung für eine Öffnung der deutschen Rechtsordnung für die internationale Zusammenarbeit nicht isoliert gilt, sondern immer im Zusammenhang mit anderen Verfassungsprinzipien gesehen werden muss.[559] Fundamentale Rechtsgrundsätze, wie sie insbesondere in den Grundrechten anerkannt und verbürgt sind, und wesentliche rechtsstaatliche Gewährleistungen, zu denen auch ein Mindestmaß an effektivem Rechtsschutz gegen staatliches Handeln gehört, dürfen also nicht angetastet werden.[560] Gleiches gilt für völkerrechtliche Mindeststandards im Bezug auf den Schutz von Menschenrechten und andere völkerrechtliche Verpflichtungen, die über Art. 25 GG den deutschen Staat binden.[561] Zumindest im Umweltrecht muss darüber hinaus ausländischen Betroffenen, zum Beispiel Nachbarn der im Ausland betriebenen Anlage, bei Anlagengenehmigungen eine hinreichende Möglichkeit zur Beteiligung am Genehmigungsverfahren zugestanden werden, ehe diesen die ausländische Genehmigung als rechtmäßig entgegengehalten werden kann.[562] Anderenfalls läge eine unzulässige, da formell und materiell rechtswidrige Verfassungsänderung vor.

Nicht eindeutig geklärt ist allerdings, wie der Mindeststandard eines Grundrechtsschutzes bei Sachverhalten mit Auslandsbezug bestimmt werden soll. Das Bundesverfassungsgericht erachtete zunächst wohl eine volle Überprüfung an den Grundrechten für erforderlich, indem es den gesamten Grundrechtsteil des Grundgesetzes zu den „Essentialia“ der Verfassungsstruktur zählte, die bei einer grenzüberschreitenden Regelung immer zu beachten seien.[563] Später stellte das Gericht darauf ab, dass das „Grundgefüge“ der Verfassung, wie es in den Grundrechten anerkannt sei, respektiert werden müsse.[564] Schließlich hat sich das Bundesverfassungsgericht in mehreren Entscheidungen darauf zurückgezogen, dass der „Wesensgehalt“ der Grundrechte zu beachten sei, und verweist für die verfassungsrechtlich zwingende Grenze für Regelungen mit Auslandsbezug gleichzeitig auf Art. 79 Abs. 3 GG. Unklar ist, ob diese Grenze der Wesensgehaltsgarantie des Art. 19 Abs. 2 GG entspricht. Dies legt jedenfalls die Bezugnahme auf den Wesensgehalt der Grundrechte in der so genannten „*Solange II*“-Entscheidung zur europäischen Integration nahe, wobei das Gericht gleichzeitig auf die dem Grundrechtsteil der

558 So schon VOGEL, Die Verfassungsentscheidung des Grundgesetzes für eine internationale Zusammenarbeit, S. 40f.; STERN, Staatsrecht III/1, S. 1243, 1246; ausführlich zum Ganzen HOFMANN, insbesondere S. 30ff., 68ff., 115ff.

559 VON MÜNCH/ KUNIG/ ROJAHN, Art. 24 Rn. 4.

560 BVerfGE 58, 1 (40); 59, 280 (282ff.); GEIGER, S. 166, der sich für eine Abwägung der verfassungsrechtlichen Entscheidung für eine internationale Zusammenarbeit mit der Verpflichtung, die konstitutiven Grundsätze des freiheitlichen und demokratischen Rechtsstaats zu wahren, ausspricht.

561 DREIER, aaO; OHLER, S. 295f.; JARASS/ PIEROTH/ JARASS, Art. 25 Rn. 12.

562 MEESSEN, AöR 110 (1985), S. 398 (417).

563 BVerfGE 37, 271 (280).

564 BVerfGE 58, 1 (40).

Verfassung zugrundeliegenden Rechtsprinzipien, die es zu den Essentialia der Verfassung zählt, verweist.[565] Mit der Formulierung, der Wesensgehalt der Grundrechte dürfe nicht angetastet werden, wäre wohl ein engerer Rahmen zu ziehen als mit dem Verweis auf die in den Artikeln 1 und 20 GG niedergelegten Grundsätze, die Art. 79 Abs. 3 GG für unantastbar erklärt.[566] In der Literatur wird überwiegend angenommen, dass der unabdingbar zu beachtende Grundrechtsstandard über der Grenze des Art. 79 Abs. 3 GG angesetzt werden muss.[567]

2. *Anpassungen und Modifikationen bei auslandsbezogenen Sachverhalten im Einzelfall*

Inwieweit verfassungsrechtliche Vorgaben für das Handeln deutscher staatlicher Stellen bei Sachverhalten mit Auslandsbezug modifiziert oder gar abgeschwächt werden können, lässt sich nicht pauschal beantworten. Die Einzelheiten einer solchen Modifikation des Prüfmaßstabes sind nach wie vor umstritten und eröffnen in der gerichtlichen Nachprüfung einen relativ weiten richterlichen Entscheidungsspielraum.[568] Die größte Beachtung, wenn auch keine abschließende Klärung dürfte die Frage einer Überprüfung von Gemeinschaftsrechtsakten an den deutschen Grundrechten durch die Rechtsprechung des Bundesverfassungsgerichts erfahren haben.[569] In Rechtsprechung und Literatur wurden bislang aber keine eindeutigen systematischen Kriterien für eine Beurteilung von Sachverhalten mit Auslandsbezug herausgearbeitet. Ausgangspunkt dürfte jedenfalls die Frage nach dem Grad des Inlandsbezugs des zu beurteilenden grenzüberschreitenden Sachverhalts sein, inwieweit also ein Handeln ausländischer staatlicher Stellen (hier die Erteilung einer Genehmigung für eine emittierende Anlage im Ausland) auf deutsches Hoheitsgebiet überwirkt und Träger deutscher Grundrechte davon betroffen sind.[570] Zusätz-

---

565 BVerfGE 73, 339 (376); ähnlich auch die Formulierung in BGHZ 102, 118 (122).

566 So die Formulierung in BVerfGE 68, 1 (96); unklar auch die Entscheidung BVerfGE 89, 155 (172ff.), in der sowohl Art. 79 Abs. 3 GG als Grenze genannt als auch der Wesensgehalt der Grundrechte als „unabdingbarer Grundrechtsstandard“ gegenüber Gemeinschaftsrechtsakten zugesichert wird.

567 MAUNZ/ DÜRIG/ RANDELZHOFER, Art. 24 Rn. 70ff, 102 mit Darstellung des Streitstands und kritischer Würdigung der Rechtsprechung des Bundesverfassungsgerichts; VON MÜNCH/ KUNIG/ ROJAHN, Art. 24 Rn. 66 mit Verweis auf den Wesensgehalt der Grundrechte im Sinne von Art. 19 Abs. 2 GG; ähnlich wohl auch Mosler, Die Übertragung von Hoheitsgewalt, in: HStR VVII, § 175 Rn. 66.

568 OHLER, S. 174f., der die Maßstäbe im Einzelnen als „hochgradig unbestimmt“ bezeichnet.

569 Siehe hierzu statt vieler SACHS/ STREINZ, Art. 23 Rn. 41ff.

570 BGHZ 118, 312 (349); OHLER, S. 297. Bei der Frage nach der Betroffenheit von Trägern deutscher Grundrechte darf nicht verkannt werden, dass sie sich nicht gegenüber einer ausländischen Staatsgewalt auf die Grundrechte berufen können, da Art. 1 Abs. 3 GG nur die deutsche Staatsgewalt zur Beachtung der Grundrechte verpflichtet. Gleichwohl sind die Grundrechte bei Entscheidungen deutscher staatlicher Stellen über Regelungen mit Auslandsbezug zu beachten.

lich ist insbesondere bei den Grundrechten der im Grundgesetz vorgegebene räumliche, sachliche und personale Anwendungsbereich der Normen zu beachten.[571] Je stärker der Inlandsbezug ist, desto eher wird also eine uneingeschränkte Anwendung deutscher verfassungsrechtlicher Vorgaben im konkreten Fall geboten sein. Umgekehrt endet die Grundrechtsbindung deutscher staatlicher Stellen dort, wo ein ausländischer Hoheitsträger unabhängig die Rechtslage gestaltet und der deutsche Staat aus rechtlichen oder tatsächlichen Gründen keine Einwirkungsmöglichkeit darauf hat.[572] Der deutsche Staat darf sich aber in keinem Fall in rechtsmissbräuchlicher Weise unter Berufung auf den Auslandsbezug eines Sachverhalts seiner Grundrechtsbindung entziehen.

Hinzu kommt, dass die Gestaltung von Beziehungen zu anderen Staaten in der Regel im außenpolitischen Ermessen der Bundesregierung als Träger der auswärtigen Gewalt liegt, die in diesem Rahmen die auch politisch beeinflusste Entscheidung trifft, ob und inwieweit bei grenzüberschreitenden Sachverhalten auf fremde Rechtsordnungen Rücksicht zu nehmen ist.[573] Darüber hinaus kann auch berücksichtigt werden, inwieweit eine uneingeschränkte Durchsetzung der Vorgaben der deutschen Rechtsordnung Konfliktpotential im Verhältnis zu anderen Staaten birgt und die vom Grundgesetz ja durchaus erwünschte internationale Zusammenarbeit erschwert.[574] Soweit dies eine (außen-)politische Entscheidung ist, ist sie einer Beurteilung anhand von verfassungsrechtlichen Maßstäben dann weitgehend entzogen.

Dennoch lässt sich als Ergebnis festhalten, dass bei der Bestimmung der Grenzen für eine Anerkennung ausländischer Hoheitsakte generell der Auslandsbezug des Sachverhalts und die Eigenheiten der ausländischen Rechtsordnung zu berücksichtigen sind und eine gegenüber rein innerstaatlichen Sachverhalten modifizierte Betrachtung mit Hinblick auf die verfassungsrechtlichen Vorgaben für staatliches Handeln zulässig ist. Dies soll im Folgenden anhand einzelner verfassungsrechtlicher Bestimmungen, die staatliches Handeln nach dem Grundgesetz begrenzen, näher dargestellt werden.

II. Übertragung von Hoheitsrechten auf zwischenstaatliche Einrichtungen und die Europäische Union

Einer Anerkennungspflicht zugunsten ausländischer Hoheitsakte geht oft eine Übertragung von Hoheitsrechten auf zwischenstaatliche Einrichtungen nach Art. 24

571 BGHZ 63, 219 (226); STERN, Staatsrecht III/1, S. 1228, 1242, der zutreffend darauf hinweist, dass es dagegen nicht auf einfaches nationales Kollisionsrecht wie das Internationale Privatrecht oder die Grundsätze des noch im Entstehen begriffenen Internationalen Verwaltungsrechts ankommen kann, das unter dem Rang des Grundgesetzes steht und nachrangig gegenüber den Grundrechtsbestimmungen ist.

572 BVerfGE 66, 39 (62).

573 STERN, Staatsrecht III/1, S. 1231ff.

574 OHLER, S. 297.

Abs. 1 GG oder die Europäische Union nach Art. 23 Abs. 1 GG voraus. Dies gilt insbesondere für ausländische Hoheitsakte anderer Mitgliedstaaten der Europäischen Union, deren Anerkennung durch das europäische Gemeinschaftsrecht angeordnet wird. Das Gemeinschaftsrecht beruht aber wiederum auf einer Hoheitsrechtsübertragung, kraft derer die europäischen Organe für deutsches Hoheitsgebiet verbindliche Regelungen treffen können. Praktisch bedeutsam werden solche Anerkennungspflichten nach einer vorangegangenen Übertragung von Hoheitsrechten also vor allem mit Hinblick auf die zunehmende Regelungsdichte und die damit verbundenen, in Kapitel 3 dieser Arbeit näher dargestellten Anerkennungspflichten des Gemeinschaftsrechts. Hinzu kommt, dass eine Hoheitsrechtsübertragung in ähnlicher, wenn auch stärkerer Weise wie eine Anerkennungspflicht die deutsche Rechtsordnung für das Handeln ausländischer Hoheitsträger öffnet. Auch insoweit erscheint es lohnend, die Grundsätze, nach denen eine Hoheitsrechtsübertragung zulässig ist, und deren verfassungsrechtlichen Grenzen zu untersuchen und daraus Rückschlüsse zu ziehen für die verfassungsrechtlichen Vorgaben für die Begründung von Anerkennungspflichten zugunsten ausländischer Hoheitsakte. Daher sollen im Folgenden zunächst mit Geltung sowohl für eine Hoheitsrechtsübertragung nach Art. 23 GG als auch nach Art. 24 GG allgemein das Wesen einer Hoheitsrechtsübertragung sowie das Verhältnis einer Hoheitsrechtsübertragung zur Anerkennung ausländischer Hoheitsakte untersucht werden. Im Anschluss daran werden die verfassungsrechtlichen Voraussetzungen und Grenzen für eine Übertragung von Hoheitsrechten auf zwischenstaatliche Einrichtungen und die Europäische Union näher dargestellt.

1. Definition einer Hoheitsrechtsübertragung

Eine Hoheitsrechtsübertragung findet immer dann statt, wenn die deutsche Rechtsordnung für die unmittelbare Geltung und Anwendung einer fremden Regelung geöffnet und das normalerweise einschlägige deutsche Recht insoweit – zumindest für eine gewisse Dauer – verdrängt werden soll.[575] Wesentliches Merkmal ist also die Durchgriffswirkung auf den Hoheitsbereich des Staates, der die Hoheitsrechte übertragen hat und dessen ausschließlicher, im Territorialitätsprinzip begründeter Regelungsanspruch insoweit zugunsten von Regelungen eines anderen Hoheitsträgers zurückgenommen wird. Dies gilt sowohl für eine Hoheitsrechtsübertragung auf zwischenstaatliche Einrichtungen als auch auf die Europäische Union. Auch im Rahmen der europäischen Integration bedeutet dies eine Öffnung der nationalen Rechtsordnung für den Durchgriff und die unmittelbare Geltung des von einem fremden Hoheitsträger gesetzten Rechts in deutschem Hoheitsgebiet, ohne dass weitere staatliche Umsetzungsakte erforderlich wären.[576]

---

575 SACHS/ STREINZ, Art. 24 Rn. 18; JARASS/ PIEROTH/ JARASS, Art. 23 Rn. 18.
576 SACHS/ STREINZ, Art. 23 Rn. 53f.

Als Hoheitsrechte gelten alle Rechtsnormen, die dem Adressaten eine Ausübung öffentlicher Gewalt ermöglichen. Die bloße Möglichkeit für einen fremden Staat, mit seinen Staatsorganen auf dem Hoheitsgebiet eines anderen Staates amtlich tätig zu werden, begründet dagegen noch keine Hoheitsrechtsübertragung. Es fehlt insoweit an der unmittelbaren Rechtswirkung staatlichen Handelns in dem fremden Hoheitsgebiet und an der Verdrängungswirkung zugunsten des ausländischen Rechts.[577]

Streitig ist allerdings, ob zur Begründung einer Hoheitsrechtsübertragung zwingend eine Durchgriffswirkung auf einzelne Staatsangehörige erforderlich ist, oder ob ein schlicht-hoheitliches Handeln des ausländischen Staates ausreicht. Das Bundesverfassungsgericht sieht es nicht als Voraussetzung für eine Hoheitsrechtsübertragung nach Art. 24 Abs. 1 GG an, dass der zwischenstaatlichen Einrichtung eine unmittelbare Durchgriffswirkung gegenüber Einzelnen eingeräumt wird.[578] Im vorliegenden Zusammenhang kann diese Frage aber dahinstehen, da es bei der hier interessierenden Anordnung einer Anerkennung ausländischer Hoheitsakte in jedem Fall um eine verbindliche Regelung gegenüber Privaten in einem Subordinationsverhältnis geht und insoweit infolge der Anerkennungsentscheidung immer eine Durchgriffswirkung gegenüber Privaten besteht.

2. Verhältnis einer Übertragung von Hoheitsrechten zur Anerkennung ausländischer Hoheitsakte

Grundsätzlich ist davon auszugehen, dass Hoheitsakte, die nach einer Hoheitsrechtsübertragung von einem fremden Hoheitsrechtsträger erlassen werden, in ihrer rechtlichen Wirksamkeit nicht in Frage gestellt werden dürfen, solange der fremde Hoheitsträger sich bei seiner Regelung im Rahmen der übertragenen Hoheitsrechte hält. Dies ergibt sich schon aus dem allgemeinen Grundsatz des Verbots eines *venire contra factum proprium* sowie aus dem hoheitlichen Charakter der übertragenen Rechte, die Grundlage für das Handeln des ausländischen Hoheitsträgers auf deutschem Hoheitsgebiet sind.

Dementsprechend hat das Bundesverfassungsgericht zur damals noch auf Grundlage von Art. 24 Abs. 1 GG erfolgenden europäischen Integration entschieden, dass nach einer wirksamen Übertragung von Hoheitsrechten die darauf folgenden Hoheitsakte der begünstigten zwischenstaatlichen Einrichtung vom vormaligen alleinigen Hoheitsträger anerkannt werden müssen.[579]

Allerdings dürfte einer Anerkennung der auf Grundlage der übertragenen Hoheitsrechte erlassenen Hoheitsakte keine konstitutive Wirkung mehr zukommen: Folge einer Hoheitsrechtsübertragung ist gerade, dass ein Staat anderen Völker-

577 HECKER, AÖR 127 (2002), S. 291 (301).

578 BVerfGE 68, 1 (94); anders zum Beispiel JARASS/ PIEROTH/ JARASS, Art. 23 Rn.19.

579 BVerfGE 31, 145 (174) zu Entscheidungen des Europäischen Gerichtshofs im Rahmen des Europäischen Gemeinschaftsrechts; zustimmend SACHS/ STREINZ, Art. 23 Rn. 59.

rechtssubjekten einen Durchgriff in seinen staatlichen Herrschaftsbereich gestattet. Dem Empfänger wird also gerade die Rechtsmacht eingeräumt, unmittelbar berechtigende und verpflichtende Rechtsakte gegenüber den Bürgern eines anderen Staates zu erlassen.[580] Auf Grundlage von übertragenen Hoheitsrechten erlassene Rechtsakte des Adressaten entfalten dementsprechend unmittelbare Wirkung auf deutschem Hoheitsgebiet, ohne dass ein zusätzlicher staatlicher Umsetzungsakt erforderlich wäre.[581] Das deutsche Recht wird insoweit verdrängt, da der deutsche Staat für einen bestimmten Bereich seine alleinige Regelungszuständigkeit im eigenen Hoheitsbereich zugunsten eines anderen Trägers von Hoheitsrechten abgibt.[582]

Davon muss aber im gemeinschaftsrechtlichen Kontext eine Anerkennung von Hoheitsakten anderer Mitgliedstaaten unterschieden werden, die erst vermittelt durch eine Hoheitsrechtsübertragung auf den europäischen Gesetzgeber und das daraufhin erlassene Gemeinschaftsrecht begründet wird. In dieser Konstellation ist eine (antizipiert gesetzlich formulierte oder durch Einzelfallentscheidung ausgesprochene) konstitutive Anerkennung der Hoheitsakte anderer Mitgliedstaaten noch erforderlich, um deren Rechtswirkungen auf deutsches Hoheitsgebiet zu erstrecken. Soweit sich der zitierten Entscheidung des Bundesverfassungsgerichts ein allgemeiner Rechtssatz des Inhalts entnehmen ließe, dass Hoheitsakte eines ausländischen Hoheitsträgers nach Übertragung entsprechender Hoheitsrechte immer anzuerkennen seien, dürfte einer solchen „Anerkennung" in anderen Fällen lediglich eine deklaratorische Wirkung in dem Sinne zukommen, dass die Rechtswirksamkeit der ausländischen Hoheitsakte auf deutschem Hoheitsgebiet nicht mehr in Frage gestellt werden darf. Es handelt sich dabei aber nicht um eine Anerkennung im technischen Sinne, durch die die rechtliche Verbindlichkeit auf deutschem Hoheitsgebiet erst begründet wird. Allenfalls wären die deutschen staatlichen Organe verpflichtet, die fremden Hoheitsakte in ihrer Rechtswirksamkeit zu akzeptieren und (deklaratorisch) deren rechtliche Verbindlichkeit für das deutsche Hoheitsgebiet festzustellen.

Daneben stellt sich die Frage, ob einer Anerkennungspflicht zugunsten von fremden Hoheitsakten logisch zwingend immer auch eine Hoheitsrechtsübertragung auf den fremden Hoheitsträger vorausgehen oder gleichzeitig erfolgen muss. Dagegen spricht, dass außerhalb der Art. 23 und 24 GG nach deutschem Recht Anerkennungspflichten zugunsten von Hoheitsakten anderer Staaten auch auf völkervertragsrechtlicher Ebene durch zwischenstaatliche Vereinbarungen begründet werden können. Es gibt also kein rechtliches Gebot, dass vor der Begründung einer Anerkennungspflicht zugunsten ausländischer Hoheitsakte immer erst eine Hoheitsrechtsübertragung erfolgen muss.

Umgekehrt beinhaltet die Anerkennung fremder Hoheitsakte nicht gleichzeitig immer auch eine Hoheitsrechtsübertragung. Zwar entfaltet der anerkannte ausländische Hoheitsakt unmittelbar auf deutschem Hoheitsgebiet Rechtswirkungen. Der

580 SCHMIDT-BLEIBTREU/ KLEIN/ HILLGRUBER, Art. 23 Rn. 17.
581 SACHS/ STREINZ, Art. 23 Rn. 54.
582 SACHS/ STREINZ, Art. 24 Rn. 18.

verfassungsrechtliche Begriff der Hoheitsrechte umfasst aber die weitergehende Befugnis, Rechtsverhältnisse in Subordinationsverhältnissen zwischen öffentlicher Hand und Privaten in unterschiedlicher Form, also durch Gesetze, Einzelfallentscheidungen usw., einseitig und verbindlich zu regeln. Der Begriff der Hoheitsrechte ist also eng mit der Souveränität eines Staates verknüpft. Dementsprechend kann man eine Hoheitsrechtsübertragung auch als Durchgriff in den staatlichen Herrschaftsbereich eines anderen souveränen Staates und insoweit als „Souveränitätsverzicht" des übertragenden Staates bezeichnen.[583] Eine solche Befugnis impliziert folglich einen gewissen Handlungsrahmen, innerhalb dessen der Hoheitsrechtsträger Hoheitsakte erlassen kann. Davon kann aber bei einer nur singulären Anerkennung eines ausländischen Hoheitsakts oder einer genau definierten Gruppe solcher Hoheitsakte, die dem Erlassstaat keine Befugnis zu einer weiteren selbständigen Regelung von Rechtsverhältnissen unmittelbar gegenüber den Bürgern des anerkennenden Staates verleiht, nicht die Rede sein. Dem fremden Hoheitsträger wird also gerade nicht die Rechtsmacht eingeräumt, eigenständig und ohne Mitwirkung des anerkennenden Staates weitere verbindliche Regelungen auf dessen Hoheitsgebiet zu erlassen.

Hinzu kommt, dass eine Anerkennungsentscheidung wohl praktisch immer nur dann erforderlich ist, wenn den Hoheitsakten fremder Hoheitsträger gerade keine unmittelbare verbindliche Wirkung auf deutschem Hoheitsgebiet zukommt. Erst die Anerkennungsentscheidung verleiht dann als staatlicher Umsetzungsakt dem fremden Hoheitsakt verbindliche Geltung im Inland. Daher ist eine Anerkennung ausländischer Hoheitsakte nicht zwingend mit einer Hoheitsrechtsübertragung gleichzusetzen.

3. Übertragung von Hoheitsrechten auf zwischenstaatliche Einrichtungen, Art. 24 Abs. 1 GG

Die Übertragung von Hoheitsrechten im Rahmen des Völkerrechts ist im Grundgesetz in Art. 24 Abs. 1 GG geregelt. Dort heißt es:

„Der Bund kann durch Gesetz Hoheitsrechte auf zwischenstaatliche Einrichtungen übertragen."

Art. 24 GG setzt voraus, dass Hoheitsrechte auf zwischenstaatliche Einrichtungen, in der Regel internationale Organisationen, übertragen werden.[584] Solche Einrichtungen können nur durch Verträge zwischen Völkerrechtssubjekten auf völkerrecht-

583 VON MÜNCH/ KUNIG/ ROJAHN, Art. 24 Rn. 19f., wobei streitig ist, ob dies auch die Vornahme schlicht-hoheitlichen staatlichen Handelns umfasst. Diese Frage wird im vorliegenden Zusammenhang nicht relevant, da die hier interessierenden Genehmigungen im Umweltrecht jedenfalls hoheitliches Handeln in der Form einer einseitigen, verbindlichen Regelung von Rechtsverhältnissen im Subordinationsverhältnis darstellen.

584 BVerfGE 68, 1 (91) zur Übertragung von Hoheitsrechten auf die NATO als zwischenstaatliche Einrichtung i. S. v. Art. 24 GG.

licher Grundlage geschaffen werden. Die übertragenen Hoheitsrechte werden dann durch die vertraglich errichteten Organe der zwischenstaatlichen Einrichtung ausgeübt. Generell ist eine Übertragung auf andere Staaten mit Ausnahme von grenznachbarschaftlichen Einrichtungen im Zuständigkeitsbereich der Länder auf Grundlage dieser Vorschrift nicht möglich.[585] Art. 24 Abs. 1 GG kommt darüber hinaus nach herrschender Meinung auch eine Sperrwirkung in dem Sinne zu, dass eine Übertragung von Hoheitsrechten auf andere Staaten auch nicht auf Grundlage einer anderen Ermächtigungsgrundlage möglich ist. Art. 23 und 24 GG bilden insoweit ein abschließendes System für Hoheitsrechtsübertragungen auf Stellen außerhalb des eigenen Hoheitsgebiets. Eine darüber hinausgehende bzw. anderweitig begründete Einwirkung fremdstaatlicher Hoheitsgewalt in Deutschland durch eine Übertragung von Hoheitsrechten ist von der Verfassung nicht vorgesehen.[586]

Ein Beispiel für auf eine zwischenstaatliche Einrichtung übertragene Hoheitsrechte bietet die auf Grundlage des Übereinkommens zur Einrichtung einer Sicherheitskontrolle auf dem Gebiet der Kernenergie[587] errichtete Europäische Kernenergieagentur. Nach Art. 3 und 5 des Übereinkommens kann die Agentur in den Einrichtungen der Mitgliedstaaten ohne deren Zustimmung mit eigenen Inspektoren Kontrollen durchführen, um sicherzustellen, dass spaltbares Material nur zu friedlichen Zwecken genutzt wird, und bei Zuwiderhandlungen entsprechende Abhilfemaßnahmen anordnen. Bei Nichtbefolgen können Sanktionsmaßnahmen, zum Beispiel ein Lieferstop für spaltbares Material, verfügt werden. Nach Art. 11 des Übereinkommens wird ein eigenes Gericht errichtet, das über die Rechtmäßigkeit von Anordnungen und Beschlüssen auf Grundlage des Übereinkommens entscheidet. Für die Durchsetzung der angeordneten Maßnahmen und gerichtlich angeordneter Inspektionsmaßnahmen sind nach Art. 6 des Übereinkommens die Mitgliedstaaten verantwortlich. Auch in diesem Fall kann also eine zwischenstaatliche Einrichtung, nämlich die Europäische Kernenergieagentur, durch ihre Organe gegenüber Unternehmen und Bürgern der Mitgliedstaaten verbindliche, unmittelbar wirksame Entscheidungen erlassen, deren zwangsweise Durchsetzung dann allerdings durch die Mitgliedstaaten erfolgen muss. Daher ist die Einrichtung von Sicherheitskontrollen

---

585 BVerfGE 2, 347 (374ff.); SACHS/ STREINZ, Art. 24 Rn. 20f. m.w.N. zur ganz herrschenden Meinung, JARASS/ PIEROTH/ JARASS, Art. 24 Rn. 7; anders VON MANGOLDT/ KLEIN/ STARCK, Art. 2 Rn. 66f. für begrenzte Rechte. Derzeit wird anhand einer möglichen Übertragung von Aufgaben der hoheitlichen Flugsicherung in deutschem Hoheitsgebiet auf ausländische Flugsicherungsorganisationen vor allem diskutiert, inwieweit Hoheitsrechte ausländischen Privaten übertragen werden können, kritisch HOBE, „Nach oben offen“, FAZ vom 20. Mai 2009, S. 8, mit Bezug auf die öffentliche Anhörung im Verkehrsausschuss des Deutschen Bundestages am 22. April 2009 zur geplanten Änderung des Art. 87d GG, die vom Bundestag am 22. Mai 2009 und vom Bundesrat am 19. Juli 2009 beschlossen wurde.

586 SCHMIDT-BLEIBTREU/ KLEIN/ HILLGRUBER, Art. 24 Rn. 11.

587 Übereinkommen zur Einrichtung einer Sicherheitskontrolle auf dem Gebiet der Kernenergie vom 20. Dezember 1957, BGBl. 1959 II S. 585ff.

durch die Europäische Kernenergieagentur ebenfalls ein Beispiel für eine Übertragung von Hoheitsrechten auf eine zwischenstaatliche Einrichtung.[588]

a) Grenzen einer Hoheitsrechtsübertragung nach Art. 24 Abs. 1 GG

Aus der Verfassung ergeben sich formelle Anforderungen und materielle Grenzen für eine Übertragung von Hoheitsrechten auf zwischenstaatliche Einrichtungen.

Formell ist für eine Übertragung von Hoheitsrechten ein Bundesgesetz erforderlich, das in der Regel gleichzeitig als Vertragsgesetz im Sinne von Art. 59 Abs. 2 GG zu dem völkerrechtlichen Vertrag wirkt, mit dem die zwischenstaatliche Einrichtung errichtet wird. Die Hoheitsrechtsübertragung erfordert also neben dem formellen Bundesgesetz den wirksamen Abschluss eines völkerrechtlichen Vertrages.[589] Eine Zustimmung des Bundesrats ist dagegen, anders als bei der Übertragung von Hoheitsrechten auf die Europäische Union nach Art. 23 Abs. 1 Satz 2 GG, nicht erforderlich. Etwas anderes gilt, wenn das mit der Hoheitsrechtsübertragung verbundene Vertragsgesetz zustimmungsbedürftig ist, weil die enthaltenen Bestimmungen innerstaatlich nach Art. 59 Abs. 2 GG nur als zustimmungsbedürftiges Gesetz erlassen werden könnten.[590]

Materiell begrenzt die Grundstruktur der Verfassung eine Hoheitsrechtsübertragung. Grundsätzlich wirkt eine Hoheitsrechtsübertragung wegen der Änderung der grundgesetzlichen Kompetenzordnung wie eine Verfassungsänderung.[591] Daher müssen auch unter Berücksichtigung der grundsätzlichen Integrationsoffenheit des Grundgesetzes die Identität und Grundstruktur der Verfassung gewahrt bleiben. Deren Änderung wäre dem verfassungsändernden Gesetzgeber vorbehalten und kann nicht im Wege einer Hoheitsrechtsübertragung durch einfaches Gesetz erfolgen.[592] Dies gilt vor allem für die tragenden Strukturprinzipien des Grundgesetzes und den Wesensgehalt der Grundrechte einschließlich der Grundsätze eines effektiven Rechtsschutzes, die nicht vorbehaltlos relativiert werden dürfen.[593] Diese Grenze entspricht in etwa dem änderungsfesten Verfassungskern beziehungsweise dem Wesensgehalt der Grundrechte, wie sie sich aus Art. 79 Abs. 3 GG, 19 Abs. 2 GG ergeben. Einer zwischenstaatlichen Einrichtung darf es durch die Übertragung von Hoheitsrechten nicht ermöglicht werden, diese in Art. 79 Abs. 3 GG geschützten

588 MAUNZ/ DÜRIG/ RANDELZHOFER, Art. 24 Rn. 183; VON MÜNCH/ KUNIG/ ROJAHN, Art. 24 Rn. 38.

589 SACHS/ STREINZ, Art. 24 Rn. 24.

590 JARASS/ PIEROTH/ JARASS, Art. 24 Rn. 8.

591 BVerfGE 58, 1 (36); SCHMIDT-BLEIBTREU/ KLEIN/ HILLGRUBER, Art. 24 Rn. 17.

592 BVerfGE 37, 271 (279); 73, 339 (375f.); JARASS/ PIEROTH/ JARASS, Art. 24 Rn. 9ff.

593 BVerfGE 37, 271 (279f.); 58, 1 (40f.); 73, 339 (375f.); SACHS/ STREINZ, Art. 24 Rn. 29 unter Hinweis auf die Parallelität zu den materiellen Schranken der Integrationsermächtigung in Art. 23 GG; ausführlich HOFMANN, S. 57ff., der den unabdingbaren Mindeststandard des Grundrechtsschutzes auch völkerrechtlich anhand des Mindeststandards der Menschenrechte bestimmen will, der über Art. 25 GG auch für die deutsche Rechtsordnung verbindlich ist.

Verfassungsgüter der deutschen Rechtsordnung, zu denen das Bundesstaatsprinzip, die Menschenwürde, das Demokratieprinzip, das Rechtsstaatsprinzip sowie das Sozialstaatsprinzip zählen, zu ändern.[594] Allerdings müssen die Rechtschutzmöglichkeiten gegen ein Handeln des neuen Hoheitsrechtsträgers nicht genau der Ausgestaltung des Rechtsschutzes für rein innerstaatliche Sachverhalte entsprechen. Auch eine Modifizierung des Grundrechtsschutzes kann durch die verfassungsrechtliche Entscheidung für die internationale Zusammenarbeit gerechtfertigt sein, wenn deren Wesensgehalt gewahrt bleibt.[595] Umfang und Qualität der übertragenen Hoheitsrechte und die Struktur der zwischenstaatlichen Einrichtung müssen sich an diesen Vorgaben messen lassen.

Von Bedeutung und Reichweite der übertragenen Hoheitsrechte hängt es außerdem ab, inwieweit die Entscheidungen der zwischenstaatlichen Einrichtung demokratisch legitimiert sein müssen, inwieweit also deutsche, demokratisch legitimierte staatliche Organe darauf Einfluss haben müssen.[596] Werden diese Vorgaben wegen struktureller Defizite der zwischenstaatlichen Einrichtung[597] nicht gewährleistet und kann dies auch nicht durch innerstaatliche Kompensationsmaßnahmen ausgeglichen werden, sind die Hoheitsrechtsübertragung und das Zustimmungsgesetz innerstaatlich unwirksam. Auf völkerrechtlicher Ebene hat dies allerdings in der Regel zunächst keine Auswirkungen auf die Wirksamkeit des zugrundeliegenden völkerrechtlichen Vertrages.

Aus Gründen des Demokratieprinzips dürfen unter Art. 24 Abs. 1 GG nur einzelne, inhaltlich abgegrenzte Hoheitsrechte auf zwischenstaatliche Einrichtungen übertragen werden.[598] Die Vorschrift erlaubt nicht, dass sich der deutsche Staat seiner Staatlichkeit entäußert beziehungsweise seine Souveränität aufgibt, indem wesentliche Teile der staatlichen Hoheitsgewalt übertragen werden und die Staatsgewalt in Deutschland nicht mehr, wie von Art. 20 Abs. 2 Satz 1 GG gefordert, vom deutschen Volk ausgeht. Aus demselben Grund wäre auch eine unwiderrufliche Hoheitsrechtsübertragung unzulässig. Sie kann also zumindest innerstaatlich jederzeit durch einen actus contrarius, ein Aufhebungsgesetz, zurückgenommen werden, auch wenn damit nicht zwingend die völkerrechtliche Wirksamkeit einer solchen Rücknahme einhergeht.[599]

---

594 SCHMIDT-BLEIBTREU/ KLEIN/ HILLGRUBER, Art. 24 Rn. 11.

595 VON MÜNCH/ KUNIG/ ROJAHN, Art. 24 Rn. 73f.; zur Modifikation des verfassungsrechtlichen Prüfungsmaßstabes für staatliches Handeln im Zusammenhang mit auslandsbezogenen Sachverhalten ausführlich unter C.I in diesem Kapitel.

596 JARASS/ PIEROTH/ JARASS, Art. 24 Rn. 11.

597 Nicht ausreichend sind dagegen bloß fehlerhafte Einzelmaßnahmen, solange die Grundstruktur der zwischenstaatlichen Einrichtung den verfassungsrechtlichen Vorgaben entspricht.

598 SCHMIDT-BLEIBTREU/ KLEIN, Art. 24 Rn. 26.

599 SCHMIDT-BLEIBTREU/ KLEIN/ HILLGRUBER, Art. 24 Rn. 4.

b) Verhältnis der übertragenen Hoheitsrechte zum nationalen Recht

Art. 24 GG enthält keine Regelung zum Verhältnis der übertragenen Hoheitsrechte zum nationalen Recht und auch keine Kollisionsnorm, ob im Konfliktfall Völkerrecht oder nationales Recht vorrangig sein soll.[600] Grundsätzlich ergibt sich das Verhältnis der übertragenen Hoheitsrechte beziehungsweise der auf Grundlage davon erlassenen fremden Hoheitsakte zum innerstaatlichen Recht aus zugrundeliegenden völkerrechtlichen Vertrag beziehungsweise aus dem innerstaatlichen Rechtsanwendungsbefehl, der für eine Hoheitsrechtsübertragung nach Art. 24 Abs. 1 GG erforderlich ist.[601] Art. 25 GG, nach dem die allgemeinen Regeln des Völkerrechts als Bestandteil des Bundesrechts den Gesetzen vorgehen, ist dagegen auf eine Hoheitsrechtsübertragung durch völkerrechtlichen Vertrag nicht anwendbar, da solche Verträge nicht zu den allgemeinen Regeln des Völkerrechts zählen. Ein absoluter Vorrang vor deutschem Verfassungsrecht ließe sich dadurch aber nicht begründen. Wenn keine ausschließliche Kompetenz eines Hoheitsträgers vorgesehen ist, sollte im Zweifel von einer konkurrierenden Kompetenz ausgegangen werden.[602] Daneben sind die Mitgliedstaaten generell zur Vertragstreue und einem entsprechenden kooperativen Verhalten verpflichtet, wenn sich Konflikte zwischen dem nationalen und dem Recht der zwischenstaatlichen Einrichtung ergeben.

Dies gilt aber nur im Rahmen eines rechtmäßigen Rechtsanwendungsbefehls nach Art. 24 Abs. 1 GG. Die den fremden Regelungen zugrundeliegende Hoheitsrechtsübertragung ist, wenn sie die dargestellten verfassungsrechtlichen Grenzen überschreitet, zumindest innerstaatlich nicht wirksam. Auf dieser Grundlage erlassene Regelungen wären daher im Geltungsbereich des Grundgesetzes nicht verbindlich und dürfen dort nicht angewandt werden.[603] Hintergrund dieser Rechtsfolge ist das Prinzip der Einheit der Verfassung, nach dem keiner verfassungsrechtlichen Wertung ein absoluter Vorrang vor anderen Verfassungsentscheidungen zukommen kann.[604] Die Bindung der Staatsgewalt an das Grundgesetz lässt daher eine den Grundprinzipien der Verfassung widersprechende Hoheitsrechtsübertragung trotz der grundsätzlichen Integrationsoffenheit des Grundgesetzes nicht zu.

---

600 VON MÜNCH/ KUNIG/ ROJAHN, Art. 24 Rn. 70.

601 SCHMIDT-BLEIBTREU/ KLEIN/ HILLGRUBER, Art. 24 Rn. 8.

602 BVerfGE 73, 339 (375); JARASS/ PIEROTH/ JARASS, Art. 24 Rn. 13; anders dagegen VON MÜNCH/ KUNIG/ ROJAHN, Art. 24 Rn. 71, der mit Blick auf die Rechtsprechung zum Vorrang des europäischen Rechts und die Funktionsfähigkeit der Hoheitsrechtsausübung durch den fremden Hoheitsträgers darauf verweist, dass die Übertragung von Hoheitsrechten auf eine zwischenstaatliche Einrichtung in der Regel mit der Absicht verbunden sei, deren Hoheitsakten einen Vorrang vor nationalen Regelungen einzuräumen.

603 VON MÜNCH/ KUNIG/ ROJAHN, Art. 24 Rn. 74.

604 HESSE, Rn. 71.

4. Übertragung von Hoheitsrechten auf die Europäische Union, Art. 23 Abs. 1 GG

Praktisch bedeutsamer als eine Übertragung von Hoheitsrechten auf zwischenstaatliche Einrichtungen dürfte die Übertragung von Hoheitsrechten auf die Europäische Union sein, die Grundlage für den Erlass von Gemeinschaftsrecht ist, das wiederum in vielen Fällen die Anerkennung von Hoheitsakten anderer Mitgliedstaaten anordnet. Für Hoheitsrechtsübertragungen im Rahmen der europäischen Integration, die ursprünglich auf Grundlage des Art. 24 Abs. 1 GG erfolgte, wurde mit Gesetz vom 21. Dezember 1992[605] eine eigene Ermächtigungsgrundlage in Art. 23 Abs. 1 Satz 2 GG geschaffen. Die Vorschrift enthält neben der besonderen Ermächtigungsgrundlage für Hoheitsrechtsübertragungen auch die Staatszielbestimmung und den verfassungsrechtlichen Auftrag an die deutschen Staatsorgane, an der europäischen Integration mitzuwirken, und schafft gleichzeitig die verfassungsrechtliche Voraussetzung für die mit der europäischen Integration verbundenen Änderungen der deutschen Staatlichkeit.[606] Die Norm erfasst nicht nur die erste Hoheitsrechtsübertragung, sondern auch Erweiterungen oder Vertiefungen von bereits übertragenen Hoheitsrechten, wie zum Beispiel den Übergang von einem Einstimmigkeitserfordernis zu einer qualifizierten Mehrheit.[607] Das nach Art. 23 Abs. 1 GG erforderliche Übertragungsgesetz wirkt als innerstaatlicher Anwendungsbefehl zugunsten des Gemeinschaftsrechts und ist gleichzeitig vergleichbar einem Vertragsgesetz im Sinne des wegen der spezielleren Regelung in seinem Anwendungsbereich verdrängten Art. 59 Abs. 2 GG.[608]

a) Formelle Voraussetzungen

Nach Art. 23 Abs. 1 Satz 2 GG muss der Bundesrat im Gegensatz zu Übertragungsgesetzen nach Art. 24 Abs. 1 GG einer Übertragung von Hoheitsrechten auf die Europäische Union immer zustimmen. Besondere Verfahrens- und Konsultationspflichten greifen gegenüber dem Bundesrat bei Angelegenheiten, die der ausschließlichen Gesetzgebungskompetenz der Länder unterliegen. Daneben ist streitig, ob es für eine Hoheitsrechtsübertragung immer nach Art. 23 Abs. 1 Satz 3 GG einer Zweidrittelmehrheit in Bundestag und Bundesrat bedarf.[609] Es sprechen gute Gründe dafür, dies zu bejahen, da in jeder Hoheitsrechtsübertragung gleichzeitig auch eine Änderung der grundgesetzlichen Kompetenzordnung gesehen werden kann.[610]

---

605 BGBl. 1992 I S. 2086f.; insgesamt kritisch zu Art. 23 GG BREUER, NVwZ 1994, S. 417 (428ff.).

606 VON MÜNCH/ KUNIG/ ROJAHN, Art. 23 Rn. 3.

607 Weitere Beispiele bei VON MÜNCH/ KUNIG/ ROJAHN, Art. 23 Rn. 42.

608 VON MÜNCH/ KUNIG/ ROJAHN, Art. 23 Rn. 44.

609 So SACHS/ STREINZ, Art. 23 Rn. 65.

610 BREUER, NVwZ 1994, S. 417 (423); SACHS/ STREINZ, Art. 23 Rn. 65 m.w.N. zum Streitstand.

b) Materielle Schranken der Integrationsermächtigung des Art. 23 Abs. 1 GG

Durch die in Art. 23 Abs. 1 Satz 1 GG enthaltene Struktursicherungsklausel[611] soll ein bestimmtes Niveau verfassungsrechtlicher Anforderungen an die Struktur der Europäischen Union gewährleistet und gleichzeitig sichergestellt werden, dass auf europäischer Ebene ein dem Grundgesetz vergleichbarer Grundrechtsschutz gewahrt wird, denn die Integrationsermächtigung des Grundgesetzes erlaubt es dem Gesetzgeber nicht, im Rahmen der europäischen Union die fundamentalen Verfassungsprinzipien des Grundgesetzes auszuhöhlen.[612] Anderenfalls ist die Hoheitsrechtsübertragung auf die Europäische Union zumindest nach dem deutschen Verfassungsrecht nicht zulässig. Das Bundesverfassungsgericht behält sich neben einer *ultra vires*-Kontrolle von Rechtsakten der Gemeinschaftsorgane auch eine Überprüfung des Gemeinschaftsrechts daraufhin vor, ob dieser unantastbare Kerngehalt des Grundgesetzes, wie er sich aus Art. 23 Abs. 1 Satz 3, 79 Abs. 3 GG ergibt und zu dem insbesondere die Grundrechte in ihrem Wesensgehalt gehören, gewahrt bleibt.[613]

Daraus ergibt sich zunächst eine nach innen wirkende Verpflichtung der deutschen Staatsorgane, im Rahmen des Integrationsprozesses darauf hinzuwirken, dass die Struktur der Europäischen Union diesen Vorgaben entspricht. Insoweit begrenzt die Verfassung das politische Gestaltungsermessen der an der europäischen Integration beteiligten deutschen Staatsorgane. Gleichzeitig wirkt die Klausel als – allerdings nicht rechtlich verbindliches – Signal an die europäischen Organe und die übrigen Mitgliedstaaten, unter welchen Voraussetzungen der deutsche Staat zu einer weiteren Integration bereit ist.[614] Art. 23 GG wirkt dementsprechend gleichzeitig als Verhaltensnorm für die deutschen Organe sowie als Maßstab, an dem die Rechtmäßigkeit der entsprechenden Rechtsakte, zum Beispiel Übertragungsgesetze nach Art. 23 Abs. 1 Satz 2 GG, zu überprüfen sind und der Integrationsprozess insgesamt zu kontrollieren ist.[615]

Die Struktursicherungsklausel des Grundgesetzes fordert allerdings nicht, dass die genannten Prinzipien des deutschen Verfassungsrechts möglichst unverändert in das Gemeinschaftsrecht übernommen werden. Vielmehr können sie bis zu einem gewissen Grad auch abgeschwächt oder modifiziert werden, um den besonderen

611 So die Bezeichnung der Gemeinsamen Verfassungskommission in Bt-Drs. 12/6000, S. 20.

612 BVerfGE 77, 339 (376) zum damals noch für die europäische Integration maßgeblichen Art. 24 Abs. 1 GG; 89, 155 (179); SACHS/ STREINZ, Art. 23 Rn. 83.

613 Dies kann nach der jüngsten Rechtsprechung des Gerichts sogar dazu führen, dass Gemeinschaftsrecht für unanwendbar erklärt wird und Deutschland in letzter Konsequenz aus der Europäischen Union austreten muss, vergleiche BVerfG, Urteil vom 30. Juni 2009, BVerfGE 123, 267 ff., Rn. 240f.

614 VON MÜNCH/ KUNIG/ ROJAHN, Art. 23 Rn. 17.

615 VON MÜNCH/ KUNIG/ ROJAHN, Art. 23 Rn., 19.

Anforderungen einer supranationalen Gemeinschaft Rechnung zu tragen.[616] Erfasst sind daher nur die allen Mitgliedstaaten gemeinsamen Kerngehalte der genannten Strukturprinzipien.[617] Als im Rahmen der europäischen Integration zwingend zu beachtende Strukturprinzipien der deutschen Verfassungsrechtsordnung gelten insbesondere:[618]

- Demokratieprinzip: Die Errichtung, Organisation und Ausübung von Hoheitsgewalt muss auf eine Legitimation durch das Volk zurückzuführen sein. Dies geschieht einmal durch die Zustimmungsgesetze der demokratisch legitimierten nationalen Parlamente zu den europäischen Gründungs- und Änderungsverträgen und durch die Legitimation der Ratsmitglieder als Regierungsvertreter durch die nationalen Parlamente. Zum anderen erfolgt eine demokratische Legitimation originär auf europäischer Ebene durch die direkte Wahl der Mitglieder des Europäischen Parlaments. Dabei darf aber nicht verkannt werden, dass die Europäische Union nicht „staatsanalog" verfasst ist, sondern stets nur von den Mitgliedstaaten abgeleitete Souveränität ausübt, so dass eine einer staatlichen Rechtsordnung vergleichbare demokratische Legitimation nicht existiert und auch nicht zwingend erforderlich ist. Daher ist es zum Beispiel zulässig, dass innerhalb der Unionsorgane eine weitgehend exekutivisch geprägte Entscheidungsfindung durch nach dem Prinzip der Staatengleichheit verfasste Vertretungsorgane stattfindet.
- Rechtsstaatsprinzip: Im Kern fordert das Rechtsstaatsprinzip die festgelegte Zuordnung staatlicher Kompetenzen, ein System begrenzter Handlungsermächtigungen, das Gewaltenteilungsprinzip im Sinne einer gegenseitigen Kontrolle hoheitlicher Handlungen, die Grundsätze der Gesetzmäßigkeit der Verwaltung, des Vertrauensschutzes, der Bestimmtheit und der Verhältnismäßigkeit und sichernde Verfahrens- und Formvorschriften sowie ergänzende Haftungsgrundsätze. Im spezifisch gemeinschaftsrechtlichen Kontext kommen der Vorrang von Primär- vor Sekundärrecht und der Norm vor dem Einzelakt hinzu.
- Föderative Grundsätze: Ohne auf eine bundesstaatliche Struktur abzuzielen, sollen auf europäischer Ebene allgemein zentralistische Organstrukturen ver-

616 SACHS/ STREINZ, Art. 23 Rn. 85; ausführlich mit Darstellung der einschlägigen Rechtsprechung des Bundesverfassungsgerichts HOFMANN, S. 30ff, 74ff.; BVerfG, Urteil vom 30. Juni 2009, BVerfGE 123, 267 ff., Rn. 219, 266 zum Demokratieprinzip; siehe zur möglichen Modifikation der verfassungsrechtlichen Anforderungen an staatliches Handeln im Zusammenhang mit der europäischen Integration auch oben unter C.I.

617 VON MÜNCH/ KUNIG/ ROJAHN, Art. 23 Rn. 20; für Deutschland ergeben sich die maßgeblichen Prinzipien wiederum aus den in Art. 1 und 20 GG niedergelegten Grundsätzen in Verbindung mit der Unabänderlichkeitsklausel des Art. 79 Abs. 3 GG, vlg. auch die Gesetzesbegründung zur Neufassung von Art. 23 GG, Bt-Drs. 12/3338, S. 6.

618 Vgl. ausführlich VON MÜNCH/ KUNIG/ ROJAHN, Art. 23 Rn. 23ff.

mieden und das Subsidiaritätsprinzip[619] gewahrt werden. Der europäische Gesetzgeber soll grundsätzlich nur tätig werden, wenn eine Regelung durch den nationalen Gesetzgeber nicht in vergleichbar effektiver Weise möglich ist. Gleichzeitig werden die europäischen Organe verpflichtet, die Staatlichkeit und die Verfassungsautonomie der Mitgliedstaaten zu achten.

- Dem Grundgesetz im Wesentlichen vergleichbarer Grundrechtsschutz: Anders als im Falle der zuvor genannten Grundprinzipien, bei denen die allen Mitgliedstaaten gemeinsamen Verfassungstraditionen maßgeblich sind, soll sich der Grundrechtsschutz in der Europäischen Union an den Vorgaben des Grundgesetzes orientieren. Danach muss auf europäischer Ebene ein Grundrechtsschutz gewährleistet sein, der dem nach dem Grundgesetz unabdingbaren Grundrechtsschutz im Wesentlichen gleichkommt.[620] Den Besonderheiten der Europäischen Union geschuldete Abweichungen sind im Rahmen der europäischen Integration aber zulässig. Ein deckungsgleicher Schutz ist also nicht erforderlich, insbesondere weil es auf europäischer Ebene auch unter Berücksichtigung der europäischen Grundfreiheiten zu anderen Konfliktlagen und Abwägungsproblemen kommen kann, als dies in einer nationalen Rechtsordnung der Fall ist.[621] Institutionell-verfahrensrechtlich muss eine effektive Überwachung und Durchsetzung der Grundrechtsgewährleistungen durch ein unabhängiges europäisches Organ gewährleistet sein.[622] Inhaltlich muss im Sinne der *Solange II*-Rechtsprechung des Bundesverfassungsgerichts auch auf europäischer Ebene der als unabdingbar erachtete Grundrechtsstandard gewahrt bleiben.[623] Nicht ausgeschlossen sind dadurch allerdings Abweichungen vom Grundrechtsschutz des Grundgesetzes im Einzelfall, solange der Grundrechtsschutz auf europäischer Ebene nicht generell unter diese Mindestanforderungen fällt und die Grundrechte in ihrem Kern gewahrt bleiben. Im Moment ist ein solches Absinken des Grundrechtsstandards unter das verfassungsrechtlich geforderte Niveau allerdings insbesondere angesichts der Rechtsprechung des Europäischen Gerichtshofs nicht absehbar. Zusätzlich enthält Art. 23 Abs. 1 Satz 1 GG auch ein Ent-

619 Vgl. Art. 5 Abs. 2 EGV: „In den Bereichen, die nicht in ihre ausschließliche Zuständigkeit fallen, wird die Gemeinschaft nach dem Subsidiaritätsprinzip nur tätig, sofern und soweit die Ziele der in Betracht gezogenen Maßnahmen auf Ebene der Mitgliedstaaten nicht ausreichend erreicht werden können und daher wegen ihres Umfangs oder ihrer Wirkungen besser auf Gemeinschaftsebene erreicht werden können."

620 BVerfGE 73, 339 (376, 378) und jüngst BVerfG, Urteil vom 30. Juni 2009, BVerfGE 123, 267 ff., Rn. 191.

621 Siehe nur BVerfG NJW 2000, 3124 (3125); BVerfGE 73, 339 (386); VON MANGOLDT/ KLEIN/ STARCK, § 23 Rn. 48f.

622 HOFMANN, S. 85f.

623 BVerfGE 73, 339 (378), nach dem dieser Grundrechtsstandard zum Zeitpunkt des Beschlusses im Jahr 1986 bereits erreicht war.

wicklungsgebot an die deutschen Staatsorgane, auf eine Weiterentwicklung des Grundrechtsschutzes auf europäischer Ebene hinzuwirken.[624]

c) Verhältnis der übertragenen Hoheitsrechte und des europäischen Rechts zum nationalen Recht

Für das Gemeinschaftsrecht ist aus europarechtlicher Sicht inzwischen, ausgehend von der Rechtsprechung des Europäischen Gerichtshofs, anerkannt, dass es dem nationalen Recht der Mitgliedstaaten in der Anwendung vorgeht und entgegenstehendes nationales Recht nicht mehr angewandt werden darf.[625] Nationale Maßnahmen der Mitgliedstaaten, die vorher wirksam beschlossenem Gemeinschaftsrecht entgegenstehen, sind aus gemeinschaftsrechtlicher Sicht ebenfalls unbeachtlich.[626] Dies gilt nach der Rechtsprechung des Europäischen Gerichtshofs auch für nationales Verfassungsrecht.[627] Der Europäische Gerichtshof begründet dieses Ergebnis vorrangig mit Art. 10 Abs. 2, 249 EGV und dem Gesichtspunkt des *effet utile*, also der Sicherung der Funktionsfähigkeit und der einheitlichen Anwendung des Gemeinschaftsrechts, sowie mit der Eigenständigkeit der europäischen Rechtsordnung, wie sie bereits in den Gründungsverträgen angelegt ist.[628]

Das Bundesverfassungsgericht bezeichnet die Europäische Union inzwischen als „Staatenverbindung" eigener Art, um die Eigenständigkeit der europäischen Rechtsordnung gegenüber herkömmlichen, völkerrechtlich begründeten zwischenstaatlichen Einrichtungen zu kennzeichnen.[629] Das Grundgesetz trifft in Art. 23 As. 1 GG oder in sonstigen Bestimmungen aber keine explizite Entscheidung über die Frage eines Vorrangs von Gemeinschaftsrecht gegenüber deutschem nationalen Recht. Eine solche Vorrangwirkung könnte sich aus der Ermächtigungsgrundlage zur Übertragung von Hoheitsrechten auf die Europäische Union sowie aus den dafür erforderlichen Zustimmungsgesetzen zu den europäischen Verträgen ergeben.[630] Dies ist jedenfalls für einfache Gesetze und untergesetzliche Normen auch für die deutsche Rechtsordnung anerkannt. Die Mitgliedstaaten haben insoweit auf die ihnen nach dem Völkerrecht zukommende ausschließliche Hoheitsgewalt auf ihrem Staatsgebiet zugunsten einer unmittelbaren Geltung von Rechtsnormen aus anderer Quelle verzichtet.[631]

---

624 VON MÜNCH/ KUNIG/ ROJAHN, Art. 23 Rn. 39.

625 Zur Entwicklung der Rechtsprechung des Europäischen Gerichtshofs in dieser Frage SCHWEITZER, Staatsrecht III, Rn. 48ff.

626 EuGH, Rs. 6/64, Slg. 1964, S. 1251 (1269f.).

627 EuGH, Rs. 11/70, Slg, 1970, S. 1125 (Ziffer 3).

628 Grundlegend EuGH, Rs. 6/64 (Costa/ ENEL), Slg, 1964, S. 1251 (1269ff.).

629 BVerfGE 31, 145 (1743f.).

630 SCHWEITZER, Staatsrecht III, Rn. 68; GEIGER, S. 223.

631 Grundsätzlich zur Verfassungsmäßigkeit dieser Zurücknahme des staatlichen Herrschaftsanspruchs BVerfGE 37, 271 (280); 58, 1 (28).

Die Frage eines Vorrangs des Gemeinschaftsrechts gegenüber dem deutschen Verfassungsrecht ist dagegen bislang nicht abschließend geklärt. Allerdings muss nach der Entscheidung des Bundesverfassungsgerichts zum Lissabon-Vertrag verfassungsrechtlich ein Rückholen der übertragenen Hoheitsrechte auf den deutschen Staat möglich sein.[632] Das Gericht erkennt den Vorrang des Gemeinschaftsrechts nur insoweit an, als die Europäische Union im Rahmen der Rechtsahnwendungsbefehle der Mitgliedstaaten, in Deutschland also der Zustimmungsgesetze zu den europäischen Verträgen, zur Ausübung abgeleiteter öffentlicher Gewalt ermächtigt wurde und sich diese Ermächtigung im Rahmen der verfassungsrechtlichen Grenzen für eine solche Hoheitsrechtsübertragung hält. Anderenfalls behält sich das Gericht vor, Gemeinschaftsrecht für den deutschen Rechtsraum für unanwendbar zu erklären.[633] Insgesamt lässt sich diese Entscheidung durchaus im Sinne eines allerdings nur in Ausnahmefällen und bei schwerwiegenden Unstimmigkeiten mit der deutschen Rechtsordnung geltend zu machenden Vorrangs deutschen Verfassungsrechts vor dem Gemeinschaftsrecht deuten. Es bleibt abzuwarten, wie diese jüngste Rechtsprechung des Bundesverfassungsgerichts den weiteren Prozess der europäischen Integration beeinflussen wird.

III. Grundrechte

Unter B.V wurde in diesem Kapitel bereits dargestellt, dass die Grundrechte eine Pflicht zur Anerkennung ausländischer Genehmigungen begründen können. Im Zusammenhang mit einer im Ausland erteilten Genehmigung für den Betrieb einer grenzüberschreitend emittierenden Anlage kommen dafür vor allem die Eigentums- und die Berufsfreiheit des Genehmigungsinhabers und Anlagenbetreibers in Betracht. Nun soll untersucht werden, inwieweit kollidierende Grundrechte von der Anlage betroffener Dritter umgekehrt eine solche Anerkennung auch begrenzen oder gar zu deren Unzulässigkeit führen können.

Wie bereits dargelegt, üben die deutschen staatlichen Stellen bei der Entscheidung über die Anerkennung (oder deren Ablehnung) eines ausländischen Hoheitsaktes staatliche Gewalt aus und sind daher nach Art. 1 Abs. 3 GG gegenüber deren Trägern an die Grundrechte gebunden.[634] Die Grundrechte bilden mit den bereits dargestellten, dem Auslandsbezug geschuldeten Modifikationen anerkanntermaßen

632 MÖSLER, Die Übertragung von Hoheitsgewalt, in: HStR VII, § 175 Rn. 27, weist allerdings darauf hin, dass die europäische Integration trotz formaler Austrittsmöglichkeit nach dem derzeitigen Stand wohl praktisch unumkehrbar ist, und geht daher von einer „faktisch irreversiblen" Eingliederung des deutschen Staates aus.

633 BVerfG, Urteil vom 30. Juni 2009, BVerfGE 123, 267 ff., Rn. 331ff.

634 BVerfGE 31, 58 (71); PAPIER/ OLSCHEWSKI, DVBl 1976, S. 475 (478); für den vergleichbaren Fall einer Anwendung ausländischen Rechts BEYERLIN, S. 429, unter zutreffendem Hinweis auf die anerkannte Grundrechtsbindung für die Entscheidung über die Anwendung fremden Rechts im Internationalen Privatrecht.

eine materielle Schranke für die Anerkennung und Anwendung ausländischen Rechts auf deutschem Hoheitsgebiet.[635] Gleiches gilt für Zustimmungsgesetze deutscher staatlicher Organe zu völkerrechtlichen Verträgen nach Art. 59 Abs. 2 GG, durch die Anerkennungspflichten begründet oder Hoheitsrechte übertragen werden,[636] beziehungsweise Zustimmungsgesetze zu den europäischen Verträgen nach Art. 23 Abs. 1 GG. Die Grundrechtsbindung ist daher sowohl bei der Begründung einer Anerkennungspflicht als auch bei der Bestimmung von deren Grenzen zu beachten. Ebenso, wie sich der Inhaber einer ausländischen Genehmigung, soweit er grundrechtsberechtigt ist, typischerweise auf seine Grundrechte aus Art. 12 Abs. 1, 14 GG berufen kann, um deren Anerkennung herbeizuführen, können sich Betroffene der im Ausland ausgeübten, grenzüberschreitend wirkenden Tätigkeit auf ihre Grundrechte berufen, um eine solche Anerkennung zu verhindern. Grundsätzlich entfalten die Grundrechte im Verhältnis zum deutschen Staat ihre Schutzwirkung auch gegenüber Immissionen aus dem Ausland.[637] Zu denken wäre also an deutsche Anwohner in Grenznähe, die grenzüberschreitenden Emissionen einer im Ausland genehmigten und betriebenen Anlage ausgesetzt sind und sich dagegen auf ihr Grundrecht auf Leben und körperliche Unversehrtheit aus Art. 2 Abs. 2 Satz 1 GG berufen.

Zwar können sich betroffene Dritte in Deutschland nicht direkt gegen die ausländische Anlagengenehmigung wenden. Allerdings legitimiert die Anerkennungsentscheidung die Verletzung ihrer grundrechtlich geschützten Rechte durch die im Ausland genehmigte Tätigkeit. Insoweit hat die eigentlich den Genehmigungsinhaber begünstigende Anerkennungsentscheidung auch eine belastende Wirkung für betroffene Dritte und greift in deren Grundrechte ein. Wenn die Anerkennung der der Tätigkeit zugrundeliegenden Genehmigung dagegen versagt wird, könnten die Betroffenen vom deutschen Staat unter Umständen unter Beachtung des außenpolitischen Ermessens der auswärtigen Gewalt sogar verlangen, gegen die im Inland nicht als rechtmäßig anzusehende Tätigkeit zumindest, soweit dies auf deutschem Hoheitsgebiet möglich ist, vorzugehen.

Aus dieser Interessenlage ergibt sich eine Grundrechtskollision, die nach den allgemeinen Regeln der Grundrechtslehre im Sinne eines schonenden Ausgleichs der betroffenen Interessen[638] zu lösen ist: Kollidierendes Verfassungsrecht (hier: das Recht der betroffenen Nachbarn auf Leben und körperliche Unversehrtheit) kann einen Grundrechtseingriff (hier: die Beschränkung des Anlagenbetreibers, dessen ausländische Genehmigung nicht anerkannt wird, so dass seine Tätigkeit be-

---

635 Papier/ Olschewski, aaO; Pieroth/ Schlink, Rn. 186 mit dem zutreffenden Hinweis, dass die Grundrechtsbindung nur für deutsche staatliche Stellen, die die Anerkennungsentscheidung zu treffen haben, gilt, nicht aber für die ausländischen staatlichen Stellen, die den anzuerkennenden ausländischen Hoheitsakt vorher erlassen haben.

636 BVerfGE 40, 141 (165f.).

637 BVerfGE 72, 66 (75f.); Murswiek, UPR 1986, S. 370 (373ff.).

638 Hesse, Rn. 72, 318.

ziehungsweise deren Wirkungen in Deutschland nicht als rechtmäßig anerkannt werden) rechtfertigen.[639] Ziel ist ein verhältnismäßiger Ausgleich zwischen den kollidierenden Grundrechten, bei dem diese gleichzeitig möglichst optimal zur Geltung gebracht werden. In der Rechtsanwendung läuft dies auf eine Abwägung der einschlägigen Grundrechte unter Berücksichtigung des abstrakten Werts der geschützten Rechtsgüter und der konkreten Intensität des Eingriffs sowie dem Gewicht der betroffenen grundrechtlich geschützten Interessen im Einzelfall hinaus, ohne dass verfassungsrechtlich eine bestimmte Wertehierarchie vorgegeben wäre.[640] Das bedeutet zum Beispiel, dass die Anerkennung einer ausländischen Genehmigung leichter versagt werden kann, je stärker der Anlagenbetrieb Auswirkungen auf Leben und Gesundheit Dritter im Inland hat, was von der Art der Tätigkeit, dem technischen Standard der betriebenen Anlage, dem Stand der Technik und damit zusammenhängend der Möglichkeit von Schutzvorkehrungen abhängen dürfte. Das Ergebnis einer solchen Abwägung hängt letztlich entscheidend vom Einzelfall ab. Nationale Grenzwerte für Emissionen, die für eine Anlagengenehmigung nach deutschem Recht gelten, können aber einen Anhaltspunkt für diese Prüfung liefern, da bei Festlegung dieser Grenzwerte in der Regel schon der Einfluss der Emissionen auf die Interessen der betroffenen Nachbarn und Umweltschutzbelange berücksichtigt wurde. Allerdings ist bei dieser Prüfung dem Auslandsbezug des Sachverhalts Rechnung zu tragen: Trotz der herausgehobenen Stellung der Grundrechte in der verfassungsrechtlichen Ordnung gilt die Grundrechtsbindung deutscher staatlicher Organe nicht isoliert, sondern muss im Zusammenhang mit anderen Verfassungsbestimmungen gesehen werden. Im Rahmen der ebenfalls verfassungsrechtlich vorgegebenen Einbindung der Bundesrepublik Deutschland in die Staatengemeinschaft kann bei Sachverhalten mit Auslandsbezug daher wie bereits dargestellt auch eine Modifikation des Grundrechtsstandards zulässig sein.[641] Daher können die nationalen Grenzwerte für Anlagengenehmigungen nicht unbesehen übernommen werden, sondern gehen lediglich als ein Gesichtspunkt in den Ausgleich der grundrechtlich geschützten Interessen von Genehmigungsinhaber und betroffenen Dritten ein.

Daneben sind auch objektive verfassungsrechtliche Wertentscheidung, im vorliegenden Zusammenhang insbesondere das in Art. 20a GG verankerte Staatsziel zum Schutz der natürlichen Lebensgrundlagen, in die Abwägung einzubeziehen. Diese Staatszielbestimmung kann als Teil der verfassungsmäßigen Ordnung zur

---

639 PIEROTH/ SCHLINK, Grundrechte, Rn. 325; SACHS/ ders., vor Art. 1 Rn. 120 m.w.N. aus der Rechtsprechung des Bundesverfassungsgerichts und der verfassungsrechtlichen Literatur.

640 HESSE, Rn. 72, 318; SACHS, Grundrechte, A 10 Rn. 40; BVerfGE 72, 66 (77f.).

641 VON MÜNCH/ KUNIG/ ROJAHN, Art. 24 Rn. 73; SACHS/ STREINZ, Art. 23 Rn. 85 m.w.N. für die Grundrechtsbindung deutscher Vertreter im Rahmen der Mitwirkung bei der Ausübung der auf die Europäische Union übertragenen Hoheitsrechte. Zu einer möglichen Modifikation verfassungsrechtlicher Vorgaben für staatliches Handeln mit Auslandsbezug ausführlich oben unter C.I.

Auslegung anderer Verfassungsnormen herangezogen werden und einerseits den Grundrechtsschutz zugunsten betroffener Dritter verstärken, andererseits als Argument für eine Beschränkung der Grundrechte des Genehmigungsinhabers herangezogen werden.

Hinzu kommt bei einer Anerkennungsentscheidung, die in Grundrechte von betroffenen Dritten eingreift, der Grundsatz vom Vorbehalt des Gesetzes. Das Rechtsstaatsprinzip fordert, dass jede Regelung grundlegender normativer Bereiche, insbesondere wenn die Grundrechtsausübung betroffen ist, auf einer gesetzlichen Ermächtigungsgrundlage erfolgen muss.[642] Dies wäre zum Beispiel der Fall, wenn durch eine Anerkennungsentscheidung, die ja eine Ausübung hoheitlicher Gewalt darstellt, eine Tätigkeit erlaubt wird, durch die ein betroffener Dritter, etwa ein unmittelbarer Nachbar einer industriellen Anlage, als Träger deutscher Grundrechte schwerwiegend in seinen Rechten verletzt wird.

Wenn Grundrechte in ihrem Wesensgehalt betroffen sind, muss die Ermächtigungsgrundlage nach der Wesentlichkeitsrechtsprechung des Bundesverfassungsgerichts sogar in einem Parlamentsgesetz festgelegt sein.[643] Als gesetzliche Ermächtigungsgrundlage für eine solche Anerkennungsentscheidung kommen neben völkerrechtlichen Verträgen oder gemeinschaftsrechtlichen Regelungen beziehungsweise den entsprechenden Zustimmungsgesetzen des deutschen Gesetzgebers auch die nationalen Genehmigungsvorschriften in Betracht. Dies gilt jedoch nur für grundlegende, normative Bereiche, also Bereiche der „wesentlichen" Grundrechtsausübung. Bei der Anerkennung von Genehmigungen für Anlagen, die im Ausland betrieben werden, hängt das Eingreifen dieser Voraussetzungen maßgeblich vom Ausmaß und der Gefährlichkeit der grenzüberschreitenden Umweltbeeinträchtigungen für betroffene Dritte sowie von der wirtschaftlichen Bedeutung des Anlagenbetriebs für den Genehmigungsinhaber ab. Eine wesentliche Grundrechtsbetroffenheit im Sinne eines intensiven Eingriffs oder einer Regelung normativer Fragen dürfte bei einer solchen auf einen Einzelfall bezogenen Anerkennungsentscheidung eher selten sein. Zu denken wäre aber an besonders risikobehaftete Anlagen, insbesondere Kernkraftwerke in Grenznähe.[644]

---

642 Siehe zum Beispiel BVerfGE 49, 89 (140, Rn. 77ff.); ähnlich für den Fall, dass eine ausländische Behörde im Rahmen der lokalen grenzüberschreitenden Zusammenarbeit Hoheitsakte gegenüber deutschen Bürgern erlässt BEYERLIN, S. 236ff., mit dem zutreffenden Hinweis, dass der Gesetzesvorbehalt immer nur dann relevant wird, wenn durch die behördliche Zusammenarbeit in Rechte der Bürger eingegriffen wird oder diese sich anderweitig unmittelbar auf das Verhältnis von Staat und Bürger auswirkt.

643 BVerfGE 49, 89 (126) m.w.N.

644 Siehe den der Entscheidung des Bundesverfassungsgerichts zugrunde liegenden Fall, BVerfG aaO.

IV. Demokratieprinzip, Art. 20 Abs. 1 und 2 GG

Das in Art. 20 Abs.1 und 2 GG niedergelegte Demokratieprinzip ist ein grundlegendes Strukturprinzip der deutschen Verfassungsordnung und über Art. 79 Abs. 3 GG Änderungen durch den Gesetzgeber entzogen. Im Kern besagt das Demokratieprinzip, dass das deutsche Volk primärer Träger der deutschen Staatsgewalt ist. Daher muss jede Ausübung staatlicher Gewalt, die alle amtlichen Handlungen mit Entscheidungscharakter[645] umfasst, in Deutschland direkt oder indirekt demokratisch durch Wahlen legitimiert sein. Umgekehrt müssen die Wähler die Ausübung öffentlicher Gewalt effektiv beeinflussen können.[646]

Fraglich ist nun, ob das Demokratieprinzip einer Anerkennung ausländischer Hoheitsakte entgegensteht. Indem zum Beispiel eine Genehmigungsentscheidung einer ausländischen Behörde überlassen und diese später für das deutsche Hoheitsgebiet als rechtsverbindlich anerkannt wird, entscheidet darüber nicht mehr die deutsche Verwaltung im Vollzug vom Deutschen Bundestag erlassener Gesetze. Eine solche Entscheidung wäre also nicht mehr in gleicher Weise vom deutschen Volk demokratisch legitimiert wie sonstige Verwaltungsentscheidungen deutscher Behörden.[647] Das Grundgesetz geht außerdem grundsätzlich von einem nationalstaatlich geprägten Volksbegriff aus,[648] so dass unerheblich ist, dass auch die ausländische Behörde auf gesetzlicher Grundlage und nach Legitimation durch das ausländische Staatsvolk gehandelt hat. Die ausländische Entscheidung ist daher nicht im Sinne des Grundgesetzes ebenso demokratisch legitimiert wie eine Entscheidung deutscher staatlicher Stellen, und bei einer vorangegangenen Hoheitsrechtsübertragung können die auf die ausländischen Stellen übertragenen Hoheitsrechte nicht mehr nach dem Willen des deutschen Volkes ausgeübt und von diesem beeinflusst und kontrolliert werden.

Das Demokratieprinzip dient gerade auch dazu, die aus den Grundrechten folgenden verfassungsrechtlichen Vorgaben an Freiheitseingriffe, an die die deutschen Gesetzgebungsorgane nach Art. 1 Abs. 3 GG gebunden sind, sicherzustellen. Eine vorbehaltslose Anerkennung ausländischer Hoheitsakte ohne eine vorherige Überprüfung an zwingenden Vorgaben des deutschen Verfassungsrechts, wie sie auch der deutsche Gesetzgeber zu beachten hat, dürfte daher auch aus demokratiestaatlichen Gründen unzulässig sein.[649] In diesem Fall hätte der deutsche Staat keinerlei Einfluss auf den Inhalt des anzuerkennenden Hoheitsakts und es wäre nicht gewährleistet, dass die verfassungsrechtlichen Mindestanforderungen an Eingriffe in die Rechte des Bürgers gewahrt bleiben.

---

645 Im Gegensatz zu rein vorbereitenden oder konsultativen Tätigkeiten.

646 BVerfGE 1, 14 (33); 93, 37 (66f.).

647 PAPIER/ OLSCHEWSKI, DVBl. 1976, S. 475 (477).

648 SACHS/ ders., Art. 20 Rn. 27a, mit Ausnahme des Wahlrechts für EU-Ausländer auf kommunaler Ebene, siehe Art. 28 Abs. 1 Satz 3 GG.

649 PAPIER/ OLSCHEWSKI, aaO.

Allerdings gilt das Demokratieprinzip im Hinblick auf die Anerkennung ausländischer Hoheitsakte nicht isoliert. Vielmehr ist daneben auch die in Art. 23 und 24 GG verankerte Entscheidung des Grundgesetzes für die internationale Zusammenarbeit und Integration in die Staatengemeinschaft zu beachten. Art. 23 und 24 GG sehen eine Übertragung von Hoheitsrechten auf ausländische Stellen und allgemein eine Öffnung der deutschen Rechtsordnung für das Handeln ausländischer Hoheitsträger, auch durch die Begründung von Anerkennungspflichten, ausdrücklich vor. Bei einer solchen Öffnung kann aber die demokratische Legitimation der dann verbindlich für deutsches Hoheitsgebiet handelnden ausländischen Hoheitsträger durch das deutsche Volk von vorneherein nicht in dem Maße gewährleistet werden, wie dies in einer nationalen Rechtsordnung der Fall ist. Bei der Auslegung und Anwendung des Demokratieprinzips ist daher auch die Einordnung der Bundesrepublik Deutschland in die Völkerrechtsordnung der Staatengemeinschaft, wie sie vom Grundgesetz in der Präambel und in Art. 24 bis 26 GG vorausgesetzt wird, zu berücksichtigen.[650] Wie bereits dargestellt, erlaubt die Integrationsoffenheit des Grundgesetzes in gewissem Maße eine gegenüber rein innerstaatlichen Sachverhalten modifizierte Betrachtungsweise, wenn hoheitliches Handeln deutscher staatlicher Stellen nach verfassungsrechtlichen Maßstäben beurteilt werden soll.[651] Im Rahmen der europäischen Integration können bei der Ausgestaltung der Entscheidungsprozesse der europäischen Organe daher auch die besonderen Anforderungen der Europäischen Union als supranationale Organisation beziehungsweise Staatenverbund berücksichtigt werden, so dass die Entscheidungsorgane nicht in gleichem Maße wie ein nationales Parlament das Wahlvolk proportional repräsentieren müssen, sondern auch nach dem Prinzip der Staatengleichheit zusammengesetzt werden können.[652]

Das Demokratieprinzip setzt dem allerdings insofern eine Grenze, als dem Deutschen Bundestag noch Aufgaben und Befugnisse von substantiellem Gewicht verbleiben müssen.[653] Außerdem dürfen deutsche staatliche Stellen nur an solche Entscheidungen ausländischer Hoheitsträger gebunden sein, an deren Willensbildung sie beteiligt sind und eine entsprechende Möglichkeit zur Einflussnahme durch deutsche Organe ermöglicht wird.[654] Zusätzlich muss eine Übertragung von Hoheitsrechten auf Basis einer demokratisch legitimierten Entscheidung erfolgen.

---

650 BVerfG, NJW 1983, S. 2757 (2761); zustimmend HECKER, AöR 127 (2002), S. 291ff; OHLER, S. 107ff.

651 SACHS/ STREINZ Art. 23 Rn. 85 m.w.N.; MAUNZ/ DÜRIG/ RANDELZHOFER, Art. 24 Rn. 165.

652 BVerfG, Urteil vom 30. Juni 2009, abrufbar unter http://www.bverfg.de/entscheidungen/es 20090630_2bve000208.html, Ziffer 266.

653 BVerfG aaO, Ziffer 246.

654 BVerfGE 89, 155 (182f.) zum Integrationsprozess innerhalb der Europäischen Gemeinschaften; SCHMIDT-BLEIBTREU/ KLEIN/ HOFMANN, Art. 20 Rn. 43; ähnlich HESSE, Rn. 113, der darauf hinweist, dass die Europäische Rechtsordnung nach dem derzeitigen Stand stets den Bestand der Mitgliedstaaten mit ihren Verfassungen voraussetzt und für die Durchführung von Gemeinschaftsrecht auch auf die Mitgliedstaaten angewiesen ist.

Innerhalb der Europäischen Gemeinschaften geschieht dies zum Beispiel durch die Zustimmungsgesetze des Deutschen Bundestages zur Übertragung von Kompetenzen auf die Europäischen Gemeinschaften und die Mitwirkung des deutschen Staates an der Willensbildung der Gemeinschaftsorgane im Europäischen Rat. Im völkerrechtlichen Kontext ist der Beschluss von Zustimmungsgesetzen zu völkerrechtlichen Verträgen über die Einrichtung zwischenstaatlicher Einrichtungen, zur Übertragung von Hoheitsrechten und zur Begründung von Anerkennungspflichten zugunsten ausländischer Hoheitsakte erforderlich. Innerhalb zwischenstaatlicher Einrichtungen auf völkerrechtlicher Grundlage kann dann eine Einflussnahme des deutschen Staates zum Beispiel bei der Beschlussfassung in den Organen der Einrichtung ermöglicht werden. Würde der deutsche Staat dagegen allgemein auf einem vergleichbaren Grad an demokratischer Legitimation der beschlussfassenden Organe zwischenstaatlicher Einrichtungen durch das deutsche Volk bestehen, machte er sich weithin integrationsunfähig.[655]

Im Ergebnis steht das Demokratieprinzip also einer Begründung von Anerkennungspflichten für ausländische Hoheitsakte nicht grundsätzlich entgegen, wenn die dargestellten verfassungsrechtlich vorgegebenen Grenzen für eine Öffnung der deutschen Rechtsordnung für Regelungen ausländischer Hoheitsträger oder zwischenstaatlicher Einrichtungen eingehalten werden.

V. Rechtsstaatsprinzip, Art. 20 Abs. 2 Satz 2, Abs. 3 GG

Das in Art. 20 Abs. 2 Satz 2 und Abs. 3 GG verankerte Rechtsstaatsprinzip gilt ebenfalls als eines der tragenden Prinzipien des Grundgesetzes und ist über Art. 79 Abs. 3 GG einer Änderung durch den Gesetzgeber entzogen. Unter anderem fordert es unter dem Gesichtspunkt der Rechtssicherheit, dass der Inhalt von Rechtsnormen inhaltlich klar festgelegt und bestimmt ist und vom Einzelnen ohne unzumutbaren Aufwand ermittelt werden kann.[656] Wenn eine ausländische Genehmigung in Deutschland als rechtsverbindlich anerkannt werden soll, stellt sich aber das Problem, dass die dem Hoheitsakt zugrundeliegende ausländische Rechtsnorm schon aus praktischen Gründen für den deutschen Rechtsanwender oder Adressaten nicht ohne weiteres erkennbar ist. Aber auch wenn der deutsche Gesetzgeber bei der Begründung der Anerkennungspflicht eindeutig auf eine ausländische Norm als Ermächtigungsgrundlage für die anzuerkennenden ausländischen Hoheitsakte Bezug nimmt, könnte sich die ausländische Norm später ändern. Die ausländischen Behörden würden nachfolgende Hoheitsakte dann auf Grundlage der geänderten Fassung der ausländischen Ermächtigungsgrundlage erlassen, die nicht mehr von der Bezugnahme des deutschen Gesetzgebers bei der Begründung der Anerkennungspflicht gedeckt wäre. Da der ausländische Gesetzgeber die einschlägige Ermächti-

655 BVerfGE 89, 155 (182f.).
656 Grundlegend BVerfGE 1, 14 (25); 16, 6 (16ff.); SACHS/ ders., Art. 20 Rn. 123.

gungsgrundlage jederzeit nach einer Anerkennungsentscheidung oder nach einer Übertragung von Hoheitsrechten ändern oder sogar aufheben kann, wäre nicht mehr ohne weiteres erkennbar, auf welcher gesetzlichen Grundlage der ausländische Hoheitsakt im Einzelfall beruht.

Die Situation erscheint ähnlich einer ebenfalls verfassungsrechtlich problematischen innerstaatlichen dynamischen Verweisung innerhalb von Bundesrecht oder zwischen Bundes- und Landesrecht, bei der die aktuelle, durch die Verweisung in Bezug genommene Norm aus der Verweisungsnorm nicht mehr ohne weiteres erkennbar ist.[657] Da der die Bezugsnorm erlassende Hoheitsträger diese auch nach der Verweisung ändern und damit nachträglich den Inhalt der verweisenden Norm beeinflussen kann, kommt eine solche dynamische Verweisung einer Verlagerung von Rechtsetzungsbefugnissen gleich.[658] Verfassungsrechtlich ist insbesondere problematisch, dass der Gesetzgeber den Inhalt der Norm nicht mehr in eigener Verantwortung bestimmen kann, sondern dies der Entscheidung Dritter überlässt, und dass der Inhalt der in Bezug genommenen Norm nicht im Sinne des verfassungsrechtlichen Bestimmtheitsgebots ohne weiteres für den Adressaten erkennbar ist.[659]

Gleichwohl hält das Bundesverfassungsgericht eine solche Verweisung für zulässig, wenn bestimmte, aus den Grundsätzen der Rechtsstaatlichkeit, der Demokratie und des Bundesstaatsprinzips abgeleitete Grenzen gewahrt bleiben.[660] Es muss vor allem aus der Verweisungsnorm eindeutig hervorgehen, welche thematisch eingegrenzte Bezugsnorm gelten soll, und die in Bezug genommene Norm selbst muss dem Rechtsanwender nach ordnungsgemäßer Verkündung zugänglich sein. Hinzu kommt bei technisch komplexen Sachverhalten aus Effizienzgründen eine sachliche Legitimation für eine Verweisung auf bestehende Regelwerke anderer Hoheitsträger. Unter diesen Voraussetzungen kann der Gesetzgeber sogar auf Normen, die von einem anderen Kompetenzträger erlassen wurden, verweisen, obwohl in diesem Fall keine Identität der Gesetzgeber vorliegt.[661] Werden auf internationaler Ebene verabschiedete Regelwerke vom deutschen Gesetzgeber in Bezug genommen, gilt dies umso mehr, als auf internationaler Ebene die Rechtsbeziehungen viel stärker auf eine Kooperation angelegt sind als in der nationalen Rechtsordnung, in der die Zuweisung von Rechtsetzungsbefugnissen eher der Kompetenzabgrenzung dient.[662]

---

657 PAPIER/ OLSCHEWSKI, DVBl. 1976 S. 475 (477); LINKE, S. 129, zu einer vergleichbaren Verweisung auf ausländisches Recht in der jeweils geltenden Fassung. Allgemein zum Streitstand und zu den verfassungsrechtlichen Schranken für eine dynamische Verweisung zum Beispiel SCHMIDT-BLEIBTREU/ KLEIN/ HOFMANN, Art. 20 Rn. 88.

658 SACHS/ ders., Art. 20 Rn. 123a.

659 BVerfGE 78, 32 (35) unter Verweis auf BVerfGE 47, 285 (312ff.).

660 BVerfGE 26, 338 (365ff.); 78, 32 (35f.); ausführlich zur verfassungsrechtlichen Problematik dynamischer Verweisungen EHRICKE/ BLASK, JZ 2003 S. 722ff., siehe insbesondere S. 725ff. zu den verfassungsrechtlichen Anforderungen an eine dynamische Verweisung.

661 BVerfGE 78, 32 (35f.) für eine Verweisung von Landesrecht auf einen Tarifvertrag.

662 TIETJE, S. 604 zur Verweisung auf völkerrechtliche Regelungen und internationale technische Normen.

Fraglich ist, ob sich diese Rechtsprechung auf die Bezugnahme auf ausländische Normen bei der Begründung von Anerkennungspflichten zugunsten ausländischer Hoheitsakte ohne weiteres übertragen lässt. Bei ausländischen Bezugsnormen scheint jedenfalls der ungehinderte Zugang für deutsche Rechtsanwender schon aufgrund der Sprachbarrieren und der unterschiedlichen Rechtssysteme problematisch. Dies kann aber dahinstehen, wenn die verfassungsrechtlichen Regelungen zur internationalen Zusammenarbeit und der Übertragung von Hoheitsrechten auf ausländische Stellen Sondernormen darstellen, die den innerstaatlich geltenden Anforderungen an eine Gesetzesverweisung vorgehen. Dafür sprechen neben der grundsätzlichen Integrationsoffenheit und Völkerrechtsfreundlichkeit des Grundgesetzes vor allem die speziellen Regelungen zur Hoheitsrechtsübertragung in den Art. 23 und 24 GG.

Zusätzlich ist es einer völkerrechtlich begründeten Anerkennungspflicht oder einer Hoheitsrechtsübertragung immanent, dass dadurch der deutsche Staat den Einfluss auf die Ausübung der übertragenen Rechte abgibt und den Inhalt der für deutsches Hoheitsgebiet dann verbindlichen ausländischen Regelungen nicht mehr im Einzelnen bestimmen kann. Diese soll gerade einer dritten, ausländischen Stelle überlassen werden, so dass dieser bei der Gesetzesverweisung problematische Punkt eine notwendige und intendierte Folge der internationalen Zusammenarbeit ist. Voraussetzung dürfte allerdings auch in diesem Fall sein, dass die Anerkennung ausländischer Regelungen inhaltlich auf klar abgegrenzte Fälle beschränkt ist und die zugrundeliegenden Regelungen, insbesondere die Anerkennungsvoraussetzungen, klar erkennbar sind. Eine Grenze bildet gegenüber den deutschen Bürgern wiederum die Nichtbeachtung grundlegender Wertentscheidungen des Grundgesetzes durch die Anwendung ausländischen öffentlichen Rechts oder die Anerkennung ausländischer Hoheitsakte.[663] Daher dürften die Regelungen zur Begründung von Anerkennungspflichten durch völkerrechtliche Verträge oder eine Hoheitsrechtsübertragung vorrangig gegenüber den Anforderungen an rein innerstaatliche Gesetzesverweisungen sein. Wenn diese Voraussetzungen eingehalten werden, steht das Rechtsstaatsprinzip einer Anerkennung ausländischer Hoheitsakte nicht entgegen.

VI. Rechtsschutzgarantie, Art. 19 Abs. 4 GG

Art. 19 Abs. 4 GG garantiert für jedermann effektiven Rechtsschutz gegen Akte der deutschen öffentlichen Gewalt, wobei die als grundrechtsgleiches Recht eingeordnete Vorschrift herkömmlicherweise nur den Rechtsschutz gegen Akte der Verwaltung erfasst. Darüber hinaus garantiert das Rechtsstaatsprinzip aber in übergreifender Weise Rechtsschutz gegen das Handeln aller Staatsorgane.[664] Bei den handelnden staatlichen Stellen muss es sich aber um deutsche Hoheitsträger handeln. Das

663 BVerfGE 63, 343 (370); BEYERLIN, S. 430.
664 MAUNZ/ DÜRIG/ SCHMIDT-AßMANN, Art. 19 Rn. 16, 52ff.

bedeutet, dass ausländische Hoheitsakte wie eine ausländische Genehmigung nicht vom Schutzbereich des Art. 19 Abs. 4 GG erfasst werden und daher von deutschen Gerichten grundsätzlich nicht überprüft werden können.[665] Völkerrechtlich korrespondiert dem der bereits dargestellte, aus der souveränen Gleichheit der Staaten folgende Grundsatz, dass kein Staat über einen anderen Staat zu Gericht sitzen darf. Allerdings ist die Anerkennungsentscheidung deutscher Behörden für sich genommen eine Ausübung deutscher hoheitlicher Gewalt, die von der Rechtsschutzgarantie des Art. 19 Abs. 4 GG erfasst wird und von deutschen Gerichten überprüft werden kann, ohne dass dadurch in völkerrechtlich unzulässiger Weise die Gültigkeit von Hoheitsakten eines ausländischen Hoheitsträgers in Frage gestellt würde.[666]

Dabei stellt sich aber aus verfassungsrechtlicher Sicht die Frage, inwieweit und an welchem Maßstab deutsche Gerichte eine Anerkennung ausländischer Hoheitsakte überprüfen dürfen. Eine inzidente, umfassende Prüfung des ausländischen Hoheitsakts anhand der deutschen Genehmigungsvoraussetzungen dürfte neben praktischen Problemen, die in der Unterschiedlichkeit der Rechtsordnungen begründet liegen, angesichts der souveränen Gleichheit der Staaten und der völkerrechtlichen Grundsätze zur Staatenimmunität auch rechtlich unzulässig sein. Auch eine Überprüfung anhand der ausländischen Rechtsordnung wäre neben praktischen Problemen verfassungsrechtlichen Bedenken ausgesetzt,[667] auch wenn deutsche Gerichte nicht die Wirksamkeit des ausländischen Hoheitsakts selbst in Frage stellen, sondern diesem lediglich die Wirksamkeit in deutschem Hoheitsgebiet versagen könnten. Die in diesem Zusammenhang relevanten völkerrechtlichen Grundsätze der Staatenimmunität gelten über Art. 25 GG unmittelbar im deutschen Recht.[668] Nach dem von deutschen Gerichten angewandten Grundsatz der beschränkten Staatenimmunität darf danach im Erkenntnisverfahren keine gerichtliche Entscheidung über ein hoheitliches Handeln (*acta iure imperii*) anderer Staaten ergehen. Parallel dazu ist es im Vollstreckungsverfahren unabhängig von dem dem Titel zugrundeliegenden Rechtsverhältnis[669] unzulässig, in Vermögenswerte eines anderen Staates zu vollstrecken, die hoheitlichen Zwecken dienen.[670] Daher wäre eine umfassende Überprüfung ausländischer Hoheitsakte am Maßstab des deutschen oder des ausländischen Rechts unzulässig.

Dagegen könnte es ausreichen, wenn deutsche Gerichte nur die Anerkennungsentscheidung anhand der zugrundeliegenden Anerkennungsvoraussetzungen überprüfen, wie sie zum Beispiel auf völkerrechtlicher Ebene vertraglich und auf euro-

---

665 SYDOW, JuS 2005, S. 202 (208).

666 BEYERLIN, S. 249f.; NEUMEYER, S. 344.

667 CLASSEN, VVDStRL 67 (2008), S. 365 (395).

668 BVerfGE 46, 342 (362ff., 392); SCHWEITZER, Staatsrecht III, Rn.476, 611a.

669 Also auch bei Titeln über Ansprüche, die einem privatrechtlichen Handeln des fremden Staates entspringen (acta iure gestionis).

670 BVerfG aaO mit umfangreichen Nachweisen auch aus der Rechtsprechung und Praxis anderer Staaten; GEIGER, S. 283ff.; HERDEGEN, Völkerrecht, § 37 Rn. 1ff.

parechtlicher Ebene im Gemeinschaftsrecht festgelegt sind und im nationalen Recht übernommen wurden.

Das Bundesverfassungsgericht geht in seinem Beschluss über den deutsch-österreichischen Rechtshilfevertrag vom 22. März 1983 von einem solchen modifizierten Prüfungsmaßstab aus. Zunächst weist das Gericht darauf hin, dass durch eine fehlende inhaltlich-materielle Überprüfung fremder Hoheitsakte Rechtsschutzdefizite auftreten können. Es stellt daher rechtsstaatliche Mindestanforderungen an die der Anerkennungsentscheidung zugrundeliegenden Rechtshilfeabkommen oder vergleichbare Rechtsakte, die eine Anerkennung und Vollstreckung ausländischer Hoheitsakte (hier: Abgabentitel) in Deutschland ermöglichen. Das dem ausländischen Hoheitsakt zugrundeliegende ausländische Recht darf darüber hinaus nicht den Grundzügen der verfassungsrechtlichen Ordnung zuwiderlaufen. Diese Anforderungen sind von deutschen Gerichten uneingeschränkt überprüfbar.[671] Das Gericht betont aber, dass eine volle inhaltliche Überprüfung der anzuerkennenden Hoheitsakte den Rechtshilfeverkehr, an dem Deutschland angesichts vielfältiger internationaler Beziehungen ein verfassungsrechtlich begründetes Interesse habe, praktisch unmöglich machen würde.[672] Diese Argumentation lässt sich sowohl auf das Interesse des deutschen Staates am internationalen Wirtschaftsverkehr als auch am grenzüberschreitenden Schutz natürlicher Ressourcen übertragen.

Vor allem die institutionelle und verfahrensmäßige Ausgestaltung des im Erlassstaat eröffneten Rechtsschutzes gegen anzuerkennende fremde Hoheitsakte soll daher sicherstellen, dass die Mindestanforderungen des Art. 19 Abs. 4 GG dennoch gewahrt werden. Dazu muss im Ausland auch für deutsche Betroffene generell ein entsprechendes Mindestmaß an Rechtsschutz eröffnet sein, zu dem das Gericht den Grundsatz des rechtlichen Gehörs, ein faires Verfahren, unparteiische und unabhängige Gerichte, die Möglichkeit rechtlichen Beistands und eine gewisse Entscheidungsmacht des ausländischen Gerichts zählt.[673]

Daraus folgt, dass auch die Rechtsschutzgarantie bei Sachverhalten mit Auslandsbezug im Zusammenhang mit der verfassungsrechtlichen Wertentscheidung für eine offene Staatlichkeit und die internationale Zusammenarbeit gesehen werden muss. Die Rechtsschutzgarantie kann im Rahmen der internationalen Zusammenarbeit also begrenzt werden, wenn die vom Bundesverfassungsgericht für Auslandssachverhalte aufgezeigten Mindestanforderungen an den Rechtsschutz im Ausland eingehalten sind. Dementsprechend wirkt der verfassungsrechtliche Auftrag zu ei-

---

671 BVerfG, Beschluss vom 22. März 1983, NJW 1983, S. 2757 (2760f., 2762); zustimmend HOFMANN, S. 100.

672 Zustimmend HECKER, AöR 127 (2002), S. 291 (319f.), der allerdings davor warnt, dies als „demokratiestaatlichen Blankocheck“ zu missverstehen.

673 Ebenso im Ergebnis Bayerisches Verwaltungsgericht München, GRUR Int. 2000, S. 77f. mit dem Unterschied, dass das Gericht bei einem Fehlen verfassungsrechtlich zwingend erforderlicher Mindeststandards im Rechtsschutzsystem einer zwischenstaatlichen Einrichtung (hier: Europäisches Patentamt) nicht Art. 19 Abs. 4 GG, sondern Art. 24 Abs. 1 GG als verletzt ansieht, da die Voraussetzungen für eine Hoheitsrechtsübertragung dann nicht gegeben seien.

ner internationalen Zusammenarbeit und offenen Staatlichkeit als inhaltliche Schranke der Rechtsschutzgarantie des Art. 19 Abs. 4 GG.[674] Auch das Bayerische Verwaltungsgericht München hat entschieden, dass Art. 24 Abs. 1 GG eine Übertragung von Hoheitsrechten auch dann auf zwischenstaatliche Einrichtungen erlaube, wenn deren Rechtsschutzsystem in einzelnen Punkten hinter dem Standard des Grundgesetzes zurückbleibe, solange gewisse Mindestanforderungen gewahrt blieben.[675] Unter den aufgezeigten Voraussetzungen ist es daher ausreichend, wenn die von deutschen Hoheitsträgern erlassene Anerkennungsentscheidung in Deutschland gerichtlich überprüfbar ist, während der ausländische Hoheitsakt einer Überprüfung durch deutsche Gerichte entzogen bleibt.[676]

VII. Exkurs: Rechtsschutz für ausländische Betroffene nationaler Anlagengenehmigungen vor deutschen Gerichten

Umgekehrt hält das Bundesverwaltungsgericht auch für ausländische Betroffene[677] den Rechtsweg zu deutschen Gerichten für eröffnet, wenn diese durch die Auswirkungen einer in Deutschland genehmigten Anlage in ihren Rechten beeinträchtigt sein können: So hat das Gericht im Falle einer Genehmigung für eine Atomanlage nach § 7 AtG entschieden, dass auch ein Ausländer (hier: ein niederländischer Staatsbürger mit Wohnsitz an der Grenze zu Deutschland) die Genehmigung mit der Begründung anfechten kann, er werde durch den Betrieb der genehmigten Anlage gesundheitlichen Gefahren ausgesetzt. Das Gericht betont zwar in seiner Entscheidung, dass von deutschen Behörden erlassene Genehmigungen grundsätzlich nur im deutschen Hoheitsgebiet gelten und Ausländer nicht zu einer Duldung des Anlagenbetriebs verpflichten können. Dennoch seien auch Ausländer klagebefugt, wenn die Schutzwirkung des § 7 AtG auch Schutzgüter ausländischer Betroffener einbeziehe.[678] Diese Argumentation dürfte je nach Gefährdungsgrad auch auf andere emittierende Anlagen in Grenznähe mit Auswirkungen auf ausländisches Hoheitsgebiet übertragbar sein. Die Klagebefugnis folgt nach dieser Rechtsprechung aus dem materiellen Recht, das daraufhin zu untersuchen ist, ob es auch Schutzgüter außerhalb des deutschen Hoheitsgebiets in seinen Schutzbereich einbezieht. Neben dem Hinweis auf die internationalen Verpflichtungen im Zusammenhang mit der Kernenergie stellt das Gericht entscheidend darauf ab, dass der Schutz von Leben

---

674 BEYERLIN, aaO.

675 Bayerisches Verwaltungsgericht München, GRUR Int. 2000, S. 77f.

676 SYDOW, JuS 2005, S. 202 (208).

677 Zur besonderen Stellung ausländischer juristischer Personen im Verwaltungsprozess siehe zum Beispiel BEHM, DVBl. 2009, S. 94ff.

678 BVerwGE 75, 285 (286ff.); anders noch VG Oldenburg, DVBl 1985, S. 802ff., dazu DURNER, Internationales Umweltverwaltungsrecht, in: MÖLLERS/ VOßKUHLE/ WALTER, Internationales Verwaltungsrecht, S. 153f. m.w.N zur Rezeption dieser Rechtsprechung durch die Fachgerichte und die Literatur.

und Gesundheit als ein Schutzzweck des atomrechtlichen Genehmigungsverfahrens, wie er insbesondere in § 1 AtG zum Ausdruck kommt, wegen der typischerweise räumlich sehr weiten, grenzüberschreitend wirkenden Gefährdungen durch ein Atomkraftwerk nicht auf inländische Rechtsgüter beschränkt sei. Eine an den Anforderungen des zwischenstaatlichen Nachbarrechts orientierte völkerrechtsfreundliche Auslegung gebiete es daher, auch ausländische Rechtsgüter in den Schutzbereich der Vorschrift einzubeziehen.[679]

Dabei darf aber nicht verkannt werden, dass für die rechtsschutzbegründende nationale Norm wiederum ein völkerrechtlich anerkannter Anknüpfungspunkt des regelnden Staates vorliegen muss, so dass die Rechtsschutzgewährleistung nicht unbegrenzt auf rein außerstaatliche Sachverhalte ausgedehnt werden kann. DURNER sieht in dieser Rechtsprechung eine Abkehr vom überkommenen Territorialitätsprinzip und folgert, dass der grenzüberschreitende Rechtsschutz aus deutscher Perspektive auch in anderen umweltrechtlichen Bereichen inzwischen weitgehend anerkannt sei.[680] Eine völkerrechtliche Pflicht zu einer Gewährung von Rechtsschutz auch für ausländische Betroffene lässt sich daraus aber, wenn diese nicht gesondert vertraglich begründet wird, nicht ableiten.[681]

Diesen Ansatz eines grenzüberschreitenden Nachbarschutzes hat das Bundesverwaltungsgericht in nachfolgenden Entscheidungen bestätigt und ergänzt. So begründet zum Beispiel auch das luftverkehrsrechtliche Abwägungsgebot eine Klagebefugnis betroffener ausländischer Grenznachbarn, deren Belange in der planerischen Abwägung bei der Genehmigung eines Flughafens auf deutschem Hoheitsgebiet zu berücksichtigen sind.[682] Begründet wird dies wiederum damit, dass die Auswirkungen eines Flughafenbetriebs in Grenznähe nicht auf das deutsche Hoheitsgebiet beschränkt und grenzüberschreitenden Beeinträchtigungen in die Abwägungsentscheidung einzustellen sind. Umgekehrt gilt, dass deutsche Behörden bei der Festlegung grenznaher Flugrouten im Bundesgebiet die grenzüberschreitenden Auswirkungen auf einen Flughafen im Ausland berücksichtigen und als Abwä-

679 Ähnlich schon WOLFRUM, DVBl. 1984, S. 493 (499ff.), der daraus gleichzeitig folgert, dass bei einer effektiven Möglichkeit zur Verfahrensbeteiligung für ausländische Betroffene diese sich umgekehrt eine einmal erteilte Genehmigung mit ihren privatrechtsgestaltenden Rechtswirkungen, wie sie zum Beispiel § 14 BImSchG vorsieht, auch entgegenhalten lassen müssten. Daraus ergebe sich weiterhin, dass auch ausländische privatrechtsgestaltende Genehmigungen auf deutschem Hoheitsgebiet beachtlich sein und Unterlassungsklagen vor deutschen Gerichten ausschließen können, vgl. S. 501.

680 DURNER, aaO S. 153, 158 unter Verweis auf § 2 Abs. 1 UmwRG (Umwelt-Rechtsbehelfsgesetz (UmwRG) vom 7. Dezember 2006, zuletzt geändert am 31. Juli 2009), in dem ein qualifiziertes Klagerecht anerkannter ausländischer Vereinigungen gegen bestimmte umweltrechtsbezogene Entscheidungen und Genehmigungen deutscher Behörden normiert ist.

681 TOMUSCHAT, Die staatsrechtliche Entscheidung für die internationale Offenheit, in: HStR VII, § 172 Rn. 36; weitergehend WOLFRUM, DVBl. 1984, S. 493 (500); KLOEPFER/ KOHLER, S. 66.

682 BVerwG NVwZ 2009, S. 452 (454).

gungsbelang in ihre Entscheidung einfließen lassen müssen.[683] Wenn die Zugänglichkeit zu einem Flughafen nicht ohne Inanspruchnahme fremden Luftraums gewährleistet werden kann, besteht nach Auffassung des Gerichts ein „gesteigerter grenzüberschreitender Abstimmungsbedarf", der eine Berücksichtigung der Belange ausländischer Betroffener in der Abwägungsentscheidung deutscher Behörden erfordert.

Entsprechend den allgemeinen verwaltungsverfahrensrechtlichen Grundsätzen in Deutschland haben die ausländischen Betroffenen aber in der Regel keinen Anspruch auf eine bestimmte Entscheidung deutscher Behörden, sondern lediglich auf eine gerechte Abwägung ihrer Belange im Rahmen der Planungsentscheidung, in die auch andere Interessen zum Beispiel der deutschen Betroffenen oder Umweltschutzbelange einfließen.[684] Letztlich lässt sich auch diese Rechtsprechung auf die genannte Entscheidung des Bundesverwaltungsgerichts zum Rechtschutz gegen atomrechtliche Genehmigungen und damit auf die völkerrechtlichen Anforderungen des zwischenstaatlichen Nachbarrechts zurückführen. Allerdings gibt es bislang keine höchstrichterliche Entscheidung, die eine Klagebefugnis ausländischer Betroffener nicht auf das (einfache) Fachrecht, sondern auf Grundrechte des Grundgesetzes stützt. Insoweit ist noch nicht eindeutig geklärt, ob die Grundrechte auch auf ausländische Grenznachbarn, die durch eine in Deutschland genehmigte Anlage betroffen sind, anwendbar sind.[685]

VIII. Inländerdiskriminierung

Durch eine Anerkennung fremder Hoheitsakte wie Anlagengenehmigungen durch einen anderen Staat kann es zu einer Diskriminierung der eigenen Staatsangehörigen des anerkennenden Staates kommen, wenn diese strengere nationale Vorgaben für ihre Tätigkeit beachten müssen, als dies die ausländische Ermächtigungsgrundlage für eine anzuerkennende ausländische Genehmigung vorsieht. Der Gesetzgeber kann zwar im Rahmen seiner Gesetzgebungskompetenz die nationalen Regelungen nach seinem Ermessen an internationale Standards oder europarechtliche Vorgaben anpassen. Geschieht dies nicht, bleibt eine Ungleichbehandlung von Inländern aber bestehen. Dabei stellt sich die Frage, ob eine solche Ungleichbehandlung unter europa- und verfassungsrechtlichen Aspekten rechtmäßig ist.

683 BVerwGE 123, 322 (330ff) zur Klagebefugnis der Betreiberin des Flughafens Zürich, die sich gegen die Festlegung von Flugrouten im deutschen Luftraum nahe der Schweizer Grenze mit dem Argument wandte, dadurch werde der Anflug auf den Flughafen unzulässig eingeschränkt.

684 BVerwG, aaO Rn. 33.

685 HOFMANN, S., 342f., der sich für eine Anwendbarkeit der Grundrechte im Rahmen des deutschen Umweltrechts auch auf ausländische Grenznachbarn emittierender Anlagen ausspricht.

1. Europarechtliche Bewertung

Das Problem der sogenannten Inländerdiskriminierung wird im Europarecht schon lange diskutiert. Aus europarechtlicher Sicht ist eine Schlechterstellung der eigenen Staatsangehörigen durch die nationale Gesetzgebung allerdings grundsätzlich nicht zu beanstanden, da das Europarecht grundsätzlich nur grenzüberschreitende Sachverhalte erfasst und die Anwendung strengerer nationaler Normen auf eigene Staatsangehörige im Inland bei rein innerstaatlichen Sachverhalten keinen grenzüberschreitenden Bezug aufweist.[686] In diesem Fall ist auch das allgemeine gemeinschaftsrechtliche Diskriminierungsverbot aus Art. 12 EGV (nunmehr Art. 18 AEUV) nicht einschlägig. Nach ständiger Rechtsprechung des Europäischen Gerichtshofs, der die Anforderungen an einen grenzüberschreitenden Bezug allerdings relativ niedrig hängt, sind insoweit die europäischen Grundfreiheiten nicht anwendbar, so dass es zu keiner europarechtlich unzulässigen Behinderung des Binnenmarktes kommen kann.[687]

Dagegen könnte der nationale Gesetzgeber nach seinem Ermessen auch die Anwendung der europäischen Grundfreiheiten auf rein nationale Sachverhalte ohne grenzüberschreitenden Bezug vorsehen. Dies liefe aber auf eine komplette Überprüfung der nationalen Rechtsordnungen anhand europarechtlicher Vorgaben mit einem im Ergebnis unterschiedslosen Regelungsrahmen beziehungsweise eine Vollharmonisierung im Zuständigkeitsbereich der Europäischen Union hinaus. Das Europarecht geht aber gerade auch mit Hinblick auf die im europarechtlichen Teil dieser Arbeit dargestellte Mindestharmonisierung bei gegenseitiger Anerkennungspflicht erkennbar davon aus, dass Unterschiede zwischen nationalen Rechtsordnungen im Zuge der europäischen Integration bestehen bleiben können, solange gewisse Mindestvorgaben, zum Beispiel für Sicherheitsstandards, beachtet werden. Indem die bestehende Diskriminierungslage immer noch an den jeweiligen nationalen Grundrechten überprüft werden kann, werden die inländischen Betroffenen auch nicht schutzlos gestellt. Daher ist es aus europarechtlicher Sicht nicht erforderlich, eine Inländerdiskriminierung bei rein innerstaatlichen Sachverhalten durch durchgängige Anwendung gemeinschaftsrechtlicher Vorgaben zu verhindern.

2. Verfassungsrechtliche Bewertung

Eine andere Bewertung der Schlechterstellung von Inländern gegenüber den europarechtlichen Regelungen oder internationalen Vorgaben für bestimmte Regelungsbereiche könnte nach deutschem Verfassungsrecht geboten sein. Generell verbietet Art. 3 Abs. 1 GG die Ungleichbehandlung vergleichbarer Sachverhalte ohne hinreichenden Grund.[688] Zwar kann die Erleichterung des europäischen Binnenmarktes

686 HERDEGEN, Europarecht, § 7 Rn. 19.
687 Vgl. zum Beispiel EuGH, Rs. C–322/90, Slg. 1992 I–341.
688 BVerfGE 49, 148 (165) m.w.N.

als Regelungsziel bis zu einem gewissen Grad einen geringeren gemeinschaftsrechtlichen Schutzstandard rechtfertigen. Auch ist aus Sicht des nationalen Gesetzgebers nicht einzusehen, warum Inländer gerade im Regelungsbereich der europäischen Grundfreiheiten gegenüber der nationalen Rechtsordnung bessergestellt werden sollen als in anderen Sachbereichen. Dabei muss aber im Rahmen der Verhältnismäßigkeitsprüfung gesondert begründet werden, warum die strengeren nationalen Regelungen dennoch erforderlich sind, obwohl im europäischen Regelungszusammenhang eine geringere Beschränkung wirtschaftlicher Betätigung auch vom nationalen Gesetzgeber, der über die europäischen Gesetzgebungsorgane den Inhalt des Gemeinschaftsrechts ja beeinflussen kann, für ausreichend erachtet wird.[689]

Gegen eine Anwendung des allgemeinen Gleichheitssatzes im Zusammenhang mit dem Problem der Inländerdiskriminierung werden aber berechtigte Einwände erhoben: Zum einen würde, da die Vorrangigkeit des Gemeinschaftsrechts bei einer Verletzung von Art. 3 Abs. 1 GG nur eine Anpassung des nationalen Rechts in eine Richtung (nämlich die Anpassung an die europarechtlichen Vorgaben) zulässt, die Gestaltungsfreiheit des demokratisch legitimierten deutschen Gesetzgebers unzulässig beschnitten. In den meisten Fällen würde es sich dabei um gemeinschaftsrechtliche Regelungen mit geringeren Schutzstandards handeln, da die inländischen Betroffenen die Inländerdiskriminierung bei geringeren nationalen Schutzstandards wohl gar nicht erst angreifen würden. Im Ergebnis liefe eine generelle Anwendung des Gleichheitssatzes also auf eine automatische, auch vom deutschen Verfassungsrecht so nicht vorgesehene Vollharmonisierung der nationalen Rechtsordnungen hinaus.[690] Für strengere, umweltpolitisch durchaus wünschenswerte (und auch nach dem Gemeinschaftsrecht zulässige) nationale Schutzstandards bliebe dann kein Raum.

Zum anderen ist der Gleichheitssatz auf Regelungen unterschiedlicher Gesetzgeber schon gar nicht anwendbar.[691] Schließlich handelt es sich bei rein nationalen und grenzüberschreitenden Fällen durchaus um unterschiedliche Sachverhalte, die nach Art. 3 Abs. 1 GG auch unterschiedlich geregelt werden können, solange sich die Regelung im Rahmen der verfassungsrechtlichen Anforderungen an die Verhältnismäßigkeit hält. Der verfassungsrechtliche Gleichheitssatz erfordert nicht die Angleichung der nationalen Rechtsordnung an die europäischen Grundfreiheiten, wenn der betreffende Sachverhalt keinen grenzüberschreitenden Bezug aufweist.[692] Darüber hinaus läst sich auch ein legitimer Grund für eine solche Ungleichbehandlung anführen: Bei rein nationalen Sachverhalten steht nicht, wie in Fällen mit grenzüberschreitendem Bezug, die Integration der Bundesrepublik Deutschland innerhalb der Europäischen Gemeinschaft beziehungsweise in die internationale Staatengemeinschaft und die damit verbundene notwendige Vereinbarkeit der deutschen

---

689 HERDEGEN, Europarecht, § 7 Rn. 23.

690 GÖTZ, Anmerkung zu EuGH, Urteil vom 10. März 1994, C–132/93, JZ 1994, S. 1061 (1062).

691 PAPIER, JZ 1990, S. 253 (260).

692 GÖTZ, Anmerkung zu EuGH, Urteil vom 10. März 1994, C–132/93, JZ 1994, S. 1061f.

mit anderen Rechtsordnungen im Vordergrund, sondern nur das Einfügen in die eigene nationale Rechtsordnung.[693] Der Gesetzgeber hat ein relativ weites Ermessen, wie die verfassungsrechtliche Wertentscheidung für eine offene Staatlichkeit und die Integration des deutschen Staates in die Staatengemeinschaft umgesetzt werden soll. In diesem Rahmen kann eine Ungleichbehandlung rein innerstaatlicher und grenzüberschreitender Sachverhalte durchaus zulässig sein. Daher lässt sich eine unterschiedliche Behandlung dieser Sachverhalte auch nach dem deutschen Verfassungsrecht rechtfertigen, so dass die aus einer Anerkennung ausländischer Hoheitsakte unter Umständen folgende Inländerdiskriminierung grundsätzlich zulässig ist.

IX. Allgemeine Regeln des Völkerrechts, insbesondere das Verbot erheblicher grenzüberschreitender Umweltbeeinträchtigungen

Auch allgemeine Regeln des Völkerrechts, die nach Art. 25 GG Bestandteil des Bundesrechts sind, können Anerkennungspflichten zugunsten ausländischer Hoheitsakte begrenzen. Wie im 2. Kapitel dieser Arbeit dargestellt wurde, ist das völkerrechtliche Verbot, andere Staaten durch erhebliche grenzüberschreitende Umweltbeeinträchtigungen zu schädigen, mittlerweile völkergewohnheitsrechtlich anerkannt. Danach ist es den Staaten untersagt, von ihrem Hoheitsgebiet aus Handlungen zu unternehmen, zu dulden oder zuzulassen, die zu erheblichen Umweltbeeinträchtigungen in einem anderen Staat führen können. Dieses Verbot gilt über Art. 25 GG als allgemeine Regel des Völkerrechts unmittelbar in der deutschen Rechtsordnung.[694] Daneben sind nach dem deutschen Verfassungsrecht ausländische Hoheitsakte, die allgemeine Regeln des Völkerrechts verletzen, nach Art. 25 GG unbeachtlich.[695] Schließlich darf der deutsche Staat ausländischen Hoheitsakten, die unter Verstoß gegen allgemeine Regeln des Völkerrechts ergangen sind, keine Wirksamkeit im deutschen Hoheitsgebiet verschaffen.[696]

Wurde eine Anerkennungspflicht für die Genehmigung einer Tätigkeit im Ausland begründet, die gegen das völkergewohnheitsrechtliche Verbot erheblicher grenzüberschreitender Umweltbeeinträchtigungen verstößt, so dürfte diese Genehmigung von deutschen staatlichen Stellen demnach nicht anerkannt werden. Dies gilt jedenfalls für einfach-gesetzlich begründete Anerkennungspflichten, da die all-

693 GUNDEL, DVBl 2007, S. 269 (272f.) m.w.N aus Rechtsprechung und Literatur, der allerdings bei der Anwendung von funktional den Grundfreiheiten vergleichbaren nationalen Grundrechten für eine Heranziehung der gemeinschaftsrechtlichen Rechtsgrundsätze im Sinne einer „Parallelwertung" plädiert, vgl. S. 274 m.w.N. zur deutschen Rechtsprechung, um zu flexibleren Lösungen beim Ausgleich der Unterschiede zwischen nationalen und grenzüberschreitenden Sachverhalten zu kommen.

694 VON MÜNCH/ KUNIG/ ROJAHN, Art. 25 Rn. 22.

695 JARASS/ PIEROTH/ JARASS, Art. 25 Rn. 12.

696 BVerfGE 75, 1 (19); VON MÜNCH/ KUNIG/ ROJAHN, Art. 25 Rn. 25 m.w.N.; SACHS/ STREINZ, Art. 25 Rn. 26.

gemeinen Regeln des Völkerrechts nach Art. 25 GG den einfachen Gesetzen unstreitig vorgehen. Umstritten ist dagegen, ob sie auch dem Verfassungsrecht vorgehen oder zumindest Verfassungsrang haben.[697] Dies hätte zur Folge, dass auch verfassungsrechtlich, zum Beispiel durch die Grundrechte, begründete Anerkennungspflichten durch die allgemeinen Regeln des Völkerrechts begrenzt würden. Allerdings erscheint es unwahrscheinlich, dass sich grundrechtlich eine Anerkennungspflicht für die Genehmigung einer Tätigkeit begründen lässt, die völkerrechtlich wegen ihrer erheblichen umweltbeeinträchtigenden Wirkungen verboten ist: Bei solch einer schädigenden Tätigkeit dürften schon die Grundrechte betroffener Dritter in Verbindung mit dem Staatsziel zum Schutz der natürlichen Lebensgrundlagen aus Art. 20a GG einer Anerkennung der ausländischen Genehmigung entgegenstehen. Daher ist davon auszugehen, dass eine Genehmigung für eine Tätigkeit, die gegen das völkergewohnheitsrechtliche Verbot erheblicher Umweltbeeinträchtigungen verstößt, nach Art. 25 GG nicht als für die deutsche Rechtsordnung verbindlich anerkannt werden darf.

X. Ordre-Public-Vorbehalt

Zusätzlich könnte die Anerkennung eines ausländischen Hoheitsakts in Deutschland noch dem Vorbehalt, dass der deutsche *ordre public* durch eine solche Wirkungserstreckung auf deutsches Hoheitsgebiet nicht verletzt wird, unterliegen.

1. Ordre-Public-Vorbehalt im deutschen Internationalen Privatrecht

Das deutsche Internationale Privatrecht kennt mit Art. 6 EGBGB einen generellen *ordre-public*-Vorbehalt, nach dem das Ergebnis einer Anwendung ausländischen Rechts in Deutschland die wesentlichen Grundsätze der geltenden deutschen Rechtsordnung einschließlich der Grundrechte nicht verletzen darf.[698] Art. 6 EGBGB bestimmt dazu:

> „Eine Rechtsnorm eines anderen Staates ist nicht anzuwenden, wenn ihre Anwendung zu einem Ergebnis führt, das mit wesentlichen Grundsätzen des deutschen Rechts offensichtlich unvereinbar ist. Sie ist insbesondere nicht anzuwenden, wenn die Anwendung mit den Grundrechten unvereinbar ist."

Die deutschen Grundrechte wirken also als unmittelbare Schranke einer Anwendung ausländischen Rechts auf deutschem Hoheitsgebiet. Dementsprechend ist eine ausländische Rechtsnorm, die diesen Anforderungen nicht genügt, trotz anders lautender Kollisionsregelungen in Deutschland nicht anwendbar. Insoweit kann die

---

697 Siehe zum Streitstand zum Beispiel VON MANGOLDT/ KLEIN/ STARCK, Art. 25 Rn. 50ff.

698 Überblick bei MENG, S. 658f.; zur Grundrechtsbindung im Rahmen des Internationalen Privatrechts grundlegend BVerfGE 31, 58 (72f.) und nachfolgend unter 2.

ausländische Rechtsnorm auch an den Grundrechten des deutschen Grundgesetzes daraufhin überprüft werden, ob die wesentlichen Vorgaben der deutschen Rechtsordnung für staatliches Handeln durch das Ergebnis der Anwendung ausländischen Rechts verletzt werden.[699]

Inhaltlich ist der *ordre-public*-Vorbehalt als normativer Rechtsbegriff zu definieren, dessen Ausfüllung einem ständigen Wandel unterliegt, je nach Einzelfall, Ort und Zeitpunkt einer Anerkennungsentscheidung.[700] Neben den Grundrechten als subjektiven Rechtspositionen umfasst der Begriff des *ordre public* auch objektiv-rechtliche Verfassungsbestimmungen, die Voraussetzung subjektiver Rechte sind und gleichzeitig, wie das Rechtsstaatsprinzip, deren Schutz gewährleisten.[701] Hinzu kommen die allgemeinen Regeln des Völkerrechts, die über Art. 25 GG für den deutschen Staat verbindlich sind.[702] Einigkeit besteht im Internationalen Privatrecht aber darin, dass nicht die ausländische Regelung als solche an der einheimischen Rechtsordnung gemessen werden soll. Vielmehr werden in jedem Einzelfall die Rechtsfolgen einer Anwendung ausländischen Rechts daraufhin untersucht, ob deren Wirksamkeit im Inland zu untragbaren, mit den Grundsätzen der inländischen Rechtsordnung nicht mehr zu vereinbarenden Ergebnissen führt.[703] Ist dies der Fall, so darf die ausländische Rechtsnorm trotz einer anders lautenden Kollisionsnorm im nationalen Recht auf deutschem Hoheitsgebiet für den konkreten Kollisionsfall nicht angewandt werden. Dieses verfassungsrechtliche Anwendungsverbot ändert natürlich nichts an der unveränderten Geltung der ausländischen Norm im Hoheitsgebiet des Erlassstaats.

2. Ordre-Public-Vorbehalt im deutschen Verfassungsrecht und Übertragbarkeit auf die Anerkennung ausländischer Hoheitsakte

Unabhängig von den einfach-gesetzlichen Regelungen des deutschen Internationalen Privatrechts könnte ein solcher *ordre-public*-Vorbehalt auch nach dem deutschen Verfassungsrecht generell für die Begründung einer Anerkennungspflicht für ausländische Hoheitsakte geboten sein. Eine solche Anerkennungsentscheidung stellt eine Ausübung deutscher Hoheitsgewalt dar, die sich, insbesondere auch mit Hinblick auf von einer anerkannten ausländischen Genehmigung betroffene Dritte, an den verfassungsrechtlichen Vorgaben für Grundrechtseingriffe messen lassen muss.

---

699 STERN, Staatsrecht III/1, S. 1244f. mit dem zutreffenden Hinweis, dass deutsche Gerichte die ausländische Norm nur für auf deutschem Hoheitsgebiet nicht anwendbar, nicht aber für nichtig erklären können; HOFMANN, S. 138.

700 Grundsätzlich zur völkerrechtlichen Zulässigkeit von nationalen ordre-public-Klauseln im Internationalen Privatrecht SCHÜTZ, S. 46ff.

701 OHLER, S. 166.

702 SCHÜTZ, S. 50, 66.

703 VON BAR/ MANKOWSKI, § 7 Rn. 258f.

Das Bundesverfassungsgericht hat grundsätzlich entschieden, dass die Anwendung ausländischen Rechts wegen der vorrangigen Verfassungsnorm des Art. 1 Abs. 3 GG und der zentralen Bedeutung der Grundrechte für die deutsche Rechtsordnung der Grundrechtsbindung unterliegt und stets an den Grundrechten als materielle Schranke einer Anwendung fremden Rechts auf deutsche Grundrechtsträger zu messen ist. Entgegen der bis dahin vorherrschenden Rechtsprechung hat das Gericht klargestellt, dass die Grundgesetzbestimmungen auch den Regelungen des Internationalen Privatrechts vorgehen beziehungsweise eine grundgesetzkonforme Ausgestaltung des nationalen Kollisionsrechts erfordern.[704]

Fraglich ist, ob und inwieweit ein so verstandener *ordre-public*-Vorbehalt auf die Anerkennung ausländischer Hoheitsakte übertragen werden kann. Meist werden die darin enthaltenen materiellen Voraussetzungen wohl schon unter den oben dargestellten verfassungsrechtlichen Grenzen für eine Anerkennungsentscheidung oder eine Hoheitsrechtsübertragung geprüft werden. Darüber hinaus stellt sich aber die Frage nach einer Vereinbarkeit mit den Grundrechten und anderen grundlegenden Wertentscheidungen der deutschen Rechtsordnung bei der Anerkennung ausländischer Hoheitsakte ebenso wie bei der Anwendung ausländischen Rechts.[705] Eine Gefährdung grundrechtlich geschützter Gewährleistungen des Grundgesetzes scheint angesichts der vergleichbaren Beachtlichkeit ausländischer Regelungen, auf deren Inhalt der deutsche Staat zunächst keinen Einfluss hat, in beiden Fällen gleichermaßen möglich. Daher sind die Grundrechte zumindest in ihrem Wesensgehalt sowie grundlegende Wertentscheidungen der Verfassung als Teil eines auch im öffentlichen Recht zu beachtenden *ordre public*-Vorbehalts bei der Anerkennung ausländischer Hoheitsakte beachtlich. OHLER verweist in diesem Zusammenhang zur Bestimmung des öffentlich-rechtlichen *ordre public* auf die Maßstäbe des Art. 23 Abs. 1 GG und Art. 6 Satz 2 EGBGB, wonach die Grundrechte in ihrem Wesensgehalt und die wesentlichen Prinzipien der Verfassung einschließlich internationaler Menschenrechtsverträge einer kollisionsrechtlich angeordneten Anwendung ausländischen öffentlichen Rechts eine Grenze setzen.[706] Die Vereinbarkeit mit dem so definierten öffentlich-rechtlichen *ordre public* ist also eine verfassungsrechtliche Bedingung für die Zulässigkeit einer Anerkennung ausländischer Hoheitsakte.[707]

---

704 BVerfGE 31, 58 (72f.); BVerfG NJW 1983, S. 2757 (2760); zustimmend DREIER/ ders., Art. 1 Abs. 3 GG Rn. 86; anders noch BGHZ 42, 7 (12ff.); 54, 132 (140); vgl. zum Ganzen auch STERN, Staatsrecht III/1, S. 1238ff.

705 Für Vergleichbarkeit STERN, Staatsrecht III/1, S. 1245f.; ähnlich BVerfG NJW 1983, S. 2757 (2760).

706 OHLER, S. 162f.

707 BLECKMANN, Staatsrecht II, S. 99; PAPIER/ OLSCHEWSKI, aaO kommen allerdings für ausländische Abgaben- und Steuerbescheide zur generellen Unzulässigkeit einer Anerkennung im Inland, da die Überprüfung an den Grundrechten wegen des Non-Affektionsprinzips im Haushaltsrecht regelmäßig nur Grenzfälle einer unzumutbaren Belastung verhindern könne und daher in diesem Bereich immer eine gesetzliche Eingriffsermächtigung des deutschen Gesetzgebers erforderlich sei.

Praktisch bedeutsam dürfte dies allerdings nur in den Fällen werden, in denen die mit dem *ordre-public*-Vorbehalt vorgegebenen verfassungsrechtlichen Grenzen nicht schon bei den Voraussetzungen und Grenzen einer Anerkennungsentscheidung geprüft wurden.

Wenn man aus diesen Gründen einen öffentlich-rechtlichen *ordre-public*-Vorbehalt bejaht, ist Prüfungsmaßstab dafür ausschließlich das deutsche Recht.[708] Dabei lässt sich der Grad der verfassungsrechtlich erforderlichen Grundrechtsbindung nicht pauschal feststellen, sondern bestimmt sich je nach Einzelfall anhand der betroffenen Grundrechte. Umgekehrt wenden deutsche Gerichte den *ordre-public*-Vorbehalt in der Praxis nur an, wenn der zu beurteilende Sachverhalt eine hinreichende Beziehung zur deutschen Rechtsordnung aufweist. Im Bremer Tabak-Fall hat dies das Oberlandesgericht Bremen bei der völkerrechtswidrigen Enteignung von Tabakplantagen von Niederländern in Indonesien verneint, obwohl Tabak von diesen Plantagen später in Deutschland gelagert und von dort aus weiterverkauft werden sollte.[709] Ebenso entschied das Landgericht Hamburg im Chilenischen Kupfer-Fall hinsichtlich einer nach deutschem Recht sittenwidrigen Enteignung von Kupferminen in Chile, obwohl später Kupfer aus den enteigneten Minen auf deutsches Hoheitsgebiet verbracht wurde.[710]

Bei der Anwendung des *ordre-public*-Vorbehalts auf die Anerkennung ausländischer Hoheitsakte muss aber stets der Auslandsbezug des Sachverhalts berücksichtigen werden. Der ausländische Hoheitsakt muss den nationalen Regelungen des anerkennenden Staates also nicht im Sinne einer Rechtmäßigkeitsprüfung entsprechen. Es sollen vielmehr lediglich evidente, nicht mehr hinnehmbare Verstöße gegen die grundlegenden Leitlinien der deutschen Rechtsordnung, die auch den Grundrechtsschutz beinhalten, verhindert werden.[711] HOFMANN zählt daneben zum *ordre public* auch den völkerrechtlichen Mindeststandard in Bezug auf den Menschenrechtsschutz, der allerdings weitgehend identisch mit dem vom Grundgesetz als unabdingbar geforderten Grundrechtsschutz sei.[712] Die Anwendung des *ordre-public*-Vorbehalts auf ausländische Hoheitsakte ist folglich eine von der inländischen Rechtsordnung geforderte rechtliche Beurteilung, wie sich dessen Wirksamkeit auf deutschem Hoheitsgebiet auswirken wird. Ergibt diese Prüfung für die deutsche Rechtsordnung nicht mehr hinnehmbare Wirkungen ausländischer Regelungen auf deutschem Hoheitsgebiet, kann der ausländische Hoheitsakt aus rechtlichen Gründen gar nicht oder nur mit modifizierten, an die verfassungsrechtlichen Vorgaben angepassten Rechtsfolgen anerkannt werden, ohne dass es etwa noch auf außenpolitische Erwägungen oder das außenpolitische Ermessen der Exekutive ankommen würde.

---

708 LINKE, S. 133f.

709 ArchVR 9 (1961/1962), S. 318 (323).

710 RabelsZ 37 (1973), S. 578 (580).

711 LINKE, S. 133f.

712 HOFMANN, S. 131f.

3. Ordre-Public-Vorbehalt im Völkerrecht

Auch aus völkerrechtlicher Sicht sprechen gute Gründe für die Existenz eines öffentlich-rechtlichen *ordre-public*-Vorbehalts für die Anerkennung ausländischer Hoheitsakte. Dass ein solcher Vorbehalt in den meisten Rechtsordnungen der Staaten in vergleichbarer Form zu finden ist, legt seine gewohnheitsrechtliche Anerkennung nahe.[713] Auch das europäische Primärrecht, das auf völkerrechtlichen Verträgen aufbaut, kennt zum Beispiel in Art. 30, 39, 46, 64 und 296 EGV (nunmehr Art. 36, 45, 52, 346 AEUV) vergleichbare Schutzklauseln, nach denen sich die Grundfreiheiten beschränkende nationale Regelungen insbesondere mit dem Schutz der öffentlichen Ordnung, Sicherheit oder Gesundheit in einem Mitgliedstaat rechtfertigen lassen. Die Staaten können daher auch im Völkerrecht kraft ihrer Souveränität eine Anerkennung ausländischer Hoheitsakte verweigern, wenn anderenfalls durch die Anerkennungsentscheidung und die Wirksamkeit eines ausländischen Hoheitsakts auf ihrem Staatsgebiet Rechtsfolgen herbeigeführt würden, die im Gegensatz zu den Grundlagen der einheimischen Rechtsordnung stünden.[714] Noch weitgehend ungeklärt ist allerdings, ob bei der Inhaltsbestimmung eines solchen völkerrechtlichen *ordre-public*-Vorbehalts auf die Wertentscheidungen der jeweils betroffenen nationalen Rechtsordnung abzustellen ist oder ob dazu wie auch immer zu bestimmende allgemeine Wertentscheidungen der Staatengemeinschaft herangezogen werden müssen. Der *ordre-public*-Vorbehalt bildet jedenfalls eine weitere Grenze für Anerkennungsentscheidungen zugunsten ausländischer Hoheitsakte.[715] Seine Geltung lässt sich nach dem oben Gesagten sowohl national-verfassungsrechtlich als auch völkerrechtlich begründen.

XI. Exkurs: Vergleich zu Anerkennungsentscheidungen und der Anwendung ausländischen Rechte im deutschen Internationalen Privatrecht

Das deutsche Internationale Privatrecht regelt als nationales Kollisionsrecht, welche von mehreren für einen bestimmten Sachverhalt potentiell einschlägigen materiellen Rechtsnormen der Privatrechtsordnungen verschiedener Staaten zur Anwendung berufen ist, wenn sich die Rechtsnormen im Ergebnis ihrer Anwendung unterscheiden. In der Regel wird dabei zur Vermeidung von Normkonflikten die mit dem zu

713 KÖNIG, S. 90ff., der auf die weite Verbreitung solcher gewohnheitsrechtlich abgesicherter ordre-public-Klauseln als „allgemein verbreitetes Prinzip in den grenzrechtlichen Ordnungen der Staaten" hinweist.

714 NEUMEYER, S. 231; MENG, S. 97f.

715 BEYERLIN, S. 428f. für den in diesem Zusammenhang vergleichbaren Fall der Anwendung ausländischen öffentlichen Rechts, der ebenfalls eine entsprechende Entscheidung deutscher staatlicher Stellen vorangeht; KLOEPFER/ KOHLER, S. 173.

regelnden Sachverhalt am engsten verbundene Privatrechtsordnung gewählt.[716] Diese Entscheidung geht der Anwendung des materiellen Rechts vor. Dazu bedient sich das Internationale Privatrecht verschiedener Anknüpfungspunkte wie der Staatsangehörigkeit, dem gewöhnlichen Aufenthalt einer Person, der Belegenheit einer Sache oder dem Handlungsort.[717] Ziel ist eine möglichst weitgehende internationale Entscheidungsharmonie und damit zusammenhängend ein bestmöglicher Ausgleich der Interessen der beteiligten Privatrechtssubjekte. Dem zugrunde liegt die Annahme, dass die nationalen Privatrechtsordnungen grundsätzlich gleichwertig sind und für den jeweils zu entscheidenden Fall diejenige Rechtsordnung gewählt werden soll, die den Interessen der Beteiligten am besten entspricht.[718] Im Gegensatz dazu sollen Kollisionsnormen im öffentlichen Recht dazu dienen, die Regelungsinteressen der Staaten an einem gemeinsamen Sachverhalt entsprechend den an der Regelung geltend gemachten staatlichen Interessen möglichst optimal voneinander abzugrenzen und Regelungskonflikte zu vermeiden.[719]

Auch wenn ausländisches Privatrecht für anwendbar erklärt und die internationale Zuständigkeit ausländischer Gericht begründet wird, besteht, wie bereits im völkerrechtlichen Teil dieser Arbeit dargestellt, keine allgemeine völkerrechtliche Pflicht, deren zivilrechtliche Entscheidungen und Urteile anzuerkennen und im Inland zu vollstrecken. Diese Entscheidung liegt vielmehr im Ermessen der Staaten. Allerdings wird eine solche Anerkennung abgesehen von der Begründung einer Anerkennungspflicht durch völkerrechtliche Verträge oft praktiziert, wenn die ausländische Entscheidung nur private Interessen (im Gegensatz zu öffentlichen Interessen, die zum Beispiel auch für strafrechtliche Entscheidungen maßgeblich sind) berührt.[720] Sie liegt oftmals auch im Interesse der Staaten, da durch eine Anerkennung eines ausländischen Urteils ein erneutes Verfahren vor den nationalen Gerichten des anerkennenden Staates vermieden werden kann.[721] Zusätzlich kann der anerkennende Staat oft mit einer Gegenseitigkeit der Anerkennungsentscheidungen rechnen, wenn zivilrechtliche Entscheidungen aus seiner Rechtsordnung in anderen Staaten Wirkungen entfalten sollen.

Für die deutsche Rechtsordnung ist eine Anerkennung ausländischer zivilrechtlicher Entscheidungen ausdrücklich in § 328 ZPO geregelt, der gleichzeitig die verfassungsrechtlich geforderten Grenzen für eine Urteilsanerkennung aufzeigt. Als

---

716 VON HOFFMANN/ THORN, § 1 Rn. 12ff.; ausführlich zur historischen Entwicklung und dem bestimmenden Einfluss dieses von Friedrich Carl von Savigny als Grundlage des modernen Internationalen Privatrechts entwickelten Prinzips VON BAR/ MANKOWSKI, S. 512ff.

717 OHLER, S. 28ff; siehe auch ders., S. 129 mit weiteren Nachweisen zu den vergleichbaren Anknüpfungspunkten im Internationalen Verwaltungsrecht, die sich letztlich alle aus dem völkerrechtlichen genuine-link-Prinzip ableiten lassen.

718 VON HOFFMANN/ THORN, § 1 Rn. 13, 103 spricht sogar von einer Pflicht, die Privatrechtsordnungen anderer Staaten als gleichwertig anzusehen.

719 MENG, S. 691.

720 VON HOFFMANN/ THORN, § 3 Rn. 149.

721 ZÖLLER/ GEIMER, § 328 ZPO Rn. 1ff.

Rechtsfolge erstreckt sich die Wirkung der ausländischen gerichtlichen Entscheidung auch auf das deutsche Hoheitsgebiet, wenn das Ergebnis einer solchen Wirkungserstreckung der deutschen Rechtsordnung nicht in einem solchen Maß wesensfremd ist, dass eine Anerkennung wegen Verstoßes gegen den deutschen *ordre public* ausscheidet.[722] Neben anderen, vor allem auf einen Mindeststandard eines gerechten Verfahrens abzielenden Anerkennungsverboten bestimmt insbesondere Nr. 4 der Vorschrift, dass ausländische Urteile dann nicht anerkannt werden dürfen,

> „wenn die Anerkennung des Urteils zu einem Ergebnis führt, das mit wesentlichen Grundsätzen des deutschen Rechts offensichtlich unvereinbar ist, insbesondere wenn die Anerkennung mit den Grundrechten unvereinbar ist (…)“.

Durch dieses Anerkennungsverbot soll sichergestellt werden, dass trotz der Wirksamkeitserstreckung ausländischer Gerichtsentscheidungen die verfassungsrechtlichen Mindestanforderungen, wie sie sich insbesondere aus den Grundrechten und dem Rechtsstaatsprinzip einschließlich der Verfahrensgrundrechte des Grundgesetzes ergeben, gewahrt bleiben. Wie bereits dargelegt, sind die Grundrechte generell bei der Anwendung ausländischen Rechts und der Anerkennung ausländischer Entscheidungen im Inland auf Anordnung des deutschen Internationalen Privatrechts anwendbar.[723] Daraus ergibt sich, dass das nach dem Internationalen Privatrecht eigentlich berufene ausländische Recht nicht angewandt werden darf, wenn die Rechtsanwendung in Deutschland – nicht die ausländische Regelung an sich – den Kernbereich der Grundrechte verletzen würde und verfahrensrechtliche Mindestanforderungen an ein faires Verfahren nicht gewährleistet wären. Dies gilt sowohl für das materielle als auch für das Verfahrensrecht[724] und schließt die Grundsätze des deutschen Prozessrechts sowie über Art. 25 GG auch den völkergewohnheitsrechtlichen Mindeststandard für den Schutz der Menschenrechte ein.

Der Inhalt eines ausländischen Urteils wird dabei aber an einem im Vergleich zur Entscheidungsfindung vor deutschen Gerichten zurückgenommenen verfassungsrechtlichen Maßstab geprüft, nämlich nur an den Normen der deutschen Rechtsordnung, die auch im internationalen Rechtsverkehr als unverzichtbar gelten (sog. *ordre public atténué* oder anerkennungsrechtlicher *ordre public international*). Eine Anerkennung ist nur unzulässig, wenn das Ergebnis der eigentlich vorgesehenen Wirkungserstreckung des ausländischen Urteils zu den Grundgedanken der deutschen Rechtsordnung und deren Gerechtigkeitsvorstellungen in einem so krassen Widerspruch stehen würde, dass dies nach den Vorstellungen der deutschen Rechtsordnung untragbar erscheint.[725] Eine inhaltliche Überprüfung des ausländi-

---

722 VON HOFFMANN/ THORN, § 3 Rn. 154ff.

723 Grundlegend BVerfGE 31, 58 (86).

724 BGHZ 48, 327 (331); BGH NJW 1990, S. 2201 (2202f.).

725 BGH ZIP 1999, 483 (484); NJW 1992, S. 3096 (3098); ZÖLLER/ GEIMER, § 328 Rn. 13, 208ff.

schen Urteils auf dessen Richtigkeit (*révision au fond*) findet dagegen nicht statt.[726] Grundsätzlich kann die Anerkennung eines ausländischen Urteils, wie bereits dargestellt, auch nur mit Hinweis auf den deutschen *ordre public* verweigert werden, wenn der zugrunde liegende Sachverhalt eine Inlandsbeziehung aufweist.[727] Die verfassungsrechtlichen Anforderungen sind also vergleichbar dem oben unter C.X in diesem Kapitel näher dargestellten öffentlich-rechtlichen *ordre-public*-Vorbehalt bei der Anerkennung ausländischer Hoheitsakte.

Im Gegensatz zum öffentlichen Recht stehen allerdings staatliche Interessen und die Sicherung der staatlichen Hoheitsrechtsausübung nicht im Vordergrund des Regelungsinteresses des Internationalen Privatrechts, sondern beeinflussen es als Regelungsziele lediglich im Einzelfall, zum Beispiel im Bereich des Außenwirtschafts- oder des Kartellrechts. Begründen lässt sich dies mit der inzwischen allgemein anerkannten These von der Gleichwertigkeit der staatlichen Privatrechtsordnungen, die nicht der Durchsetzung staatlicher Interessen und Ziele, sondern vornehmlich der Regelung privater Interessen und der Verwirklichung der Privatautonomie des Einzelnen dienen. Dementsprechend enthält das Internationale Privatrecht in der Regel zweiseitige Kollisionsnormen, die positiv regeln, welche von mehreren als gleichwertig erachteten Privatrechtsordnungen auf eine bestimmten Fall anwendbar sein soll.

Das sich noch in der Entwicklung befindende deutsche Internationale Verwaltungsrecht[728] soll dagegen als Kollisionsrecht lediglich einseitige Kollisionsnormen enthalten, die das nationale öffentliche Recht eines Staates auf einen bestimmten Fall für anwendbar oder nicht anwendbar erklären. Nach diesem Grundsatz kann es im Internationalen Verwaltungsrecht keinen Verweis auf eine fremde Rechtsordnung geben, um diese für deutsches Hoheitsgebiet für anwendbar zu erklären.[729] Während das Internationale Privatrecht also danach fragt, welche von mehreren für einen Sachverhalt potentiell relevanten materiellen Rechtsordnungen für einen bestimmten Fall anwendbar sein soll, lautet die entscheidende Frage im Internationalen Verwaltungsrecht, ob das nationale öffentliche Recht eines bestimmten Staates auf einen bestimmten Fall anwendbar ist, ohne im Falle einer negativen Antwort weiter zu klären, welche ausländische Rechtsordnung stattdessen zur Anwendung kommen soll.[730] Die positive Erklärung der Anwendbarkeit zugunsten einer frem-

---

726 VON HOFFMANN/ THORN, § 3 Rn. 179; § 6 Rn. 150.

727 BGH NJW 1986, S. 3028; ZÖLLER/ GEIMER, § 328 Rn. 213ff.; siehe zum Ganzen auch die Gesetzesbegründung zur Neufassung des Art 6 EGBGB vom 20. Oktober 1983, Bt-Drs. 10/504, S. 42ff.

728 Allgemein zur Entwicklung des deutschen Internationalen Verwaltungsrechts OHLER, S. 1ff.; für ein anderes Begriffsverständnis dagegen zum Beispiel BIAGGINI, VVDStRL 67 (2008), S. 413 (416ff.), der mit dem Begriff des Internationalen Verwaltungsrechts die „Annäherung" von Völkerrecht und nationalem Verwaltungsrecht beschreiben will.

729 CLASSEN, VVDStRL 67 (2008), S. 365 (395f.).

730 VON BAR/ MANKOWSKI, § 4 Rn. 61; zur Unterscheidung zwischen einseitigen und zweiseitigen Kollisionsnormen allgemein VON HOFFMANN/ THORN, § 4 Rn. 8.

den Verwaltungsrechtsordnung soll dagegen wegen der zugrundeliegenden staatlichen Interessen, die ein Staat mit seinem öffentlichen Recht verfolgt, und dem angenommenen Gegensatz zu den öffentlichen Interessen anderer Staaten nicht möglich sein.[731] Bis auf Ausnahmefälle, zum Beispiel im Recht der Staatsangehörigkeit, soll daher ein Staat nicht auf ausländisches öffentliches Recht verweisen, sondern lediglich sein eigenes öffentliches Recht für nicht anwendbar erklären können. Streitig ist allerdings, ob dieser Grundsatz zwingend ist oder lediglich den „faktischen Regelfall" darstellt.[732] Daneben wird auch das Territorialitätsprinzip zur Begründung der Einseitigkeit international-verwaltungsrechtlicher Kollisionsnormen herangezogen.[733] Andere Autoren stellen die Existenzberechtigung eines Internationalen Verwaltungsrechts dagegen ganz in Abrede und wollen lediglich die Frage nach dem räumlichen Anwendungsbereich von materiellen öffentlich-rechtlichen Normen stellen, zu denen das „Verwaltungsrecht grenzüberschreitender Vorgänge" gehören soll.[734] Jedenfalls bleibt festzuhalten, dass das nationale Verwaltungsrecht der Staaten im Gegensatz zum Privatrecht im Wesentlichen staatlichen Interessen dient und daher eine Anwendung ausländischen Verwaltungsrechts statt der eigenen nationalen Vorgaben wohl nur in seltenen Fällen den Interessen der Staaten entsprechen wird. Gleiches gilt für aufgrund von nationalem Verwaltungsrecht erlassene Hoheitsakte, deren Anerkennung daher in der Regel erst durch zwischenstaatliche Vereinbarungen, die die Staaten im Rahmen ihres außenpolitischen Ermessens für zweckmäßig halten, begründet werden muss.

D. Zwischenergebnis

Im vorangegangenen Kapitel wurde zunächst die Entwicklung des deutschen Umweltrechts, insbesondere mit Hinblick auf das im Jahr 1994 in das Grundgesetz eingefügte Staatsziel zum Schutz der natürlichen Lebensgrundlagen, dargestellt. Diese Staatszielbestimmung begründet zwar keine subjektiven Rechte für einzelne Bürger, wohl aber verpflichtet sie den Staat innerhalb eines weiten Gestaltungsspielraums, Regelungen zum Schutz der natürlichen Lebensgrundlagen zu erlassen und

731 Siehe zur Entwicklung des Internationalen Verwaltungsrechts mit kritischen Anmerkungen zur Notwendigkeit eines öffentlich-rechtlichen Kollisionsrechts und zur Theorie der Einseitigkeit OHLER, S. 33ff.; grundlegend zur Theorie der Einseitigkeit von Kollisionsnormen im öffentlichen Recht NEUMEYER, S. 115ff.

732 So OHLER, S. 37.

733 So scheint auch NEUMEYER, der die Grundlage für diese Theorie gelegt hat, von diesem Begründungsansatz auszugehen, indem er entscheidend darauf abstellt, dass jeder Staat nur Angelegenheiten „in seinem Bereich" regeln könne, weil die Regelung anderer Angelegenheiten gegen „elementare Regeln des Völkerrechts verstieße", vgl. NEUMEYER, S. 115, 117; kritisch OHLER, S. 43ff.

734 VOGEL, Der räumliche Anwendungsbereich der Verwaltungsrechtsnorm, S. 316; OHLER, S. 41f.

dieses Staatsziel als Teil der verfassungsrechtlichen Werteordnung generell zu berücksichtigen. Insbesondere kann das Staatsziel des Art. 20a GG verstärkend, aber auch beschränkend auf den Grundrechtsschutz wirken, indem es als Teil der verfassungsmäßigen Ordnung dazu herangezogen werden kann, Schutzpflichten zu begründen oder aber Grundrechtseingriffe zu rechtfertigen.

Danach wurde untersucht, ob und inwieweit ausländische Hoheitsakte wie nationale Genehmigungen für grenzüberschreitend emittierende Anlagen im deutschen Recht beachtlich sind und von deutschen staatlichen Stellen als rechtsverbindlich anerkannt werden müssen. Grundsätzlich gilt auch in der deutschen Rechtsordnung das Territorialitätsprinzip, so dass für eine Rechtswirkung auf deutschem Hoheitsgebiet eine gesondert begründete Anerkennungspflicht erforderlich ist. Eine solche Anerkennungspflicht kann sich in Umsetzung der bereits dargestellten völkerrechtlichen und gemeinschaftsrechtlichen Anerkennungspflichten ergeben. Geltungsgrund ist dann jeweils der Rechtsanwendungsbefehl, mit dem völkervertragsrechtliche oder gemeinschaftsrechtliche Regelungen in nationales Recht umgesetzt werden. Sie kann aber auch nur nationalrechtlich, insbesondere aus den Grundrechten, begründet werden. Dies gilt vor allem für die Grundrechte aus Art. 12 Abs. 1 und 14 Abs. 1 GG, auf die sich ein Anlagenbetreiber berufen kann, wenn seine Genehmigung in Deutschland anerkannt werden soll. Voraussetzung ist allerdings, dass der Genehmigungsinhaber Träger deutscher Grundrechte ist, was bei ausländischen juristischen Personen derzeit überwiegend verneint wird. Dagegen kann sich eine Anerkennungspflicht nicht allein aus dem verfassungsrechtlichen Auftrag zur internationalen Zusammenarbeit, der Völkerrechtsfreundlichkeit des Grundgesetzes und der Wertentscheidung der Verfassung für eine offene Staatlichkeit ergeben. Abgesehen von dem staatszielähnlichen Auftrag zur internationalen Zusammenarbeit und Integration in die Staatengemeinschaft begründen diese Prinzipien allenfalls Leitlinien staatlichen Handelns und Auslegungsprinzipien, nicht aber konkrete Rechte und Pflichten, auf die sich der einzelne Bürger gegenüber dem Staat ohne Hinzutreten konkretisierender Regelungen berufen könnte.

Neben solchen gesetzlich begründeten Anerkennungspflichten gibt es Stimmen in der Literatur, die eine Beachtlichkeit ausländischer Genehmigungen generell für möglich halten, wenn das ausländische Genehmigungsverfahren einschließlich der Schutzstandards dem deutschen Verfahren vergleichbar ist, ein adäquater Rechtsschutz gewährleistet wird und der ausländische Hoheitsakt nicht primär staatspolitischen Interessen dient. Unklar ist aber, wie sich diese Voraussetzungen bestimmen lassen und welche Rechtsfolgen eine solche „Beachtung“ ausländischer Genehmigungen im nationalen Recht haben soll.

Schließlich wurden die verfassungsrechtlichen Grenzen für eine Anerkennung ausländischer Hoheitsakte, die als Ausübung deutscher Hoheitsgewalt dem Grundgesetz unterliegt, untersucht. Dabei wurden auch die Voraussetzungen und Grenzen für eine Hoheitsrechtsübertragung auf zwischenstaatliche Einrichtungen und die Europäische Union dargestellt, da zum einen das Gemeinschaftsrecht nach einer

Hoheitsrechtsübertragung auf die Europäische Union Anerkennungspflichten für Hoheitsakte anderer Mitgliedstaaten begründen kann. Zum anderen stellt eine Hoheitsrechtsübertragung allgemein einen mit der Anerkennung ausländischer Hoheitsakte vergleichbaren Fall einer Öffnung der deutschen Rechtsordnung für das Handeln fremder Hoheitsträger dar.

Vorweg wurde allgemein dargestellt, dass bei grenzüberschreitenden Sachverhalten dem Auslandsbezug Rechnung zu tragen ist und fremde Rechtsordnungen zu berücksichtigen sind. Dies ergibt sich nach der Rechtsprechung des Bundesverfassungsgerichts, die in der Literatur überwiegend Zustimmung gefunden hat, aus der verfassungsrechtlichen Wertentscheidung für eine offene Staatlichkeit und dem Auftrag zur internationalen Zusammenarbeit. Wenn der deutsche Staat auch bei Sachverhalten mit Auslandsbezug auf einer unveränderten und ausschließlichen Geltung der deutschen Rechtsordnung bestehen würde, machte er sich weithin integrationsunfähig und setzte sich in Widerspruch zum kooperativen Charakter des Völkerrechts. Daher kann es abhängig vom Grad des Auslandsbezugs und Inhalt und Reichweite der betroffenen Verfassungsbestimmungen, insbesondere der Grundrechte, im Einzelfall auch zu einer Modifizierung und Abschwächung des für rein innerstaatliche Sachverhalte gebotenen Grundrechtsschutzes und anderer verfassungsrechtlicher Anforderungen an staatliches Handeln kommen. Eine vorbehaltlose Relativierung der Verfassungsordnung wäre allerdings unzulässig: Auch bei der Regelung von Sachverhalten mit Auslandsbezug müssen die grundlegenden Wertentscheidungen und Strukturprinzipien des Grundgesetzes gewahrt bleiben. Dazu zählen insbesondere die Menschenwürdegarantie, das Rechtsstaats- und Demokratieprinzip, die Rechtsschutzgarantie und der Wesensgehalt der Grundrechte beziehungsweise deren grundlegende Verbürgungen.

In vergleichbarer Weise ergibt sich für Hoheitsrechtsübertragungen, dass durch den neuen Hoheitsrechtsträger ein im Wesentlichen dem deutschen Grundgesetz vergleichbarer Grundrechtsschutz gewährleistet sein muss und die tragenden Strukturprinzipien der Verfassung nicht angetastet werden dürfen. Dies wurde in der Struktursicherungsklausel des Art. 23 Abs. 1 GG zur europäischen Integration, die auf die veränderungsfesten Verfassungsprinzipien des Art. 79 Abs. 3 GG verweist, ausdrücklich festgelegt.

Im Anschluss wurden die verfassungsrechtlichen Grenzen für eine Anerkennung ausländischer Hoheitsakte im Einzelnen näher dargestellt. Diese können sich aus den Grundrechten betroffener Dritter ergeben, wobei im Einzelfall ein verhältnismäßiger Ausgleich der Interessen der betroffenen Grundrechtsträger erforderlich ist. Dabei sind bei der Anerkennung von Genehmigungen ausländischer emittierender Anlagen insbesondere die Gesundheitsgefahren, die Art der Anlage, der Stand der Technik einschließlich der Möglichkeiten zu Schutzvorkehrungen sowie die Staatszielbestimmung zum Schutz der natürlichen Lebensgrundlagen zu berücksichtigen. Nationale Grenzwerte für eine Anlagengenehmigung können einen Anhaltspunkt für diese Prüfung liefern, ohne dass diese auf Auslandssachverhalte unverändert übernommen werden müssten.

Das in Art. 20 GG verankerte Demokratieprinzip steht einer Anerkennung ausländischer Hoheitsakte nicht grundsätzlich entgegen, auch wenn die ausländische Regelung nicht durch das deutsche Volk demokratisch legitimiert ist. Diese notwendige Folge der Öffnung der deutschen Rechtsordnung für ausländische Regelungen kann hingenommen werden, wenn dem deutschen Bundestag noch Aufgaben und Befugnisse von substantiellem Gewicht verbleiben, die Öffnung für ausländische Regelungen auf klar definierte Einzelfälle begrenzt ist und die deutschen Staatsorgane bei einer Hoheitsrechtsübertragung die Willensbildung der neuen Hoheitsrechtsträger effektiv beeinflussen können.

Eine Anerkennung ausländischer Hoheitsakte ist auch nach dem Rechtsstaatsprinzip des Art. 20 GG nicht grundsätzlich unzulässig, obwohl – ähnlich einer dynamischen Verweisung – die zugrundeliegende ausländische Regelung nicht ohne weiteres erkennbar ist und insbesondere auch nach Begründung einer Anerkennungspflicht geändert und ergänzt werden kann. Dies ist wiederum notwendige Folge einer Öffnung der deutschen Rechtsordnung für ausländische Regelungen im Rahmen der internationalen Zusammenarbeit. Hinzu kommt, dass die internationale Zusammenarbeit kooperativ angelegt ist, so dass die Bezugnahme auf von anderen Hoheitsträgern erlassene Normen eher zu rechtfertigen ist als innerhalb der nationalen Rechtsordnung, die auf eine möglichst eindeutige Kompetenzabgrenzung zielt. Voraussetzung ist allerdings, dass sich die Anerkennung auf thematisch eingegrenzte Fälle beschränkt und die ausländische Rechtsnorm im Erlassstaat ordnungsgemäß verkündet wurde und dort bestimmbar ist.

Die verfassungsrechtliche Rechtsschutzgarantie des Art. 19 Abs. 4 GG fordert zwar nicht eine vollumfängliche Überprüfung der ausländischen Entscheidung über den Erlass des anzuerkennenden Hoheitsakts. Dies dürfte angesichts des Grundsatzes der Staatenimmunität auch völker- und verfassungsrechtlich unzulässig sein. Allerdings müssen Voraussetzungen und Grenzen einer Anerkennungsentscheidung durch deutsche staatliche Stellen vor deutschen Gerichten überprüft werden können. Gleichzeitig ist erforderlich, dass im Erlassstaat ein Mindestmaß an effektivem Rechtsschutz gegen die anzuerkennende Entscheidung gewährleistet ist.

Auch wenn es bei der Anerkennung ausländischer Genehmigungen zu einer Inländerdiskriminierung kommen kann, wenn deutsche Genehmigungsinhaber für vergleichbare Vorhaben strengere Schutzstandards beachten müssen, dürfte dies sowohl europa- als auch verfassungsrechtlich zulässig sein. Bei rein innerstaatlichen Sachverhalten ist das gemeinschaftsrechtliche Diskriminierungsverbot schon gar nicht anwendbar, und Art. 3 Abs. 1 GG erlaubt eine solche Ungleichbehandlung, da es sich bei innerstaatlichen und grenzüberschreitenden Sachverhalten um verschiedene Regelungsgegenstände handelt.

Als Grenze einer Anerkennung ausländischer Hoheitsakte sind nach Art. 25 GG auch die allgemeinen Regeln des Völkerrechts beachtlich. Dies gilt insbesondere für das völkergewohnheitsrechtlich anerkannte Verbot erheblicher grenzüberschreitender Umweltbeeinträchtigungen, das über Art. 25 GG Bestandteil des Bundesrechts ist. Die Genehmigung für eine Tätigkeit, die dieses Verbot missachtet, darf daher für die deutsche Rechtsordnung nicht als verbindlich anerkannt werden.

Schließlich gilt auch im öffentlichen Recht ähnlich dem Internationalen Privatrecht ein *ordre-public*-Vorbehalt bei der Anerkennung und Vollstreckung ausländischer Entscheidungen. Deren Wirkung darf im Ergebnis nicht zu untragbaren, mit den Grundsätzen der deutschen Rechtsordnung unvereinbaren Wirkungen führen. In der Regel dürfte eine Anerkennung in so einem Fall aber schon an den übrigen dargestellten verfassungsrechtlichen Grenzen scheitern, so dass der *ordre-public*-Vorbehalt nur von geringer praktischer Relevanz ist.

Ein Vergleich zum Internationalen Privatrecht zeigt, dass die Staaten dort in der Praxis in Erwartung der Gegenseitigkeit dieses Verhaltens und auch aus prozessökonomischen Gründen eher zur Anerkennung zivilrechtlicher Entscheidungen bereit sind als im öffentlichen Recht. Dies liegt zum einen daran, dass das Internationale Privatrecht von der Gleichwertigkeit der Zivilrechtsordnungen ausgeht und diejenige Rechtsordnung zur Entscheidung berufen werden soll, die den privaten Interessen der beteiligten Parteien am ehesten gerecht wird. Zum anderen werden mit privatrechtlichen Regelungen und Entscheidungen in der Regel keine staatlichen Interessen verfolgt. Im Gegensatz dazu dienen verwaltungsrechtliche Regelungen öffentlichen Interessen, die der Staat normalerweise auch gegenüber anderen Staaten vertreten will. Aus diesem Grund werden im Internationalen Verwaltungsrecht die Verwaltungsrechtsordnungen der Staaten auch nicht als gleichwertig angesehen, so dass Anerkennungspflichten normalerweise erst durch solche zwischenstaatliche Vereinbarungen begründet werden müssen, die die beteiligten Staaten im Rahmen ihres außenpolitischen Ermessens für zweckmäßig halten.

Kapitel 5: Zusammenfassung

Ziel dieser Arbeit war es, auf völkerrechtlicher, europarechtlicher und verfassungsrechtlicher Ebene zu untersuchen, welche rechtlichen Wirkungen staatliche Genehmigungen für grenzüberschreitend umweltbeeinträchtigend wirkende industrielle Anlagen auf dem Hoheitsgebiet anderer Staaten haben. Vorangestellt wurde jeweils ein Überblick über Entwicklung und Stand des Umweltrechts in der untersuchten Rechtsordnung. Dabei ging es insbesondere um die Frage, ob und unter welchen Voraussetzungen nationale Anlagengenehmigungen in anderen Staaten als rechtsverbindlich anerkannt werden müssen, wie solche Anerkennungspflichten rechtlich umgesetzt werden können und welche rechtlichen Grenzen bei einer Anerkennung ausländischer Hoheitsakte beachtet werden müssen. Auf verfassungsrechtlicher Ebene wurde die Untersuchung vor allem mit Hinblick darauf geführt, unter welchen Voraussetzungen deutsche Verwaltungsbehörden ausländische Anlagengenehmigungen als rechtsverbindlich anerkennen müssen. Diese Frage stellt sich vor allem dann, wenn der Ursprungsstaat, in dem die Anlage genehmigt und betrieben wird, weniger strenge Umweltschutzvorschriften vorgibt als der Wirkungsstaat, auf dessen Territorium Umweltbeeinträchtigungen durch eine Anlage hervorgerufen werden, die in seiner Rechtsordnung gar nicht genehmigungsfähig wäre und deren Betrieb er deshalb nach seinem nationalen Recht untersagen könnte.

Ausgehend vom völkerrechtlichen Grundsatz der territorialen Souveränität lässt sich zunächst für alle drei untersuchten Rechtsordnungen feststellen, dass fremde Hoheitsakte in anderen Staaten normalerweise keine Rechtswirkungen entfalten. Im Völkerrecht gilt dieser Grundsatz uneingeschränkt, so dass es im Ermessen eines Staates steht, ob und mit welchen Rechtsfolgen er ausländische Hoheitsakte, gegebenenfalls nach Abschluss entsprechender gegenseitiger Verpflichtungen in völkerrechtlichen Verträgen, anerkennen will. Eine solche Anerkennungspflicht gilt aber nicht für völkerrechtswidrige ausländische Hoheitsakte, wenn die Anlagengenehmigung zum Beispiel dem völkergewohnheitsrechtlich anerkannten Verbot erheblicher grenzüberschreitender Umweltbeeinträchtigungen zuwiderläuft. Wenn mehrere Staaten von einer grenzüberschreitend emittierenden Anlage betroffen sind und daher über einen völkerrechtlich anerkannten Anknüpfungspunkt für eine Regelung dieses Sachverhalts verfügen, können Regelungskonflikte daher nur gelöst werden, indem ein Ausgleich zwischen den Interessen des Ursprungsstaates und des Wirkungsstaates gefunden wird. Da die Staaten im Völkerrecht aber grundsätzlich frei sind, ihre Interessen zum Beispiel an einer wirtschaftlichen Nutzung natürlicher Ressourcen oder an einem höheren Umweltschutzniveau und deren Gewichtung selbst festzulegen, lassen sich für die Lösung eines solchen Regelungskonflikts keine eindeutigen materiellen Maßstäbe vorgeben. Die betroffenen Staaten sind völkerrechtlich aber verpflichtet, nach Verfahren zu suchen, mit denen sie solche Regelungskonflikte vermeiden beziehungsweise friedlich beilegen können. Dieses Ergebnis entspricht der koordinationsrechtlichen Struktur des Völkerrechts, das ausgehend vom Grundsatz der Gleichheit und Souveränität der Staaten keine eindeutigen Kompetenzabgrenzungen enthält, sondern lediglich Verfahrenspflichten zu einer friedlichen Streitbeilegung vorgeben kann.

Auf der Ebene des europäischen Gemeinschaftsrechts existieren wegen der inzwischen erreichten hohen Integrationsdichte im harmonisierten Bereich eine Vielzahl von Pflichten, Hoheitsakte anderer Mitgliedstaaten als rechtsverbindlich anzuerkennen. Wegen der – vom Bundesverfassungsgericht in seiner neuesten Rechtsprechung zur europäischen Integration erneut betonten – unverändert fortbestehenden Souveränität der Mitgliedstaaten und der herausragenden Bedeutung des Prinzips der begrenzten Einzelermächtigung müssen solche Anerkennungspflichten aber jeweils nach einer entsprechenden Hoheitsrechtsübertragung auf die Europäische Union gesetzlich begründet werden. Eine Parallele zu einem Bundesstaat wie der Bundesrepublik Deutschland, in dem den Hoheitsakten der Länder automatisch bundesweite Geltung zukommt, ist für die Europäische Union als Staatenverbund auf völkerrechtlicher Grundlage unzulässig.

Primärrechtlich lassen sich Anerkennungspflichten grundsätzlich aus den Grundfreiheiten beziehungsweise dem primärrechtlichen Herkunftslandsprinzip und dem Prinzip der gegenseitigen Anerkennung begründen, nach dem Prüfzeugnisse für gemeinschaftsweit vertriebene Waren anerkannt werden müssen, wenn in den anderen Mitgliedstaaten ein vergleichbares Schutzniveau hinsichtlich Produktsicherheit, Gesundheits- und Verbraucherschutz gewährleistet ist und nicht ausnahmsweise zwingende Gründe des Gemeinwohls entgegenstehen. Dies gilt vor allem für Bereiche, in denen gemeinschaftsrechtlich die Schutzstandards harmonisiert wurden, und lässt sich auf die Anerkennung von Anlagengenehmigungen übertragen, wenn europaweit einheitliche Mindeststandards für die Anlagensicherheit und den Umweltschutz vorgegeben sind. Daneben sind sekundärrechtliche Anerkennungspflichten denkbar, die entweder in unmittelbar anwendbarem Gemeinschaftsrecht enthalten sind oder von den Mitgliedstaaten in Vollzug von Gemeinschaftsrecht in ihre nationalen Rechtsordnungen aufgenommen werden. Ein Regelungsinstrument zur Umsetzung solcher Anerkennungspflichten ist der transnationale Verwaltungsakt, dessen gemeinschaftsweite Geltung im Gemeinschaftsrecht oder im nationalen Vollzugsrecht der Mitgliedstaaten festgelegt ist, ohne dass es im Einzelfall noch einer Anerkennungsentscheidung der nationalen Behörden bedarf.

Im deutschen Verfassungsrecht lassen sich mehrere Begründungsansätze für eine Pflicht deutscher Verwaltungsbehörden finden, ausländische Hoheitsakte als rechtsverbindlich anzuerkennen: Völkerrechtlich begründete Anerkennungspflichten werden über das Zustimmungsgesetz zu einem völkerrechtlichen Vertrag nach Art. 59 Abs. 2 GG für die deutsche Rechtsordnung verbindlich, während sich der

Rechtsanwendungsbefehl für gemeinschaftsrechtlich begründete Anerkennungspflichten in den Zustimmungsgesetzen zu den europäischen Verträgen beziehungsweise zu einer Hoheitsrechtsübertragung auf die Europäische Union nach Art. 23 Abs. 1 GG findet. Daneben können sich Anerkennungspflichten aus den Grundrechten des Anlagenbetreibers, insbesondere aus der Berufsfreiheit und der Eigentumsgarantie, ergeben. Allein die verfassungsrechtliche Wertentscheidung für eine offene Staatlichkeit, die Völkerrechtsfreundlichkeit des Grundgesetzes und der Verfassungsauftrag zur internationalen Zusammenarbeit und zur europäischen Integration begründet als staatszielähnliche Bestimmung dagegen noch keine Verpflichtung, Hoheitsakte anderer Staaten anzuerkennen, kann aber für eine (anerkennungsfreundliche) Auslegung anderweitig begründeter Anerkennungspflichten herangezogen werden.

Allerdings erlaubt das Grundgesetz keine vorbehaltlose Anerkennung ausländischer Hoheitsakte. Zwar sind die Wertungen fremder Rechtsordnungen bei auslandsbezogenen Sachverhalten grundsätzlich zu berücksichtigen, so dass bei deren Regelung die verfassungsrechtlichen Vorgaben für staatliches Handeln im Vergleich zu rein innerstaatlichen Sachverhalten modifiziert werden können. Dabei sind aber die Kerngehalte der Verfassung und deren grundlegende Wertentscheidungen, wie sie insbesondere in den Grundrechten verbürgt sind, als zwingende Grenze einer solchen Modifikation zu beachten. Diese Grundsätze können auch als Teil eines öffentlich-rechtlichen *ordre public* betrachtet werden, der der Anwendung ausländischen öffentlichen Rechts auf deutschem Hoheitsgebiet eine Grenze setzt. Zur Bestimmung dieses Maßstabs können die Struktursicherungsklausel des Art. 23 Abs. 1 GG, der auf Art. 79 Abs. 3 GG Bezug nimmt, und als Vergleich auch die verfassungsrechtlichen Vorgaben für eine Hoheitsrechtsübertragung auf zwischenstaatliche Einrichtungen oder die Europäische Union herangezogen werden. Daneben können auch kollidierende Grundrechte Dritter, die von der genehmigten Anlage in ihren grundrechtlich geschützten Interessen beeinträchtigt werden, als Grenze einer Anerkennungspflicht wirken.

Entsprechend der unterschiedlichen Struktur der untersuchten Rechtsordnungen lassen sich Anerkennungspflichten in einer koordinationsrechtlichen, auf eine Abgrenzung gleichberechtigter Souveränitätsinteressen angelegten Rechtsordnung wie dem Völkerrecht, das wesentlich von der souveränen Gleichheit der Staaten geprägt ist, also nur begrenzt begründen. Dazu ist das Völkerrecht auf die Kooperationsbereitschaft der Staaten angewiesen, die die Staaten nach ihrem freien Ermessen ausüben können und eine Anerkennungspflicht in der Regel nur in der Erwartung der Gegenseitigkeit einer Anerkennung von Hoheitsakten vereinbaren werden. Etwas anderes gilt für subordinationsrechtliche Rechtsordnungen wie das deutsche nationale Recht, solange die verfassungsrechtlichen Grenzen für staatliches Handeln beachtet werden. Auch weil die deutsche Rechtsordnung eher auf einen Rechtsgüterschutz ausgerichtet ist, lässt sich eine Verpflichtung des Staates zu einem Handeln zugunsten des Genehmigungsinhabers hier eher begründen. Andererseits gibt es im nationalen Recht klar definierte und justitiable Grenzen für staatliches Handeln, die eine Anerkennung ausländischer Hoheitsakte verhindern können. Es steht daher im Normalfall nicht im Ermessen der staatlichen Stellen, ob ein ausländischer Hoheitsakt anerkannt werden soll, wenn die gesetzlich normierten Anerkennungsvoraussetzungen erfüllt sind, beziehungsweise ob eine solche Anerkennung verweigert wird, wenn die gesetzlich vorgegebenen zwingenden Grenzen für staatliches Handeln eingreifen.

Eine Zwischenstellung nimmt das Gemeinschaftsrecht ein, das wegen des Anwendungsvorrangs gegenüber nationalem Recht auch subordinationsrechtliche Strukturen aufweist. Dementsprechend können gemeinschaftsrechtlich begründete Anerkennungspflichten bei einer gemeinschaftsweiten Harmonisierung der gesetzlichen Anforderungen an die Sicherheit, den Gesundheits- und Verbraucherschutz und den Umweltschutz auch nur eingeschränkt an den deutschen Grundrechten und sonstigen verfassungsrechtlichen Grenzen für staatliches Handeln überprüft werden. Nur wenn gemeinschaftsrechtlich keine Mindestanforderungen für die Schutzstandards vorgegeben sind und den Mitgliedstaaten beim Vollzug von Gemeinschaftsrecht ein Gestaltungsspielraum zukommt, ist eine volle Grundrechtsprüfung möglich. Umgekehrt kann ein Genehmigungsinhaber wegen der vorrangigen Anwendbarkeit von Gemeinschaftsrecht keinen Anspruch auf Anerkennung einer von einem Nichtmitgliedstaat erteilten Genehmigung mehr geltend machen, wenn gemeinschaftsrechtlich strengere Genehmigungsvorgaben existieren. Dies gilt wegen der völkerrechtlichen Grundlagen des Gemeinschaftsrechts aber nur, solange und soweit die Mitgliedstaaten die Gemeinschaftsorgane im Rahmen ihrer Verfassungsbestimmungen zu einer Rechtsetzung ermächtigt haben. Nach dem Grundgesetz sind dabei zwingend die Kerngehalte der deutschen Verfassungsordnung und deren grundlegende Wertentscheidungen, wie sie insbesondere in den Grundrechten verbürgt sind, zu beachten. Geschieht dies nicht, wäre entgegenstehendes Gemeinschaftsrecht in letzter Konsequenz zumindest für die deutsche Rechtsordnung unbeachtlich.

Unabhängig von deren Geltungsgrund gilt für alle Arten von Anerkennungspflichten, dass der Genehmigungsstaat, wenn seine Genehmigung auch im Ausland beachtlich ist, im Ergebnis seine Umweltschutzstandards in andere Staaten exportieren kann. Zum Schutz nur begrenzt für eine wirtschaftliche Nutzung zur Verfügung stehender natürlicher Ressourcen, die möglichst schonend beansprucht und unter den Staaten aufgeteilt werden sollten, wäre daher im Umweltrecht eine weitergehende Harmonisierung der nationalen Rechtsordnungen auf völkerrechtlicher oder gemeinschaftsrechtlicher Ebene wünschenswert. Anderenfalls könnten die Staaten Produktionskosten, die durch höhere nationale Umweltstandards im Bezug auf die Inanspruchnahme begrenzter natürlicher Ressourcen entstehen, auf andere Staaten abwälzen. Gleichzeitig würde eine verstärkte internationale Harmonisierung von Umweltschutzstandards auch zur Rechtssicherheit der betroffenen Anlagenbetreiber beitragen, die sich dann darauf verlassen könnten, dass ihnen durch ihre in einem

Staat genehmigte Tätigkeit in anderen Staaten keine Nachteile entstehen. Allerdings ist weder nach dem Völkerrecht noch auf gemeinschaftsrechtlicher Ebene eine solche Harmonisierung der nationalen Rechtsordnungen zwingend vorgegeben, sondern hängt jeweils vom Willen und der Kooperationsbereitschaft der Staaten ab. Das Grundgesetz hat sich aber grundsätzlich für die Offenheit der deutschen Rechtsordnung entschieden und enthält daher den verfassungsrechtlichen Auftrag an die deutschen staatlichen Organe, im Rahmen eines weiten außenpolitischen Ermessens die internationale Zusammenarbeit zu fördern und internationale Lösungen für grenzüberschreitende Umweltbeeinträchtigungen anzustreben. In diesem Zusammenhang ist der deutsche Staat aber auch stets an die Staatszielbestimmung des Art. 20a GG zum Schutz der natürlichen Lebensgrundlagen gebunden, so dass er innerhalb eines weiten Gestaltungsspielraums verpflichtet ist, auch im Rahmen der internationalen Zusammenarbeit ein hohes Umweltschutzniveau anzustreben.

Kölner Schriften zu Recht und Staat

Herausgegeben von
Hartmut Schiedermair und Bernhard Kempen

Band 1 Bernhard Kempen: Die deutsch-polnische Grenze nach der Friedensregelung des Zwei-plus-Vier-Vertrages. 1997.

Band 2 Hans-Georg Maaßen: Die Rechtsstellung des Asylbewerbers im Völkerrecht. Überlegungen zu den völkerrechtlichen Rahmenbedingungen einer europäischen Asylrechtsharmonisierung. 1997.

Band 3 Udo Fink: Kollektive Friedenssicherung. Kapitel VII UN-Charta in der Praxis des Sicherheitsrats der Vereinten Nationen. 1999.

Band 4 Stephan Grigolli: Sprachliche Minderheiten in Italien, insbesondere Südtirol, und in Europa. Der Gebrauch der Sprache vor Behörden und Gerichten und die Vergabe öffentlicher Stellen. 1997.

Band 5 Uta Stoy-Schnell: Das Bundesverfassungsgericht und die Corte costituzionale. Ein Vergleich der Verfassungsgerichtsbarkeiten in Deutschland und Italien. 1998.

Band 6 Christian Hillgruber: Die Aufnahme neuer Staaten in die Völkerrechtsgemeinschaft. Das völkerrechtliche Institut der Anerkennung von Neustaaten in der Praxis des 19. und 20. Jahrhunderts. 1998.

Band 7 Jochen Seitz: Planungshoheit und Grundeigentum. Die verfassungsrechtlichen Schranken der städtebaulichen Entwicklungsmaßnahmen. 1999.

Band 8 Jochen Herbst: Rechtskontrolle des UN-Sicherheitsrates. 1999.

Band 9 Kristin Möller: Die Beschaffung naturschutzrechtlicher Ausgleichsflächen im Baurecht. 1999.

Band 10 Klaus Löffelbein: Genehmigungsfreies Bauen und Nachbarrechtsschutz. Die baurechtlichen Anzeige- und Freistellungsverfahren der Länder aus nachbarlicher Sicht. 2000.

Band 11 Patrick Mittmann: Die Rechtsfortbildung durch den Gerichtshof der Europäischen Gemeinschaften und die Rechtsstellung der Mitgliedstaaten der Europäischen Union. 2000.

Band 12 Martin R. Albus: Zur Notwendigkeit eines Internationalen Umweltgerichtshofs. Zugleich eine Analyse der Staatenpraxis zum Internationalen Umwelthaftungsrecht und der Rechtsschutzmöglichkeiten bei grenzüberschreitenden Umweltbeeinträchtigungen. 2000.

Band 13 Irene Baur: Die Haftung der Europäischen Zentralbank. 2001.

Band 14 Tobias R. Ehlen: Zentralisierungsmöglichkeiten der deutschen Börsenaufsicht. 2003.

Band 15 Ulrich Steiner: Wertsicherungsklauseln. Zur Europarechtskonformität des neuen § 2 PaPkG. 2003.

Band 16 Stephanie Vogel: Der Prüfungsumfang des Bundesverfassungsgerichts bei Verfassungsbeschwerden am Beispiel der Kunstfreiheitsrechtsprechung. 2004.

Band 17 Thomas Schmidt: Deutsche Hochschulräte. Begriff, Darstellung und rechtliche Analyse. 2004.

Band 18 Kirsten Schmalenbach: Die Haftung Internationaler Organisationen im Rahmen von Militäreinsätzen und Territorialverwaltungen. 2004.

Band 19 Gunter Warg: Von Verteidigung zu kollektiver Sicherheit. Der Nato-Vertrag *auf Rädern*. 2004.

Band 20 Bernhard Kempen / Yvonne Dorf: Bodenreform 1945–1949. Eine verfassungsrechtliche Neubewertung. 2004.

Band 21 Jeanette Nolte: Die völkerrechtliche Vertragspraxis der EG und die Haftung der Mitgliedstaaten am Beispiel der Fischereipolitik. 2004.

Band 22 Rüdiger Schmid-Kühnhöfer: Die Staatlichkeit von Beihilfen. Mittel- und Transferzurechnung nach Art. 87 Abs. 1 EG-Vertrag. 2004.

Band 23 Florian Schöler: Die Reform des Europäischen Kartellverfahrensrechts durch die Verordnung (EG) Nr. 1/2003. 2004.

Band 24 Christina Maria Pelzer: Die Kompetenzen der EG im Bereich Forschung. Eine Analyse ihrer Reichweite und Grenzen vor dem Hintergrund des Art. 5 Abs. 3 GG. Dargestellt am Beispiel der Gentechnologie. 2004.

Band 25 Nikolaus Vieten: Die verfassungsrechtliche Zulässigkeit der Wiedereinführung einer Vermögensteuer. Zugleich eine Untersuchung des Halbteilungsbeschlusses des Bundesverfassungsgerichts. 2005.

Band 26 Bernhard Kempen (Hrsg.): Die rechtsstaatliche Bewältigung der demokratischen Bodenreform. 2005.

Band 27 Erik Hansalek: Die parlamentarische Kontrolle der Bundesregierung im Bereich der Nachrichtendienste. 2006.

Band 28 Thomas Günther: Zur Zulässigkeit der Errichtung privater Volksschulen als Bekenntnisschulen religiös-ethnischer Minderheiten nach Art. 7 Abs. 5 GG. Am Beispiel einer islamischen Grundschule. 2006.

Band 29 Christian Hoppe: Staatshaftung und Rechtsschutz bei Verletzung grundfreiheitlicher Schutzpflichten. 2006.

Band 30 Julia Schäfer: Die Entscheidung des ECOFIN-Rats über das Vorliegen eines übermäßigen Defizits. Eine Entscheidung zwischen Politik und Recht. 2007.

Band 31 Erika Elisabeth Orth: Ein Grundrecht auf Umweltschutz in Europa? Eine rechtsdogmatische Einordnung des Art. 37 GRC. 2007.

Band 32 Cécile Günther: Die Auslegung des Rechts auf Bildung in der europäischen Grundrechtsordnung. Eine Analyse von Schutzbereich und Reichweite – dargestellt am Beispiel des Art. 14 EU-GRCh (Art. II-74 EuVerf). 2007.

Band 33 Muna A. Yousif: Die extraterritoriale Geltung der Grundrechte bei der Ausübung deutscher Staatsgewalt im Ausland. 2007.

Band 34 Stefanie von Hoff: Die Rolle des US-Supreme Court im Prozess der Verfassungsänderung in den Vereinigten Staaten von Amerika. 2008.

Band 35 Alexander Metz: Das Recht Prominenter am eigenen Bild in Kollision mit Drittinteressen. Insbesondere vor dem Hintergrund des Falles Caroline von Hannover. 2008.

Band 36 Susanne Dyrchs: Das hybride Khmer Rouge-Tribunal. Entstehung, Entwicklung und rechtliche Grundlagen. 2008.

Band 37 Heiko F. Schmitz-Elvenich: Targeted Killing. Die völkerrechtliche Zulässigkeit der gezielten Tötung von Terroristen im Ausland. 2008.

Band 38 Stefania Slavu: Die Osterweiterung der Europäischen Union. Eine Analyse des EU-Beitritts Rumäniens. 2008.

Band 39 Thomas Krings: Der Grundrechtsberechtigte des Grundrechts aus Art. 13 GG. 2009.

Band 40 Zan He: The ICJ´s Practice on Provisional Measures. 2010.

Band 41 Anna Köhler: Private Sicherheits- und Militärunternehmen im bewaffneten Konflikt. Eine völkerrechtliche Bewertung. 2010.

Band 42 Jens Beynio: Die völkerrechtliche Zulässigkeit der Aufrüstung mit Kernwaffen. 2010.

Band 43 Johannes Maria Baumann: Die Rechtsprechung des EuGH zum Vorrang von Gemeinschaftsrecht vor mitgliedstaatlichen Verwaltungsakten und Gerichtsurteilen. 2010.

Band 44 Susanne Koch: Die grenzüberschreitende Wirkung von nationalen Genehmigungen für umweltbeeinträchtigende industrielle Anlagen. 2010.

Band 45 Sebastian Gerlach: Innere Konfliktregelungsmechanismen der Afrikanischen Union vor dem Hintergrund der entsprechenden Bestimmungen der Europäischen Union. 2010.

www.peterlang.de